彭磷基外招生人才培养改革基金资助

数据分析及Excel应用

Data Analysis and Excel Application

王斌会　编著

暨南大學出版社
JINAN UNIVERSITY PRESS
中国·广州

图书在版编目（CIP）数据

数据分析及 Excel 应用/王斌会编著. —广州：暨南大学出版社，2021. 2
ISBN 978 - 7 - 5668 - 3118 - 7

Ⅰ. ①数…　Ⅱ. ①王…　Ⅲ. ①表处理软件　Ⅳ. ①TP391. 13

中国版本图书馆 CIP 数据核字（2021）第 035543 号

数据分析及 Excel 应用
SHUJU FENXI JI Excel YINGYONG
编著者：王斌会

出 版 人：张晋升
责任编辑：曾鑫华
责任校对：刘舜怡　王燕丽　冯月盈
责任印制：周一丹　郑玉婷

出版发行：暨南大学出版社（510630）
电　　话：总编室（8620）85221601
营销部（8620）85225284　85228291　85228292　85226712
传　　真：（8620）85221583（办公室）　85223774（营销部）
网　　址：http：//www. jnupress. com
排　　版：广州市天河星辰文化发展部照排中心
印　　刷：广州市穗彩印务有限公司
开　　本：787mm × 1092mm　1/16
印　　张：17
字　　数：400 千
版　　次：2021 年 2 月第 1 版
印　　次：2021 年 2 月第 1 次
定　　价：52. 00 元

前　言

Excel 是 Office 的组件之一，是一种功能十分强大的数据图表处理软件，具有极强的计算和分析能力，以及出色的图表功能，能够胜任从简单的家庭理财到复杂的专业领域的分析、计算等，是目前最流行的电子表格软件之一。

Excel 可以说是现代办公环境中不可或缺的一个软件，越来越多的人开始在办公中应用该软件。多数人虽然已经掌握了其基本操作，但因为不知道如何将 Excel 的功能与实际应用结合起来，所以还不能让它的作用发挥得淋漓尽致。本书结合最实用、最常用的 Excel 功能和最真实的应用实际，如建立决策问题模型、处理商务数据、制作商务报表等，用轻松活泼的语言阐述出来，让读者能够掌握与自己工作最为密切的功能与技巧，使自己的 Excel 应用得更加得心应手。

本书是写给那些对 Excel 有一定接触的人员，尤其是针对需要进行数据统计和分析决策的办公人员。本书从 Excel 最基本的功能开始介绍，结合办公场景，可以让工作人员结合自身情况选择需要使用的 Excel 功能，来帮助他们节省时间。本书中使用的例子多数是源于实际工作并进行了一定的改编，以避免泄露商业秘密等问题。本书可供各高等院校作为教材使用，也可作为相关工作人员的参考书。

本书的特点如下：

(1) 总领性：详细地讲解了 Excel 的基础以及学习 Excel 的方法，让我们在开始学习前就有了目标。

(2) 高效性：Excel 的运用方法很多，如何高效地运用它就是一个关键，因为我们用 Excel 就是为了提高工作的效率。本书涉及许多有效率运用 Excel 的方法，例如，在分析有多张 Excel 的数据时，我们可以用窗口中的并排比较，这样对比数据效率会大大提高；同张 Excel 表格可以用新建窗口来比较。

(3) 实用性：书中很多例子都是实用性很强的，我们在学习时可以举一反三。

(4) 专业性：由精通 Excel 的数据分析教学专家结合多年教学与工作经验精心编著，详细讲述如何在 Excel 中实现各种数据分析功能，符合数据分析工作者的应用需求。

(5) 广泛性：涵盖数据分析的绝大部分知识，包括统计基础与数据描述、描述性统计、统计计算函数与数据透视表、统计指数、概率分布与概率分布图、抽样与抽样分布、参数估计、假设检验、方差分析、相关分析、回归分析与预测、时间序列分析等。

本书全面介绍了最新版电子表格处理软件 Excel 的使用方法和技巧，主要内容包括 Excel 基本操作、表格数据的输入与修改、设置表格格式、使用对象美化工作表、使用公式和函数计算数据、常用函数的应用、通过图表让数据活灵活现、数据统计与分析、Excel 高级应用以及打印电子表格等知识。

全书共分为 9 章，内容包括：Excel 的基本功能、使用公式和函数、创建图表和图形、Excel 数据分析、Excel 的高级功能、使用 Excel 进行协同、Excel 自动化等，循序渐进地讲述了 Excel 的基础、函数、图表、数据分析，从函数的功能、参数及每个函数的实例到综合实例，从图表的创建到具体操作，从数据分析的基础知识到综合分析，都进行了详细的阐述，并以实例的形式对重要知识点进行了详细讲解。

本书重点介绍了 Excel 数据处理与数据分析方面的应用技巧，内容涉及数据的输入和导入、数据整理和编辑、数据查询、分类汇总和合并计算等方面的使用技巧，以及数据透视表等数据分析工具的使用方法和技巧。

附录中提供了 Excel 中的数据分析工具、Excel 数据分析的 Python 实现等内容，方便读者随时查看。

本书内容丰富、图文并茂、可操作性强且便于查阅。本书适合各个层次的 Excel 用户，既可作为初学者的入门指南，又可作为中高级用户的参考手册。书中大量的实例还适合读者直接在工作中借鉴，同时可作为各高等院校和培训班的教材。

在本书编写过程中，谢贤芬、何亦琛、王术为本书提供了许多帮助，在此深表谢意！

由于作者知识和水平有限，书中难免有错误和不足之处，恳请读者批评指正！

王斌会
2021 年 1 月于暨南园

目　录

1 Excel 基础

学习使用 Excel 进行数据分析，首先应熟悉 Excel 的基本情况和工作环境。本章是全书概要性的部分，介绍 Excel 的基本情况，主要内容如下：

（1）电子数据表基本情况介绍。

（2）Excel 的工作环境和设置。

（3）Excel 联机帮助系统的使用。

（4）Excel 的基本操作，包括窗口、菜单、对话框和工作簿等操作。

1.1 初识 Excel

1.1.1 电子数据表简介

电子数据表可以帮助用户制作各种复杂的表格文档，并使用计算机进行自由编辑和设计，同时电子数据表还可以将繁杂的数据以商业图表的形式显示出来。电子数据表的显示是一系列行列相交构成的网状单元格，单元格内可存放文本或数值。Lotus 1－2－3 是 DOS 时代主要的电子数据表程序，Excel 运行于 Windows 操作系统，是微软 Office 软件中的电子数据表组件，其做出的表格是电子数据表中的一种，除此以外还有国产的 CCED、金山 WPS 中的电子数据表等。

1. 电子数据表的概念

电子数据表软件采用表格形式对数据进行处理和组织，方便直观，符合人们日常生活和工作习惯。Excel 的工作环境是一个包含一个或一个以上的工作表的操作区。工作表类似于人们常用的各种二维报表，由若干行和列组成，由行列交叉而形成单元格，单元格中可以嵌套其他行列。一般而言，除了具有嵌套其他行列的单元格，一般的单元格是电子数据表处理的最小单元。

（1）工作簿和工作表。工作簿文件是 Excel 存储文件的基本单位，其本质是 Windows 操作系统下的一个文件，该文件格式只能被 Excel 软件识别，用户使用 Excel 处理的各种数据都以工作簿文件形式存储在存储介质上。每个工作簿包含多张工作表（Sheet），每张工作表是由若干行和列组成的二维表格。

在日常生活和工作中，人们常将一个报表放在一个工作表中，对于较复杂的数据处理，通常会涉及多个报表，这时可以在一个工作簿中建立多张工作表，以对应多个报表，并根据应用需要在多张工作表中建立关联，相互引用且可以合并计算，以达到协同工作的效果。如图 1－1 所示，该图是工作簿和工作表示例，该工作簿名为“Consume. xlsx”，其中包含了“2010 年”“2011 年”……“2019 年”10 张工作表。从图中可以看出，Excel的每张工作表都是一个二维表，而工作簿则由多个二维表组成，可以有机地看成是“三维”电子数据表。

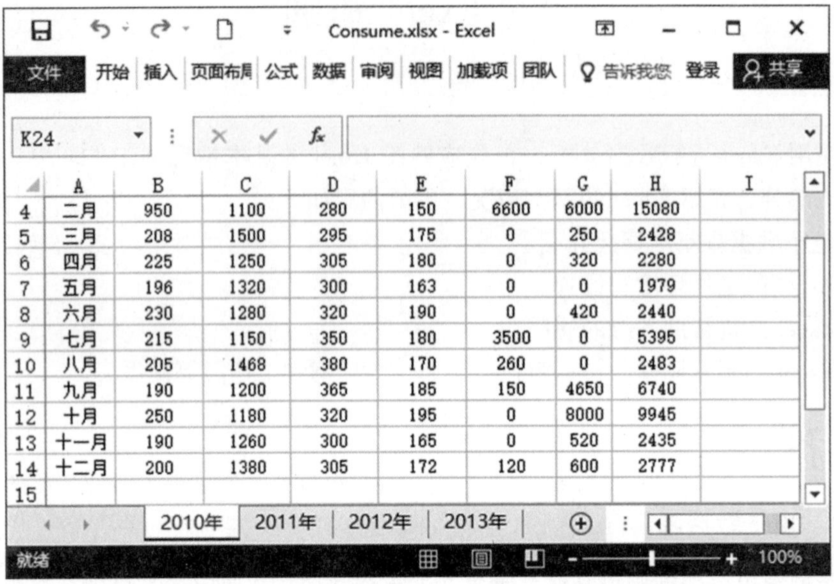

	A	B	C	D	E	F	G	H	I
4	二月	950	1100	280	150	6600	6000	15080	
5	三月	208	1500	295	175	0	250	2428	
6	四月	225	1250	305	180	0	320	2280	
7	五月	196	1320	300	163	0	0	1979	
8	六月	230	1280	320	190	0	420	2440	
9	七月	215	1150	350	180	3500	0	5395	
10	八月	205	1468	380	170	260	0	2483	
11	九月	190	1200	365	185	150	4650	6740	
12	十月	250	1180	320	195	0	8000	9945	
13	十一月	190	1260	300	165	0	520	2435	
14	十二月	200	1380	305	172	120	600	2777	
15									

图 1－1

（2）单元格和单元格区域。Excel 从最初的 97 版本到最新版本，在功能和数据处理能力方面都不断加强。单元格是电子数据表处理的最基本单位，每个单元格由其所在的列标和行标标识，这两个标识即单元格的地址。如工作表最左上角的单元格，即第 1 行、第 1 列的单元格用 A1 表示，而 D2 表示 D 列 2 行的单元格，即第 2 行、第 4 列的单元格。每个单元格可以存放各种格式的内容，如文本、数值、微型图表和公式等，特别是可以存放包含单元地址引用的各种公式，并能通过公式来进行数据运算，使 Excel 具有数据处理的强大功能。图 1－2 为一个客户订单明细和价格统计表的示例，其中的 L4 表示引用的是 L 列 4 行单元格的值，即订单总价的数据。

在 Excel 的操作中，有时需要同时对多个单元格进行操作，如求某一行或某一列单元格中的数据之和，或在多个单元格中查找某个数据，或同时设置多个单元格的数据格式，这时可以使用单元格区域（Range）来标识指定的多个单元格集合。单元格区域是指连续的矩形区域的单元格集合，可以使用矩形区域的两个对角单元格地址标识，如以 B2 为左上角，E5 为右下角的 16 个单元格组成的区域，可以指定为“B2:E5”，或是“E5:B2”，或是“E2:B5”，也可以是“B5:E2”。这里应该注意的是，无论如何指定，Excel 都自动将其转换成“B2:E5”，即“左上:右下”形式。

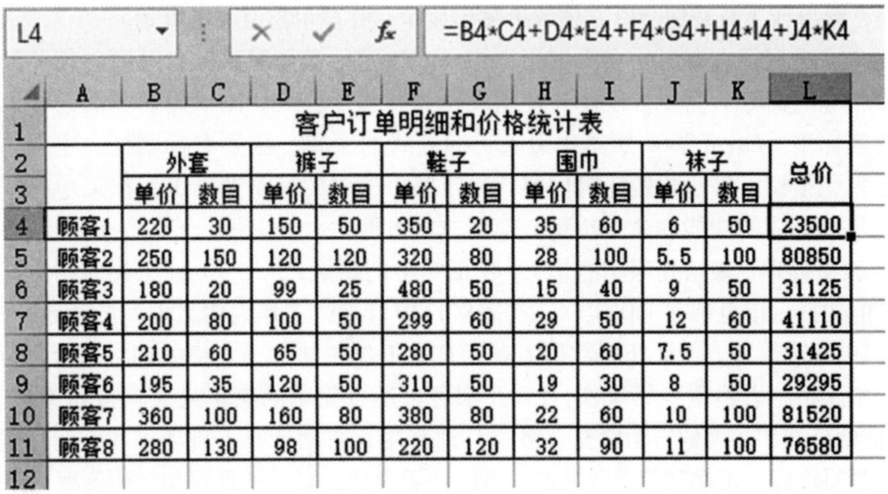

L4 =B4*C4+D4*E4+F4*G4+H4*I4+J4*K4

客户订单明细和价格统计表											
	外套		裤子		鞋子		围巾		袜子		总价
	单价	数目	单价	数目	单价	数目	单价	数目	单价	数目	
顾客1	220	30	150	50	350	20	35	60	6	50	23500
顾客2	250	150	120	120	320	80	28	100	5.5	100	80850
顾客3	180	20	99	25	480	50	15	40	9	50	31125
顾客4	200	80	100	50	299	60	29	50	12	60	41110
顾客5	210	60	65	50	280	50	20	60	7.5	50	31425
顾客6	195	35	120	50	310	50	19	30	8	50	29295
顾客7	360	100	160	80	380	80	22	60	10	100	81520
顾客8	280	130	98	100	220	120	32	90	11	100	76580

图1-2

（3）活动单元格和当前单元格。用户在使用工作表时，其操作只能对其中的一个或若干个单元格起作用，这些单元格称为活动单元格。用户可以通过选定单元格区域的操作使多个单元格成为活动单元格。在活动单元格中，有个单元格呈反显显示，该单元格就是当前单元格。用户的输入、编辑等操作只针对当前单元格。而格式的设置、数据的删除等操作则对所选定的活动单元格起作用。如果用户只选定一个活动单元格，那么这个活动单元格也是当前单元格。类似地，一个工作簿中有多张工作表，其中可以有一张或若干个处于工作状态，可称为活动工作表，在活动工作表中用户只针对其中一张工作表进行操作，该工作表则称为当前工作表，与当前单元格不同的是，用户对当前工作表的操作将会对其他活动工作表起同样作用，如果只有一个活动工作表，则该工作表也是当前工作表。在Excel中还可以同时打开多个工作簿，但其中只有一个是处于工作状态的，它既是活动工作簿，也是当前工作簿。

在使用Excel进行工作时，用户操作针对的是当前工作簿中的当前工作表的当前单元格，但可能会对所有的活动表和活动单元起作用，因此，可以利用这一特性使用户能在数据操作过程中更高效地工作。

2. 电子数据表的特点

Excel是典型的Windows应用软件，具备Windows环境应用软件的所有特点。它在图形用户界面、表格处理、数据分析、图表制作和宏功能等方面具有更突出的特点。

（1）图形用户界面。Excel 2007之前版本的图形用户界面是标准的Windows应用软件窗口形式，有菜单、最大化/最小化/关闭按钮、标题栏、工具栏、状态栏等内容。内容最为丰富的是菜单和工具栏，菜单是由软件最上面一行菜单按钮构成，这行菜单按钮称为一级菜单，每个一级菜单按钮可以展开细化，如“文件”“编辑”为一级菜单，单击“编辑”按钮，可以展开一个菜单，这个菜单称为二级菜单，该二级菜单具有“剪切”“复制”“粘贴”等按钮。工具栏则进一步将常用命令分组，以工具按钮的形式列在一级菜单的下方。用户可以根据需要，通过设置可以自定义菜单和工具栏的显示。当用户将鼠标指针停留在菜单或工具按钮时，菜单或工具按钮会以立体效果突出显示，并显示出有关的提示。

当用户点击鼠标右键时，会根据用户指示或选定的操作对象，自动弹出相关的浮动菜单，提供相应的命令。为了方便用户使用工作表和建立公式，图形用户界面还提供了编辑栏和工作表标签。Excel 2007 版本中引入了标签式的菜单，主要有标题栏、主菜单栏、功能区、最大化按钮、最小化按钮等内容。选定菜单栏中的某个选项卡，在菜单栏下面的功能区将显示其对应的功能和命令按钮，使用非常方便。

（2）表格处理。表格处理功能是 Excel 最突出的特点之一。Excel 采用表格方式管理数据，所有的数据、信息都在工作表（二维表格）中管理，工作表中数据间的关系一目了然。Excel 可以更直观、更方便地处理数据。对于日常工作中的电子表格处理，如增删行列、合并或切分单元格、表格置换等操作，Excel 都可以通过简单的菜单或工具按钮完成。此外，Excel 还提供公式和数据的自动填充、格式自动套用、自动计算、自动求和、记忆输入、自动更正、拼写检查、排序和筛选等功能，可以让用户快速高效地处理和管理各种工作表格。

（3）数据分析。Excel 具有一般电子表格软件不具备的强大数据处理和分析功能。它提供了包括日期与时间、数据库、统计、财务、查找与引用、文本、数学与三角函数、逻辑和信息等 9 大类几百个内置函数，可以满足财务统计、业务绩效管理、数学数值分析等多个领域的数据处理与分析的要求。如果用户需求过于特殊或复杂，内置函数不能直接满足需求，可以通过内置函数组合或通过 Excel 内置的 Visual Basic for Application（VBA）编写自定义函数。为了让用户能更快地使用和编辑函数，Excel 还提供了粘贴函数命令，它列出了所有内置函数的名称、功能和每个参数的意义和类型，可以随时为用户提供帮助。除了具备数据排序、筛选、查询、统计汇总等数据处理功能外，Excel 还提供了数据分析和辅助决策工具，如模拟运算表、假设检验、指数平滑、规划求解、方差分析、数据透视表、移动平均、回归分析、多方案管理分析等工具。利用这些工具，可以很方便地完成复杂的运算，而无须了解具体数学细节，也无须编写程序，给用户提供方便的同时也降低了数据分析过程中错误的概率。

（4）图表制作。在人们的使用习惯中，图表是数据处理结果展示的最佳形式，通过图表可以直观地展示数据的特性，如数据最大最小值、极大极小值、发展变化趋势、数据集中程度等。Excel 具有很强的图表处理功能，其提供的图表有条形图、柱形图、折线图、散点图、股价图及多种复合图表和三维图表，并可以对每种图表类型提供若干种不同的自动套用图表格式，用户可以根据需要显示最有效的图表来展示数据。如果内置的标准图表不能满足需求，用户可以自定义图表类型，即可以对图表的标题、数值、坐标和图例等项目进行编辑，以获得最佳视觉效果。Excel 还提供了数据和图表的动态联系，当数据被修改时，图表可以根据数据变化而更新。

（5）宏功能。为了提高数据处理效率，Excel 提供了宏功能和内置的 VBA，用户可以通过它们来创建自定义命令和函数。Excel 还提供了宏记录器，可以将用户的一系列操作记录起来，并自动转换成 VBA 语句组成的宏命令。当用户需要再次执行这些操作序列时，直接运行这些宏命令即可。对于经常使用的操作，可以将有关的宏命令和自定义菜单或工具栏按钮关联起来，这样就可以通过便捷操作快速调用。对于更专业的用户，还可以利用 VBA 在 Excel 的基础上开发功能完整的应用软件系统。

1.1.2 Excel 特性

Excel 是微软公司的办公软件 Microsoft Office 的重要组件之一，是为 Windows 操作系统编写和运行的一款微机电子数据表软件。它借助其友好的界面和强大的数据分析处理与辅助决策功能在企业管理及流程控制中广泛应用。Excel 的每一个版本都有一些杰出的功能为软件带来重要的改进。

1. 标签式菜单

在用户界面体验方面，Excel 与传统的 Windows 窗口界面大不相同。过去，功能和命令常常深藏在复杂的菜单和工具栏中。现在新的用户界面抛开了传统的下拉式菜单，引入了更为直观的标签式菜单，也称为“Ribbon 工具条”，旨在使使用者更容易找到有用的功能和相应的命令，界面简单友好，操作方便。图 1－3 即为 Excel 标签式菜单的截图。其中，最上面对应的是传统的主菜单项，点击某个菜单项可以查看其包含的所有功能和工具，这里称为“功能区”，一目了然，用户也可以自定义功能区。功能区的右上角有一个“‘功能区’最小化”按钮，点击该按钮或使用快捷方式 Ctrl + F1 可以显示或隐藏功能区，隐藏功能区时，仅显示选项卡名称。

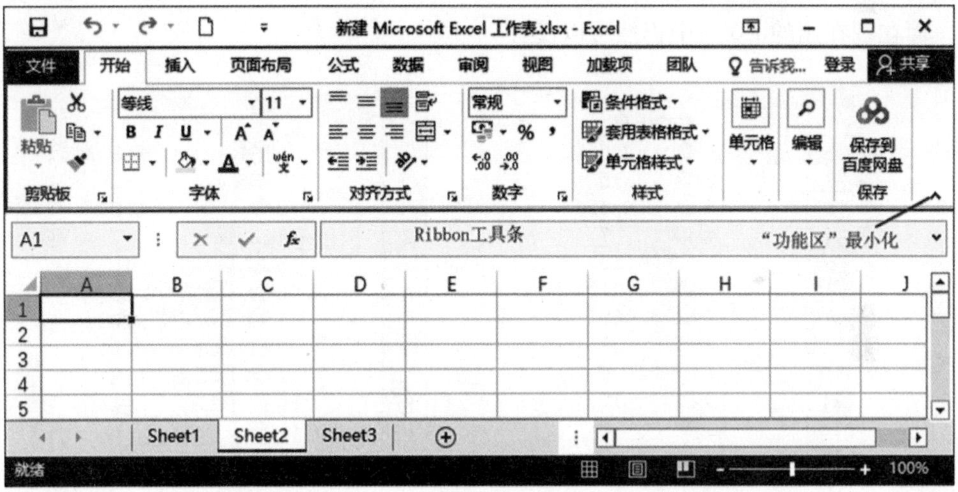

图 1－3

2. 粘贴预览

从剪贴板粘贴数据前，可以对各种“选择性粘贴”方式进行预览，不再需要单击“撤销”或重新设置数据格式，操作非常方便。当复制几行数据后，在需要粘贴的位置单击鼠标右键，将鼠标移到弹出的快捷菜单中各种粘贴预览按钮上面即可看到预览效果，这样可以在粘贴数据之前查看不同可能的结果，减少不必要的操作。

3. 屏幕截图

Excel 在“插入”功能区中有一个屏幕截图工具，利用它可以快速截图并即时插入工作簿中，不需要借助任何截图工具或使用键盘上的 PrtSc 键。

4. 图标集和数据条

在 Excel 2007 中首次引入了图标集和数据条功能，利用色彩丰富、形式多样的图标集，可以非常快速地区分各类数据和以图形化的方式显示数据的发展趋势。如果想一目了然地查看一系列数据的大小情况，可以为数据应用“数据条”条件格式，数据条的长度即表示单元格中数值的大小，数据条越长，表示值越高；数据条越短，表示值越低，非常直观。在大量数据中观察较高值和较低值时，数据条特别有用。

现在用的 Excel 中不仅提供更为丰富的图标集，如三角形、星形等，用户还可以进行图标自定义，混合搭配使用两套不同的图标，以及通过设置使得指定的单元格不显示图标。在 Excel 2007 中数据条有些不尽如人意的地方，数据条的长度有时显得比例失调，例如，在数据区域中如果包含正数和负数，它默认会将所有数据最小值对应的数据条长度设置为单元格长度的 10%，最大值对应的数据条长度设置为单元格长度的 90%，其他介于两者之间，这样得出的数据条的长度有点不成比例，如图 1－4 所示即为某地区一年平均温度的示例。这点在现在用的 Excel 中得到了改进，如果数据区域中包含正数和负数，可以使负数在相反的方向显示。如图 1－5 所示，其使用了内置的图标集和数据条功能。此外，还可以给数据条设置不同的填充效果或给其添加边框，使得数据条看起来更加清晰。现在用的 Excel 的容错性也有所改进，当区域中包含错误值时，Excel 2007 中无法设置数据条，而在现在用的 Excel 中仍然可以设置。

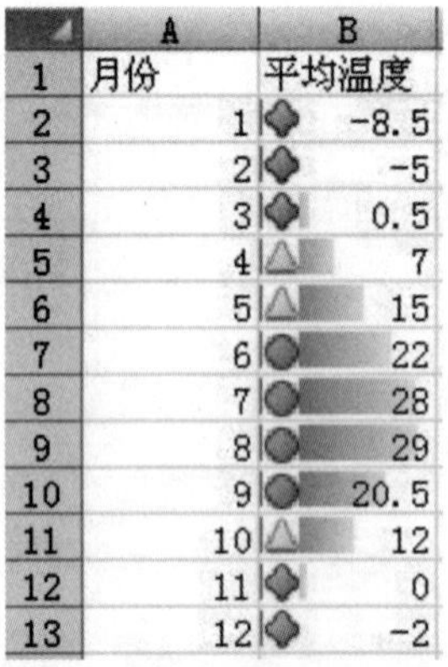

图 1－4

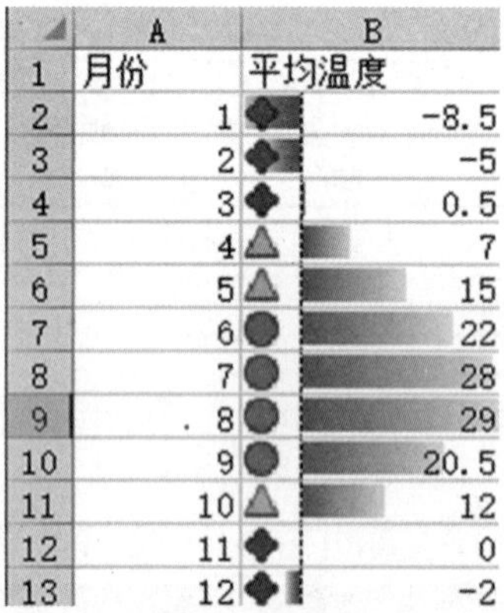

图 1－5

5. 交互数据透视表

Excel 是目前企业或个人常用的电子数据表格软件，要想真正发挥 Excel 的强大功能，数据透视表是必须掌握的。数据透视表是一种交互的 Excel 报表，可用于对多种数据源（包括 Excel 自身的数据和外部数据）进行快速合并、汇总和分析，是 Excel 强大数据处理能力的体现。由于数据透视表是交互式的，因此，可以通过更改数据的视图以查看更多明细数据或不同的汇总结果。

在 Excel 中使用数据透视表很容易，通常可以通过在工作表的周围拖动字段名来创建和修改数据表。现在用的 Excel 对数据透视表的功能做了重大改进，有更好的交互性，具体而言，增强了筛选过滤的功能，通过切片器按钮可以对数以千计，甚至百万计的数据集进行筛选，快速地找到你所需要的项目。Excel 也支持回写，可以修改 OLAP 数据透视表数据区域中的数值，并将它们回写到 OLAP 服务器的多维数据集中。另外，Excel 以多线程的处理方式加快了数据检索、排序、筛选的速度，将更多时间用于分析，大大提高了数据透视表的整体性能。

下面使用图 1－6 所示的数据清单来创建一个数据透视表，具体步骤如下：

G12 =D12*E12*F12

	A	B	C	D	E	F	G
1	订购单位	产品编号	产品名	单价	折扣率	订购数量	总价
2	传媒集团	710001	液晶显示器	980	0.85	2500	2082500
3	传媒集团	710002	双核CPU	650	0.85	3000	1657500
4	传媒集团	710003	主板	799	0.85	3000	2037450
5	传媒集团	710004	4G内存	560	0.85	1200	571200
6	传媒集团	710005	2G内存	420	0.85	2500	892500
7	传媒集团	710006	500G硬盘	650	0.85	2800	1547000
8	传媒集团	710007	显卡	350	0.85	2000	595000
9	传媒集团	710008	音响	220	0.85	1000	187000
10	传媒集团	710009	DVD光驱	269	0.85	1000	228650
11	传媒集团	710010	CD光驱	190	0.85	500	80750
12	人民法院	710001	液晶显示器	980	0.90	1200	1058400
13	人民法院	710002	双核CPU	650	0.90	1500	877500
14	人民法院	710003	主板	799	0.90	1500	1078650
15	人民法院	710004	4G内存	560	0.90	500	252000
16	人民法院	710005	2G内存	420	0.90	1200	453600
17	人民法院	710006	500G硬盘	650	0.90	1000	585000
18	人民法院	710007	显卡	350	0.90	900	283500
19	人民法院	710009	DVD光驱	269	0.90	600	145260
20	人民法院	710010	CD光驱	190	0.90	500	85500
21	教育机构	710001	液晶显示器	980	0.80	3000	2352000
22	教育机构	710002	双核CPU	650	0.80	2800	1456000

图 1－6

（1）选择数据清单中的任一单元格，单击“插入”选项卡，单击“数据透视表”下拉按钮，执行“数据透视表”命令，将弹出如图 1－7 所示的对话框。

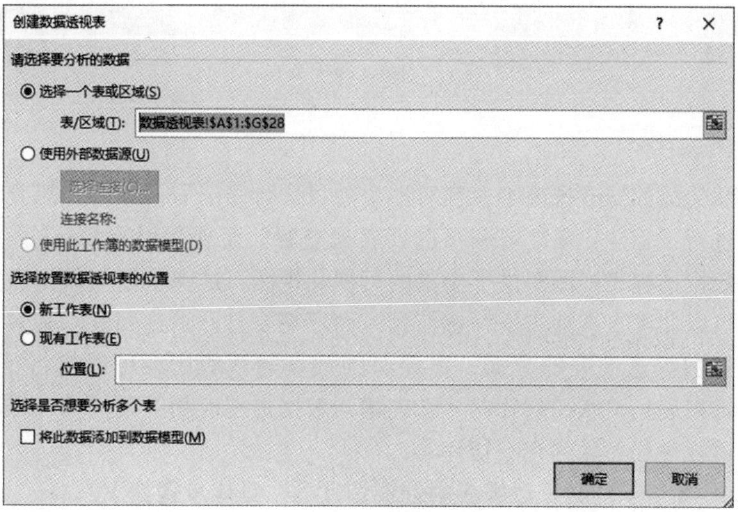

图 1－7

（2）在“请选择要分析的数据”选区中，默认已经选定了前面所选单元格所在的数据区域，也可以重新选择数据区域。在“选择放置数据透视表的位置”选区中，可以选择在新工作表中或现有工作表中放置数据透视表，这里选择“新工作表”，然后单击“确定”。

（3）在“数据透视表字段”列表中，选中“订购单位”“产品名”和“总价”，创建的数据透视表如图1-8所示。

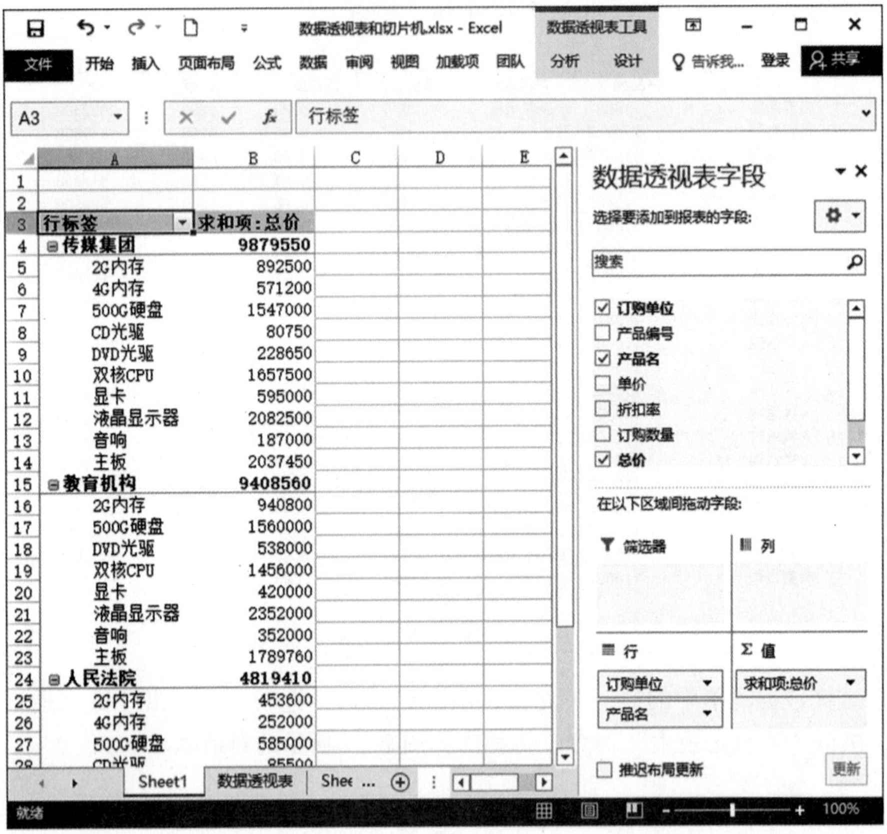

图1-8

6. 切片器

在Excel 2007的数据透视表中，当对多个项目进行筛选后，如果要想查看是对哪些数据透视表字段进行了筛选，需要打开筛选列表来查看。而现在用的Excel提供了全新的切片器工具，为数据透视表视图提供了丰富的可视化视图，这些视图与数据透视表视图是相互独立的，还可以非常直观地查看筛选信息，而不需要打开筛选列表。有多种方法可以创建切片器以筛选数据透视表的数据，在现有的数据透视表中，可以执行下列3种操作：①创建与数据透视表相关联的切片器。②创建与数据透视表相关联的切片器副本。③使用与另一个数据透视表相关联的现有切片器。

下面在图1-8所示的数据透视表中创建切片器。具体步骤如下：

（1）单击要为其创建切片器的数据透视表中的任一位置，标签式菜单中将显示“数据透视表工具”，然后单击“设计”选项卡。在“设计”选项卡上的“筛选”组中，单击“插入切片器”按钮，将出现如图1－9所示的“插入切片器”对话框。

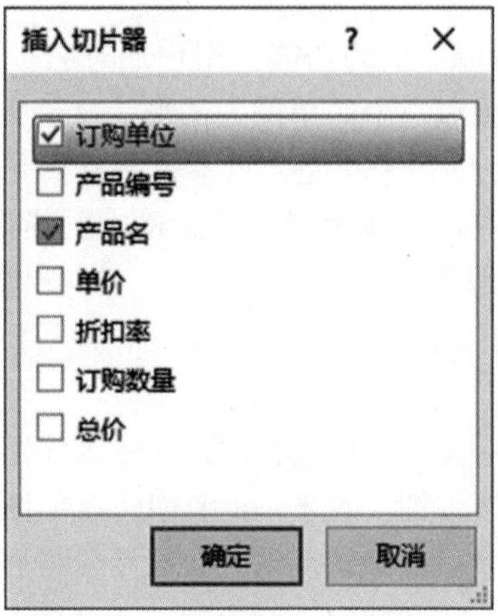

图1－9

（2）在“插入切片器”对话框中，选中要为其创建切片器的数据透视表中字段的复选框。这里选择“订购单位”和“产品名”。单击“确定”，将为选中的每一个字段显示一个切片器，如图1－10所示。

图1－10

（3）在每个切片器中，单击要筛选的项目，数据透视表将显示筛选后的结果。若要选择多个项目，按住 Ctrl，然后单击要筛选的项目即可。

7. 迷你图

Excel 有“迷你图”（Sparklines）的功能，用户通过它可以很直观地观察数据的变化趋势。迷你图是在一个单元格内以一个简单图表的形式显示指定单元格区域内的一组数据的变化，类似于 Excel 工作表上的图表功能，只不过是其简化的版本。但与图表又有所不同，迷你图不是对象。另外，打印工作表时，单元格中的迷你图会与数据一起进行打印。创建迷你图后，用户可以根据需要对它进行自定义，如突出显示最大值和最小值、负点、设置迷你图表颜色等，而且迷你图只需占用少量空间，并不要求将迷你图单元格紧邻其对应的基本数据区域。

迷你图功能增加到插入功能区，目前提供了三种迷你图样式：“折线图”迷你图、“柱形图”迷你图和“盈亏”迷你图。在 Excel 中创建迷你图非常简单，下面用一个例子来说明。图 1－11 所示即为一个用迷你图反映几只股票价格和企业盈亏数据变化趋势的示例。其中，股票价格数据在 B2:I7 区域中，对应的“折线图”和“柱形图”在 J2:J7 区域中；企业盈亏数据在 B10:I12 区域中，使用“盈亏”迷你图来显示其变化趋势，在 J10:J12区域中显示。选择插入迷你图的单元格之后，在插入功能区中选择迷你图样式，在弹出的对话窗口中选择所需的数据区域，再按“确定”即可在单元格中生成非常漂亮的迷你图。对于要快速查看数据的分布形态，Excel 的迷你图功能非常实用。

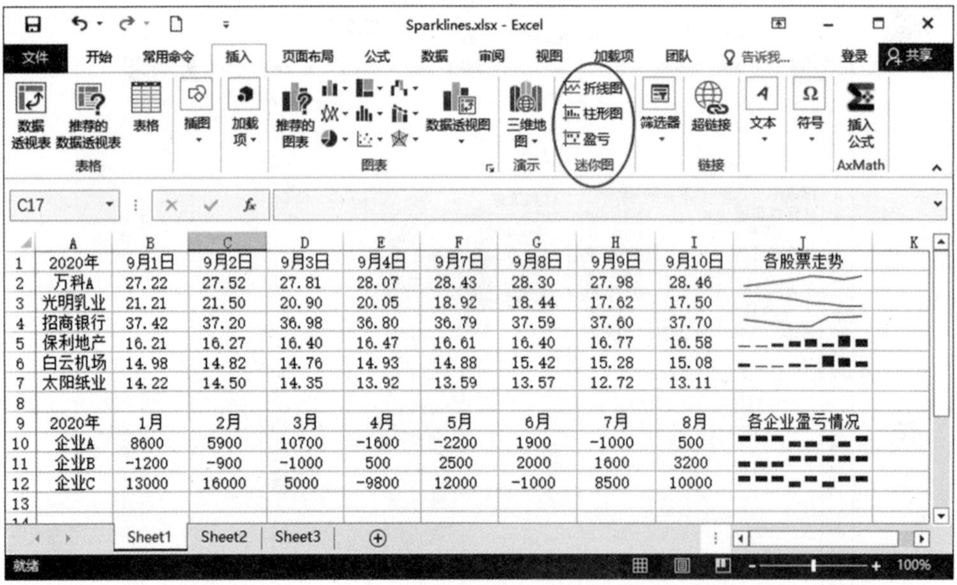

图 1－11

8. 联机分析

在以往的 Excel 版本中就已经提供了对于 OLE DB 和 ADO 的支持，用户可以创建对应于任何联机分析工具的 OLE DB 的数据透视表视图，还可以创建对应于任何 ODBC 兼容数据源的联机分析数据透视表视图。对于更高层次的用户，还可以通过对 OLE DB 进行编程访问来实现。在 C/S 模式下，Excel 只是将用户需要的数据汇总提供给客户端，而不是整个数据集合，因而能够更高效地处理服务器上的大型数据库。Excel 完全支持 Microsoft SQL Server Analysis Services，并提供了新的 OLAP 公式和多维数据集函数。OLAP 是为查询和报表（而不是处理事务）而进行了一定优化操作的数据库技术，OLAP 数据存储在多维数据集中，而不是存储在表中。当要使用多维数据库（例如，SQL Server Analysis Services）时，可以通过 OLAP 公式建立复杂的 OLAP 数据绑定报表。利用 Excel 提供的新多维数据集函数，可以提取 OLAP 数据并将其显示在单元格内。

9. 自定义功能区

Excel 使用的是标签式菜单，点击某个菜单项即可查看该功能区对应的功能和命令按钮，这是在 Excel 2007 中首次推出的功能。现在用的 Excel 改进了 Excel 2007 中的一些不足：在 Excel 2007 中虽然可以自定义“快速访问工具栏”，将命令添加到快速访问工具栏中，但不能创建自己的选项卡，且自定义功能区还需要修改 XML 代码，操作较复杂。在现在用的 Excel 中却可以非常方便地创建自己的功能区，以适合自己的工作方式，将最常用的命令放置在自定义的功能区中，可以更快地完成重复性的工作，提高工作效率。操作非常简单，只需单击“文件 - 选项 - 自定义功能区”，在弹出的“Excel 选项”对话框中选择自定义功能区进行操作即可。图 1 - 12 所示即为新增了一个“常用命令”功能区的示例。

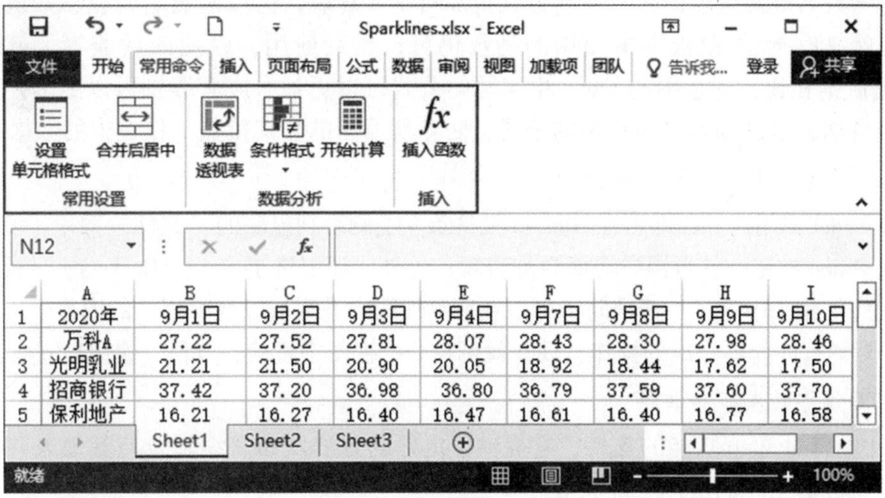

图 1 - 12

10. 表格和图表增强功能

现在用的 Excel 已经显著改进了对表格（在 Excel 2003 中称之为列表）的支持，可以使用新用户界面快速创建、格式化和组织 Excel 工作表上的数据，以便更简便地使用这些数据。现在用的 Excel 增强了筛选功能，默认情况下，表中会启用“自动筛选”功能以支持强大的表格数据排序和筛选，还可以在过滤器的搜索框中输入要搜索的文本或数字来进行筛选。此外，可以在公式中创建、扩展、筛选和引用表，还可以设置表的格式。在查看大型表格中包含的数据时，Excel 可以使您在滚动表时仍能看到表标题，而不是工作表标题行。

利用 Excel 的图表工具能够轻松有效地创建具有专业水准的图表，现在用的 Excel 在图表方面也作了一定的增强和改进。首先是提供了大量的预定义图表样式和布局，可以快速应用选定的一种格式，然后在图表设置中进行所需的设置即可。除了快速布局和快速格式外，还可以快速更改图表的每一个元素以更好的方式将数据呈现出来，例如，添加或删除标题、数据标签、图例等图表元素的设置。现在，在其他程序中也可以使用 Excel 图表，图表可在 Excel、Word 和 PowerPoint 之间共享。另外，在图表中绘制数据点数目的限制方面也有所改进，在 Excel 2007 中，最多可以在一个二维图表系列中绘制 32 000 个数据点，而在现在用的 Excel 中一个系列的数据点的数目只受可用内存的限制，这样能够更有效地用来显示和分析海量数据。

11. 轻松编写公式

在 Excel 中编写公式很轻松，主要体现在函数记忆式键入、结构化引用、更多精确的函数等方面。首先，使用函数记忆式键入，它可以准确轻松地检测到需要使用的函数，通过提示的公式参数，可以快速写入正确的公式语法，以防在公式编写完成发现错误时再进一步查证修改，减少了一些不必要的工作；除了单元格引用（比如 B5、E2:G3），Excel 还提供了在公式中引用名称区域和表格的结构化引用，还可以使用表列标题名代替单元格引用，极大地方便了公式的编写。其次，它还提供了更多精确的统计和其他函数，有些现有函数的函数名也被重新命名，命名方式更加科学和直观，通过函数名就能够知道它们的功能。当然，Excel 早期版本中使用的函数仍可以继续使用，以便向后兼容。最后，与 Excel早期版本相比，现在用的 Excel 中编写的公式可以更长、嵌套级别可以更多，公式编辑栏也会自动调整以容纳更为复杂的公式，防止所编写的公式覆盖工作表中的数据。

12. 文件菜单替代 Office 按钮

打开 Excel 的用户界面即可在 Ribbon 工具条左上侧看到显眼的“文件”菜单，使用文件菜单替代 Office 按钮，使得用户界面更加直观；另外，还引进了一个“Backstage”视图，当选择“文件”菜单中的某一选项时，可以在右侧视图中看到与该选项相关的内容。以前需要通过多个对话框才能够完成的操作，现在就可在一个视图中直接、方便、快捷地完成。

13. 工作簿的发布和共享

Excel 中有对 Web 功能的支持，它提供了更好的方法发布、编辑及与其他人共享工作簿，使组织成员之间的协作更加有效。

Excel 实现了 SharePoint Server 和 Excel Services 的集成。通过将工作簿发布到 Web，可以实现整个组织中的所有人在同一个工作簿中工作，实现信息的共享和结果分析。例如，可以与多人同时编辑工作簿，发送的是链接而不是附件，检索此工作簿的早期版本，工作簿进行更改时接收电子邮件通知，提高了工作效率。例如，同事 A 和同事 B 正在不同的办公室处理同一个 Excel 工作表，如果 A 更改了数据，B 会立即知道这一个变化，而不再需要将一个工作簿通过邮件来回传递，减少了反馈的时间，提高了工作效率。另外，用户也可以通过浏览器直接创建、编辑和保存 Excel 文件，编辑文件时可以进行基本的格式化操作，其他用户也可以在操作 Excel Services 报表时利用切片器和快速查询筛选功能。

14. Excel Web 应用程序

Excel Web 应用程序是 Excel 的在线伴侣，可以让你在任何时候、任何地点找到你所需要的工作簿。可以自由地访问、编辑、修改以及通过浏览器共享这些文件，随时随地访问电子表格，而不需要额外下载和安装软件，因为这是完全基于 Web 的，并且与大量的设备兼容，包括具有网络数字功能的智能手机。

1.1.3 Excel 工作环境

应用软件的发展趋势是越来越个性化，只有个性化才能适应各行各业或各种不同工作习惯的用户使用。Excel 允许用户在很大程度上自定义自己的工作环境，用户根据自己的习惯和需要，可以预设哪些工具栏项显示，而哪些工具栏项不显示。Excel 的自定义工作环境是通过文件选项卡中的选项命令来设置的。下面重点介绍常用的显示、计算、编辑选项的设置。

1. 显示选项

显示选项是设置工作环境中影响最多的选项。当执行文件选项卡中的选项命令后，将弹出 Excel 选项对话框，其中显示选项位于高级选项卡中，如图 1－13 所示。显示选项主要包括三类：所有工作簿公共的显示选项、某个工作簿特有的显示选项以及某个工作表特有的显示选项。

（1）公共显示选项。公共显示选项中，主要设置编辑栏、函数屏幕提示和任务栏中的窗口等。一般情况下，这三项都应选定。其中，编辑栏是 Excel 电子数据表软件窗口中所特有的对象，主要是在建立工作表时用来编辑公式。Excel 默认状态下，对于包含公式的单元格，单元格中显示的是公式的计算结果，而只有在编辑栏中才显示公式本身。设定函数屏幕提示在使用软件内置函数的时候是非常有用的。如果选定“在任务栏中显示所有窗口”这一选项，则所有的工作簿都会作为一个独立的窗口出现在任务栏上，这样可以直接在任务栏上单击所需的工作簿，即可在不同的工作簿之间切换。

（2）工作簿显示选项。一般情况下，像水平、垂直滚动条、工作表标签都是操作工作表时不可缺少的对象，默认情况下在工作簿显示选项中这些都已被选定。只有一些特殊的应用场合，例如，对于不希望别人改变窗口显示内容的工作表，只包含一个工作表的工作簿等，才取消上述某些选项的显示。

（3）工作表显示选项。该选项主要用于设置某一个工作表的显示，包括行号、列标题、网格线、在单元格中显示公式而非其计算结果等，如图 1－14 所示。根据不同的工作需要，可以将同一个工作簿中不同的工作表设置成不同的显示格式。Excel 通常情况下都是以表格形式出现的，当需要制作或打印正规的报表时，可能希望报表周围没有表格，而以空白形式出现，这时可以取消“显示网格线”选项，然后在需要表格线的区域人工设置所需的表格线。对于需要直接显示公式的场合，可以选定“在单元格中显示公式而非其计算结果”选项，这时所有包含公式的单元格不再显示公式的计算结果，而是显示公式本身。如果只是希望其中某些单元格显示公式，可以采用在相应公式前加单引号的方法。当然该公式只是作为字符串处理，不再进行计算。其他还可以设置是否显示自动分页符（在准备打印时有用）、如何显示批注、如何显示对象以及网格线的颜色等。

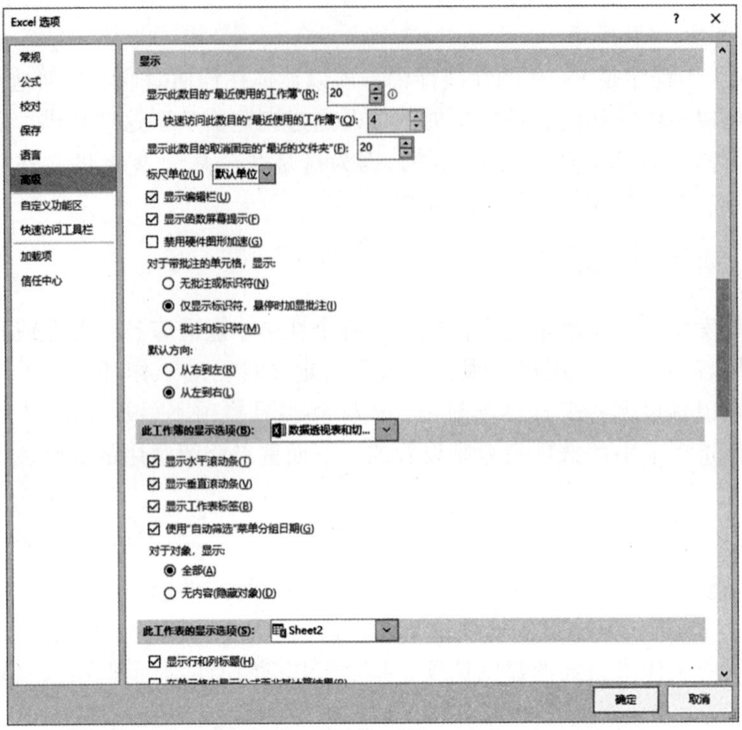
Excel 选项
常规
公式
校对
保存
语言
高级
自定义功能区
快速访问工具栏
加载项
信任中心
显示
显示此数目的"最近使用的工作簿"(R):
快速访问此数目的"最近使用的工作簿"(Q):
显示此数目的取消固定的"最近的文件夹"(F):
标尺单位(U)
默认单位
显示编辑栏(U)
显示函数屏幕提示(F)
禁用硬件图形加速(G)
对于带批注的单元格，显示：
无批注或标识符(N)
仅显示标识符，悬停时加显批注(I)
批注和标识符(M)
默认方向：
从右到左(R)
从左到右(L)
此工作簿的显示选项(B):
数据透视表和切...
显示水平滚动条(T)
显示垂直滚动条(V)
显示工作表标签(B)
使用"自动筛选"菜单分组日期(G)
对于对象，显示：
全部(A)
无内容(隐藏对象)(D)
此工作表的显示选项(S):
Sheet2
显示行和列标题(H)
确定
取消

图 1－13

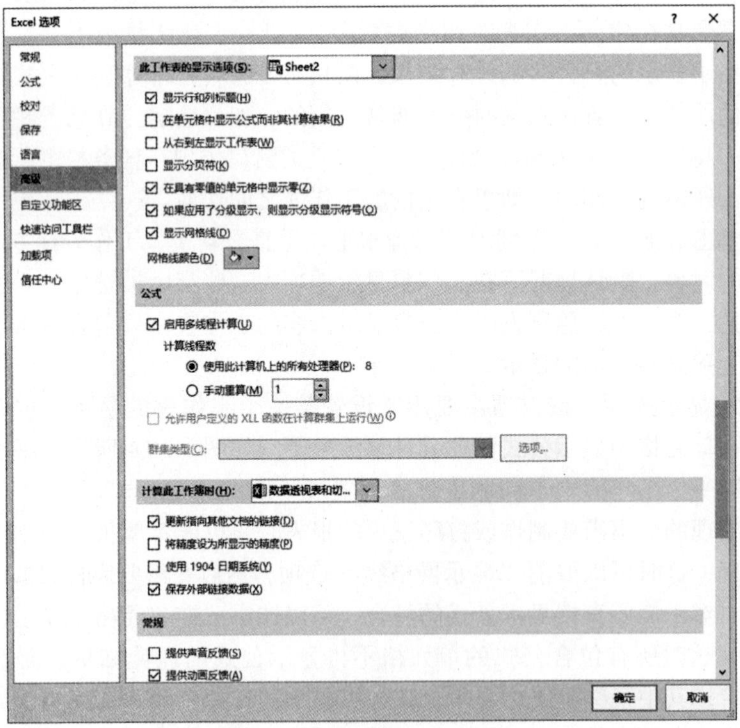
Excel 选项
常规
公式
校对
保存
语言
高级
自定义功能区
快速访问工具栏
加载项
信任中心
此工作表的显示选项(S):
Sheet2
显示行和列标题(H)
在单元格中显示公式而非其计算结果(R)
从右到左显示工作表(W)
显示分页符(K)
在具有零值的单元格中显示零(Z)
如果应用了分级显示，则显示分级显示符号(O)
显示网格线(D)
网格线颜色(D)
公式
启用多线程计算(U)
计算线程数
使用此计算机上的所有处理器(P): 8
手动重算(M)
允许用户定义的 XLL 函数在计算群集上运行(W)
群集类型(C):
选项...
计算此工作簿时(H):
数据透视表和切...
更新指向其他文档的链接(D)
将精度设为所显示的精度(P)
使用 1904 日期系统(Y)
保存外部链接数据(X)
常规
提供声音反馈(S)
提供动画反馈(A)
确定
取消

图 1－14

2. 计算选项

计算选项主要用来设置有关计算的方法，它位于Excel选项的公式选项卡中。用户可以根据需要选择自动重算、除模拟运算表外自动重算和手动重算三种工作簿进行计算。一般情况下，都选择自动重算选项。这时每当有关的单元格数据发生变化时，相应的公式都会根据变化的数据自动重算。如果选择手动重算选项，则所有的公式都保留建立公式时的计算结果。当选择手动重算选项时，也可选定保存工作簿前重新计算，这样在每次保存工作簿前自动重算，并保存最新的计算结果。其他还有关于最多迭代次数、最大误差等反复操作选项，它们主要影响统计分析、规划求解的计算，用户可以根据需要设置。

3. 编辑选项

编辑选项主要应用于编辑工作时，其内容如图1－15所示。常用的主要有以下选项：

（1）直接编辑功能。在Excel环境中，对于一般的编辑直接使用在单元格内编辑较为直观，如果是公式编辑，则一般可选择在编辑栏内编辑。在某个单元格内直接编辑，应先双击该单元格，让工作表从就绪状态变为编辑状态，这时光标将落在单元格需要编辑的字符串中，如果单元格是就绪状态，则当前输入会替换原来单元格中的所有内容。

图1－15

（2）拖放功能。使用Excel进行大批量有规律的数据和公式处理时，拖放功能可以最高效地辅助用户完成此类工作，要使用这项功能，需选定“启用填充柄和单元格拖放功能”复选框。为了防止拖放时覆盖有效数据，通常还选定“覆盖单元格内容前发出警告”选项。

（3）移动方向。用户在使用Excel时，对某个单元格输入后，光标自动移动到下一个单元格。Excel 可以让用户自定义移动方向，用户可以根据需要向下、向右、向左或向上。Excel 还提供了自动回车功能，使用该功能之前，应将移动方向设置为向下，然后每输入一个单元格按 Tab 键进行右移，输入完一行后，按 Enter 键则转行到下一行与上一行对齐的第一个单元格。

（4）小数点设置。不同的应用对数据的精确度要求不同，即对数据小数点后的位数要求不同。Excel 可以通过自定义来调整小数位数，不管用户输入什么数据，都将自动按照预设的位数显示小数。

（5）记忆式键入。当用户使用 Excel 进行较多重复数据录入时，可以利用 Excel 的记忆式键入功能以提高输入速度，并减少出错概率。

（6）自动扩展。Excel 可以根据用户输入报表数据的内在规律，自动填充有关公式和格式，这种功能称为自动扩展。

1.1.4 Excel 帮助系统

Excel 作为一个办公软件，兼有应用和开发的功能，因此，在遇到疑问时及时使用联机帮助可以自主解决大部分问题。

点击窗口右上角的“?”按钮或按 F1 来查看帮助，如图1－16所示。点击某一主题，会列出与这一主题相关的所有帮助文章。当需要系统了解 Excel，或是要较为全面地了解 Excel 的某些方面时，可以通过该帮助目录按顺序浏览所有文章。

如果不容易找到确定的帮助内容，可以使用搜索功能，在搜索编辑框中输入检索关键词，并在检索列表中选择搜索范围，如果不限定选择范围则默认在所有帮助内容中搜索。搜索结果以文章列表的方式展现，用户单击某篇文章，便可以查看相关的内容。

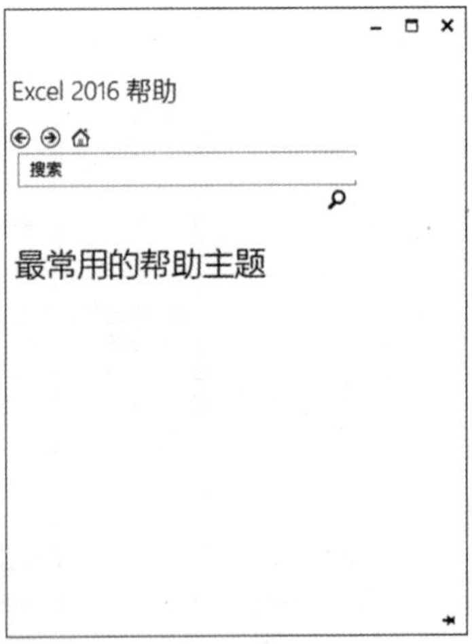

图 1－16

1.2 Excel 基本操作

完成一个操作任务，Excel 可以有多种方法，如可以使用菜单命令，也可以使用右键弹出式菜单，也可以使用工具栏对应的工具栏按钮，还可以使用键盘快捷键，从原理上来说，这些都调用了同一个功能模块，用户可以根据自己的使用习惯和偏好来选择操作方法。在一些常用功能方面，有些方法是非常快捷且简便的，如复制操作快捷键是 Ctrl + C，粘贴操作是 Ctrl + V，较多数用户还会选择使用右键弹出式菜单，极少数用户使用菜单“编辑”项下的二级菜单操作。在绝大多数情况下，使用右键弹出式菜单具有方式统一、简单方便、功能较全面等特点，因此，本书将以快捷菜单操作方式为主来介绍 Excel 各方面应用的操作。

1.2.1 窗口操作

如前文所述，Excel 是典型的 Windows 应用软件，因此也是以“视窗”方式来进行工作的。

1. Excel 窗口构成

Excel 窗口的基本构成为标题栏、功能区、标签式菜单栏、编辑栏、工作簿窗口和状态栏等。工作簿窗口通常设置为最大化，这样可以有较大的工作界面，这时工作簿和Excel合为一体。图 1－17 是一个典型的 Excel 窗口，其中工作簿窗口 Statistics. xlsx 已经与 Excel 窗口合为一体。

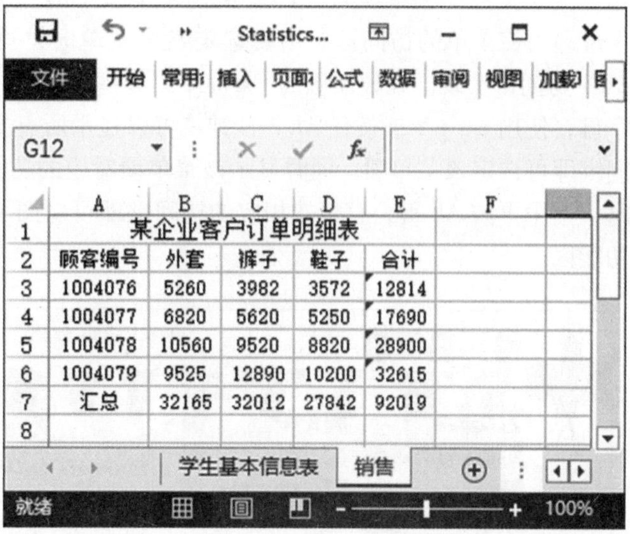

	A	B	C	D	E	F
1	某企业客户订单明细表					
2	顾客编号	外套	裤子	鞋子	合计	
3	1004076	5260	3982	3572	12814	
4	1004077	6820	5620	5250	17690	
5	1004078	10560	9520	8820	28900	
6	1004079	9525	12890	10200	32615	
7	汇总	32165	32012	27842	92019	
8						

图 1－17

2. Excel 窗口操作

Excel 窗口的基本操作与一般应用程序窗口操作相同，主要有以下几种：

（1）最小化：最小化窗口可以使应用软件窗口最小化到 Windows 系统的任务栏，切换不同软件的使用，对于 Excel 的工作簿而言，将工作簿缩小到左下角。

（2）最大化：最大化按钮用于将应用程序铺满整个当前 Windows 屏幕，对于 Excel 的工作簿而言，就是铺满整个软件界面。

（3）还原：还原按钮是相对于“最大化”按钮而言的功能按钮，将应用程序或工作簿最大化后，如果想恢复原来的窗口尺寸状态，则应该按“还原”按钮。

（4）改变大小：窗口不属于最小化或最大化状态时，用户可以根据自己的需要改变窗口大小。方法是鼠标移动到应用程序或工作簿右下角，当鼠标变为双向箭头时即可拉伸窗口。

（5）改变位置：将鼠标放置于软件或工作簿标题栏时，可以移动软件窗口或工作簿的位置。

3. 工作簿窗口操作

工作簿窗口是 Excel 软件的工作窗口，用户的操作都基于工作簿窗口，但同一时刻用户可以打开多个工作簿窗口，多个工作簿窗口有以下排列方式：

（1）层叠：多个窗口层叠在一起，只有当前窗口能完整看到，其他窗口只可见标题。

（2）平铺：所有窗口平铺到界面中，但每个窗口相对较小，当前窗口也只有一个，如果用户想切换另外一个窗口为当前工作簿窗口，在目标窗口中单击一下即可。

1.2.2 菜单操作

Excel 的菜单为标签式菜单，默认的有文件、开始、常用命令、插入、页面布局、公式、数据、审阅、视图、加载项等菜单项。当选定某个菜单项时会显示相应的功能区。

1. 基本操作

在较旧版的Excel中，每个菜单项的右边都有一个用括号括起来的带下划线的字母，如一级“文件”菜单项为“F”，文件菜单项中的二级菜单项“新建”为“N”等。这个字母即为该菜单的访问键。当要选定某个菜单时，可以用鼠标单击该菜单项，也可以按Alt+访问键实现。在较新版的Excel中，某些菜单项（如主菜单）的右边不再显示访问键字母，使用Alt+Y或按住Alt 2秒钟就可以显示所有主菜单项的访问键，然后再按Alt+访问键即可选定该菜单项，同时显示该菜单项对应的功能区中所有功能和命令的访问键。这时，不用再按Alt键，直接按相应的访问键即可。图1-18所示为“公式”菜单项对应的功能区。

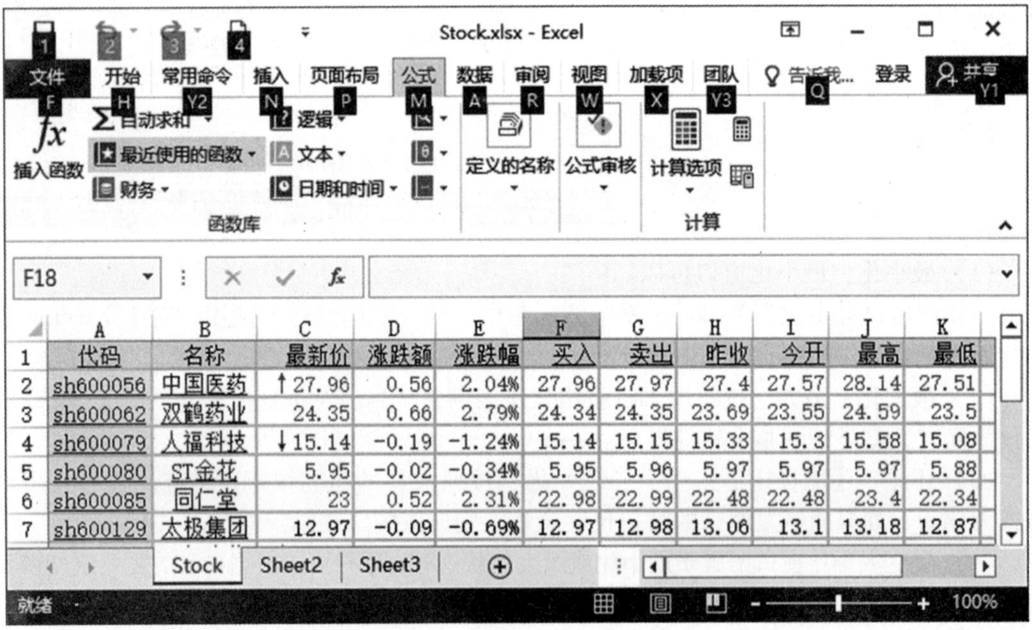

图1-18

为了方便用户进行快捷操作，有些菜单命令还有快捷键。如剪切为Ctrl+X，复制为Ctrl+C，粘贴为Ctrl+V。另外一种通过键盘来进行操作的方法是使用访问键，快捷键与访问键不同之处在于：

（1）快捷键都是复合键或功能键，而访问键是单个按键，只有在选一级菜单项时，需按Alt键激活菜单。

（2）快捷键只有常用命令才有，而访问键则所有命令都有。

（3）快捷键可以随时使用，而访问键只有先选择了相应的菜单后才可使用。如要剪切某个单元格的内容，当选中该单元格后，若使用访问键，则应先按Alt+E键选择编辑菜单，再按X键选择剪切命令；若使用快捷键，则可直接按Ctrl+X键。

2. 特殊菜单

从图 1 – 18 中还可以看到，功能区中有些命令旁边有一些特殊的符号，这些符号分别表示不同的意义。财务命令和自动求和命令右侧都有一个下三角符号“▼”，它表示该菜单下还有子菜单项，即单击该菜单项后会展开下一级菜单项。如果命令右侧都有一个省略符号“…”，它表示执行该菜单命令时会弹出一个对话框，需要用户提供进一步的信息才能执行该命令。视图菜单中的普通和页面布局命令的左侧都有一个图标，当选定某个命令时，该图标会呈现一定的底色；而视图菜单中的编辑栏和标题命令左侧则可能有一个对钩符号“✓”。它们表示该命令是一个选项命令，当图标呈现底色或有对钩符号时，表示该选项被选定；否则，表示该选项没有被选定。普通和页面视图命令的选项命令是一组互斥的命令，即几个命令中，某一时刻只能有一个命令被选定。若公式命令当前是灰色的，则说明当前该菜单命令暂时不可使用。

3. 快捷菜单

在 Excel 窗口中进行操作时，可以右击鼠标弹出浮动快捷菜单。图 1 – 19 给出了工作表中常见的各种快捷菜单，它们分别为用鼠标右击单元格、列表和公式编辑框时弹出的快捷菜单。一般而言，鼠标右键浮动菜单会根据不同的选用对象而展示不同的菜单功能。

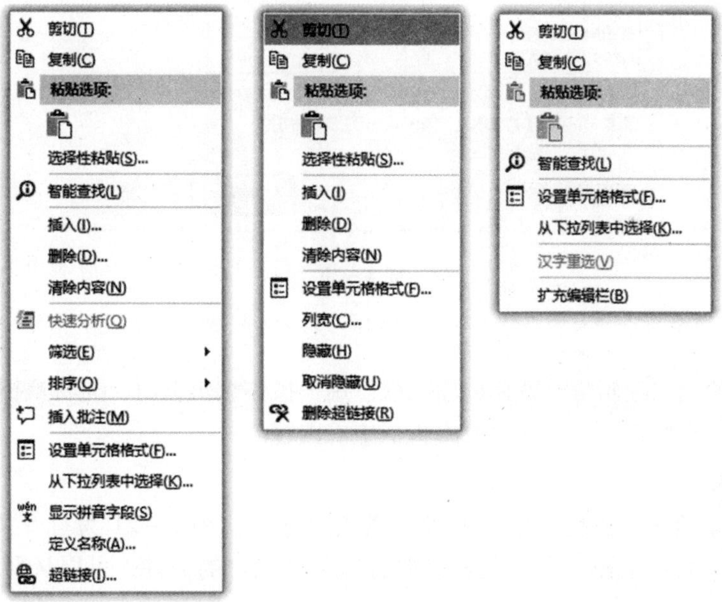

图 1 – 19

1.2.3 对话框操作

对话框是用户和应用软件交互的基本工具，用户通过在对话框中输入命令或信息来与应用系统进行信息交互。对话框是一种特殊的窗口，也可以有标题栏和控制按钮等，但一般没有菜单项。

对话框的基本要素有按钮、组合框、编辑框、复选框、列表框和选项按钮。更为复杂的对话框组合可以用选项卡表示。图 1－20 是选择公式菜单中的“查找与引用”—“插入函数”命令后出现的对话框。

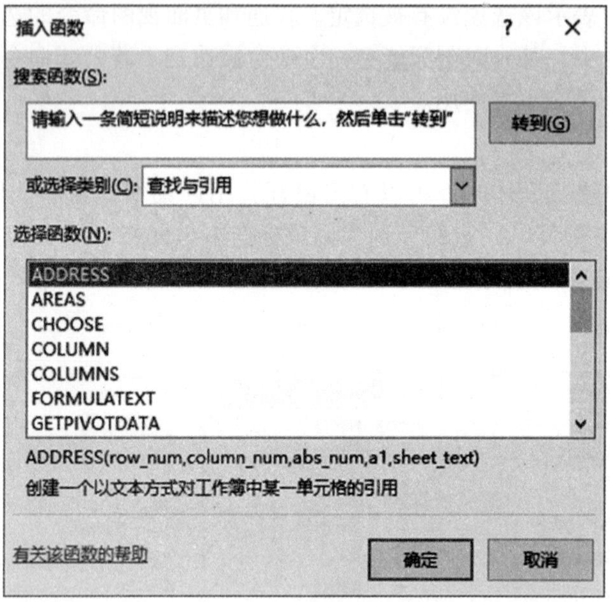

图 1－20

1. 编辑框

编辑框是给用户编辑信息使用的输入框。用户操作编辑框时，先将鼠标定位在编辑框中，然后在编辑框中书写内容或修改编辑框中的内容。

2. 列表框

列表框通常给出一个已有信息的列表供用户选择。图 1－21 为打开文件的对话框，中间部分即为文件列表框。如果用户需要打开某个已有的文件，可以从列表框中选择。

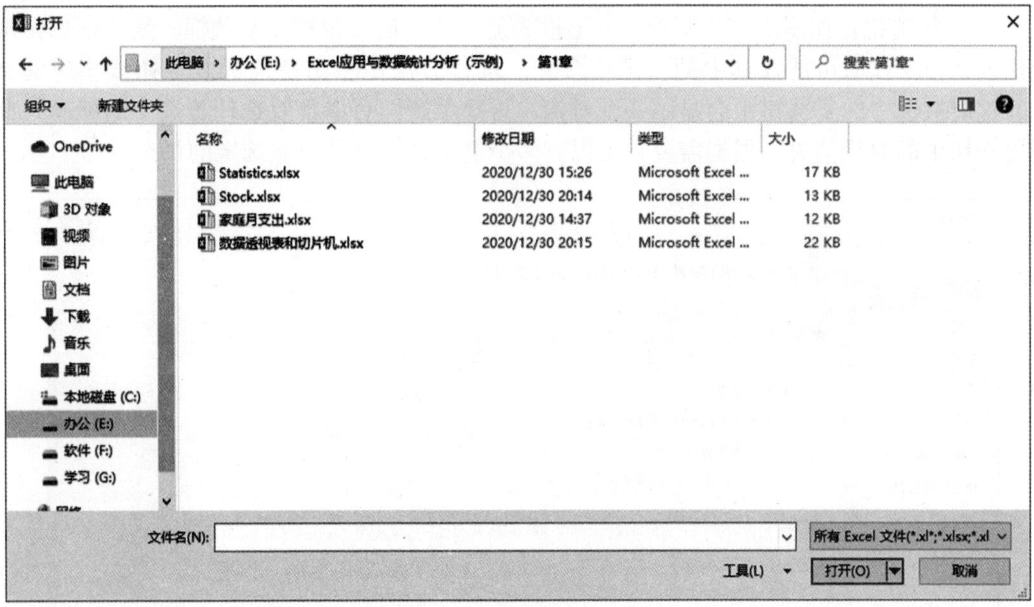

图 1－21

列表框可以有以下几种操作方式：

（1）单击某项可选择指定的一项。

（2）单击某项后，按住 Shift 键，再单击另一项，可选择包括两项在内的连续多项。

（3）单击某项后，按住 Ctrl 键，再单击若干项，可选择多个不连续的项。

（4）当列表框的内容较多而显示不下时，单击列表框滚动条的某一端的箭头可使其向相应的方向滚动一项，直接单击滚动条使其向相应的方向滚动一页，当选项过多时还可以直接拖拽滚动条上的滚动块到指定的位置。

3. 组合框

图 1－17 就是一个组合框，组合框是将编辑框与列表框组合在一起的控件，它可以直接在其中输入或编辑文字，也可以从列表框中选择所需的选项。

4. 按钮

通常，对话框中可以包括两类按钮：命令按钮和选项按钮，其中选项按钮又分为单选钮和复选钮。

（1）命令按钮：如图 1－21 所示，“打开”和“取消”为命令按钮，单击它们即可完成相应的操作。如果命令按钮上的名字后有省略号“…”，则表示一旦选择该命令按钮，便可以打开与该命令有关的另一个对话框。如果命令按钮上的名字后面有下拉箭头，则表示该命令按钮有多项命令，单击下拉箭头可弹出有关的命令列表，然后单击有关命令即可完成相应的操作。

（2）单选钮：如图 1－22 所示，圆形按钮为单选钮，通常都是成组出现。操作时只能选择其中一项。操作方法是单击所需的单选钮或相应的文字，这时被选中的单选钮中会显示一个黑圆点，表示它已被选中，而同组中其他原来被选中的单选钮自动取消。

（3）复选钮：如图1－22所示，方形框为复选钮，因而也称为复选框。复选框也是成组出现，但操作时可选择其中的一项或多项。操作方法是单击所需的复选钮或相应的文字，这时被选中的复选钮中会显示一个对钩，再次单击，可取消复选钮被选中的状态，此时复选钮中的对钩消失。根据需要，可以有多个复选钮同时处于被选定的状态。

图1－22

5. 选项卡

一个属性或一个命令涉及的信息较繁多，并且这些信息可以进行分类，则一般会在对话框中出现选项卡。选项卡的标签在对话框的上端，单击某标签则进入相应的选项卡，每个选项卡实质上就是一个对话框，这个对话框和普通的对话框是一样的，都可以有一组内容相关的控件。在选项卡的下方还有“确定”和“取消”等命令按钮。

1.2.4 工作簿操作

用户在使用Excel软件时，往往要经历新建/打开工作簿、输入数据、保存工作簿和退出等操作。下面介绍对工作簿的主要操作。

1. 创建工作簿

创建新的工作簿有三种方法：

（1）启动 Excel 时将自动创建一个命名为“工作簿 1”的工作簿，每个工作簿包含有 3 个工作表：Sheet1，Sheet2 和 Sheet3。

（2）利用文件选项卡创建。切换到“文件”选项卡，在下拉菜单中执行“新建”命令，双击右侧的“空白工作簿”等即可完成创建工作，如图 1－23 所示。

图 1－23

（3）利用快速访问栏中的“新建”按钮。单击快速访问栏工具右侧的按钮，执行“新建”命令，将在快速访问栏中添加按钮。单击按钮将自动创建一个新工作簿，如图 1－24所示。

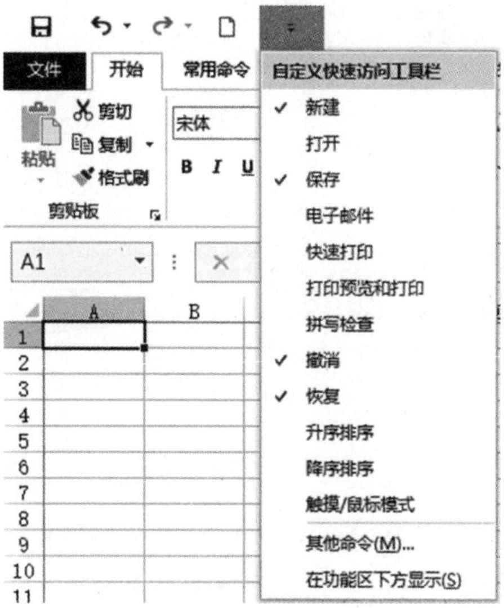

图 1－24

2．插入工作表

在工作簿中插入新的工作表，主要有两种方法：

（1）直接单击工作表标签右侧的图标，或按 Shift + F11，即可插入一个空白的工作表，如图 1－25 所示。

图 1－25

（2）右键单击某一工作表，如 Sheet2，在弹出的快捷菜单中执行“插入”命令；在弹出的“插入”对话框中选择“工作表”，单击“确定”按钮即可，如图 1－26 和图 1－27 所示。

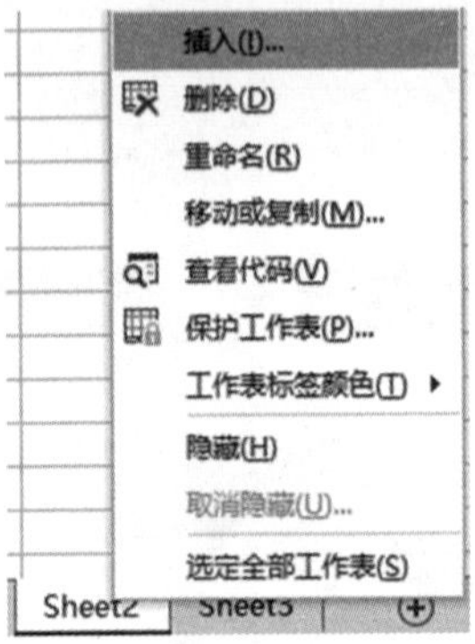

图 1－26

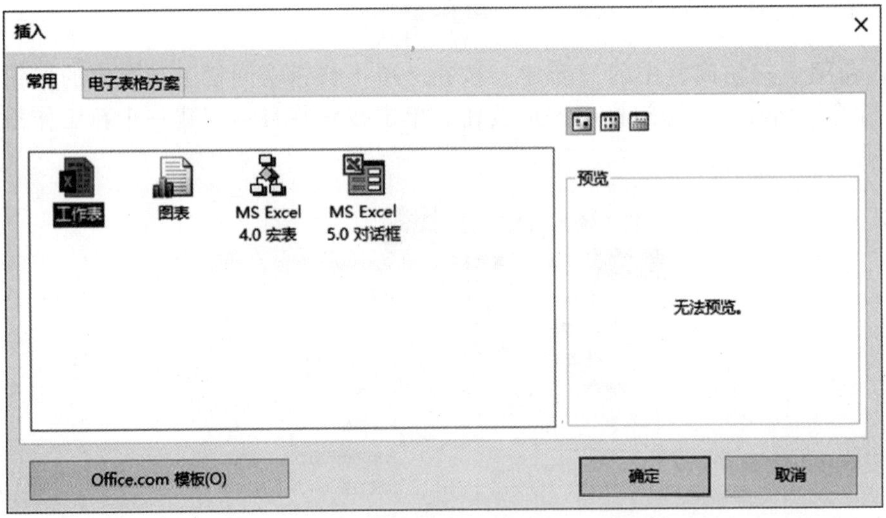

图 1－27

3．重命名工作表

Excel 新建的工作表默认名字为 Sheet1、Sheet2 等。在实际应用中，我们往往需要将工作表重新命名以便更好地区分不同工作表中的数据。重命名工作表有两种方式：

（1）右键单击需要重命名的工作表，在弹出的快捷菜单中执行“重命名”命令，当其变成选中状态时输入新的工作表名称即可。

（2）双击需要重命名的工作表名称，当其变成选中状态时即可修改。

4. 删除工作表

右键单击需要删除的工作表，在弹出的快捷菜单中执行“删除”命令即可。

1.3 小结

本章首先介绍了电子数据表的基本概念和特点，并详细介绍了 Excel 的特性和基本工作环境。Excel 具有的粘贴预览、数据条功能、自定义功能区以及图表增强功能等使日常操作更为快捷；其交互式数据透视表、切片器、迷你图等功能提供了强大而实用的分析功能；自定义的工作环境、友好的操作界面以及联机帮助使用户使用 Excel 更为方便。

通过本章的学习，读者应掌握如下内容：

（1）了解电子数据表的基本概念和特点。

（2）熟悉 Excel 的特性，熟练掌握日常操作功能，并重点掌握分析工具的增强功能。

（3）熟练掌握 Excel 的基本操作，包括鼠标、键盘、窗口、菜单和对话框等操作。

（4）熟悉 Excel 基本工作环境，掌握显示选项、计算选项和编辑选项的基本设置方法。

（5）掌握联机帮助的使用方法。

在操作应用过程中，建立数据清单时读者应该注意：避免在数据清单中放置空白列和行，有利于 Excel 检测和筛选数据清单；在单元格的开始处避免插入不必要的空格，否则会影响排序和查找；在列字段和第一行数据之间不要使用空白行。

2　Excel 图表使用

Excel 具有完整的图表功能，不仅可以生成诸如柱形图、饼图、折线图等内置的标准图表，还可以根据实际需要生成较为复杂的三维立体图表或交互式图表。利用 Excel 图表来分析数据既方便又直观，图表已经成为我们日常工作和生活中不可或缺的一部分。因此，掌握 Excel 图表的绘制和修改步骤是学习其他章节的基础。本章的主要内容如下：

（1）Excel 图表的含义、类型，以及制作 Excel 图表的基本步骤。

（2）绘制常见的基本图表：柱形图、饼图、折线图、面积图和 XY 散点图。

（3）基本图表的修改：如何更改图表类型、加改图例、加改标题和改变绘图区颜色等。

（4）交互式图表的基本含义，以及如何绘制自动缩放图表、如何绘制比较柱形图和利用滚动条控制数据系列等交互式图表。

2.1　图表基本概念

利用图表来分析数据既便利又直观，图表已成为优秀工作表中不可或缺的一部分。Excel 提供了强大的图表功能，使用它可以根据工作表中的数据源创建图表。

2.1.1　什么是图表

所谓图表，是指以图形化的方式将工作表中的数据进行直观的表现。根据工作表中的数据内容创建图表，其基本目的在于能够直观地说明数据的意义，使图表更加有趣，易于阅读和评价，也可以帮助我们分析和比较数据。

在图表中，数据点一般用条形、柱形、线条、切片、点及其他形状表示，这些形状称作数据标示。创建好图表之后，可以通过对图表增加图表项，如标题、图例、文字、网格线、趋势线及误差线等来修饰图表以强调某些信息。大部分图表项均可被移动或调整大小，也可以用颜色、对齐、图案、字体及其他格式属性来设置这些图表项的格式。

2.1.2　Excel 基本图表

Excel 中提供了 10 多种内置的图表类型，其中一些图表类型还有子图表类型。不同类型的图表适合不同的用户，可以使用户从不同角度更加直观地观察数据。下面通过实例来说明几种常用图表的特点及其应用。

柱形图常用于描述一段时间内数据的变化或显示各项数据之间的比较情况，也可以同时描述不同时期、不同类别数据的变化和差异。三维柱形图用于比较三个坐标轴上相交于类别轴上和相交于系列轴上的数值大小，如图 2 - 1 所示。

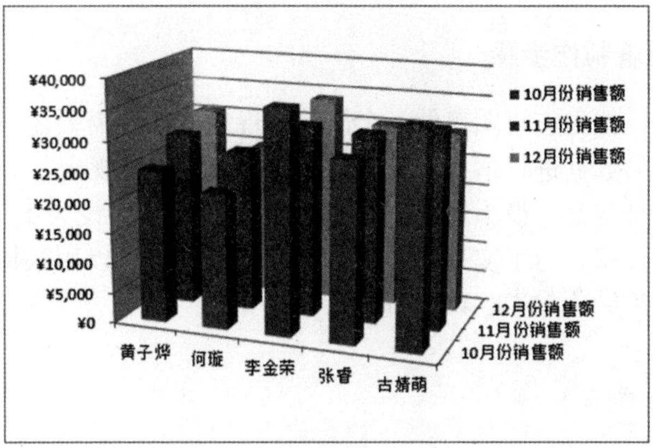

图 2－1

饼图通常只能使用一组数据系列作为源数据，数据点数目也相对较少。饼图将一个圆划分为若干个扇形，每个扇形代表数据系列中的一个数据项，其大小用来表示相应数据项占该数据系列总和的比例，所以饼图通常用来显示相对比例或对构成整体的贡献，如图 2－2 所示。

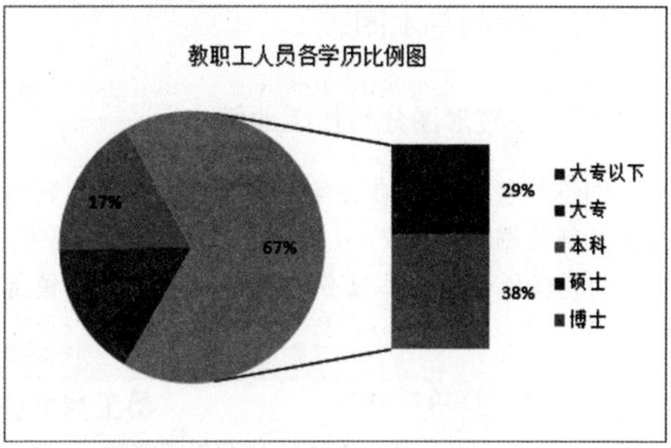

图 2－2

折线图是用直线段将各数据点连接起来而组成的图形，常用来描绘连续数据，适用于显示在相等时间间隔数据的变化趋势，也可用来分析多组数据随时间变化的相互作用。如图 2－3所示。

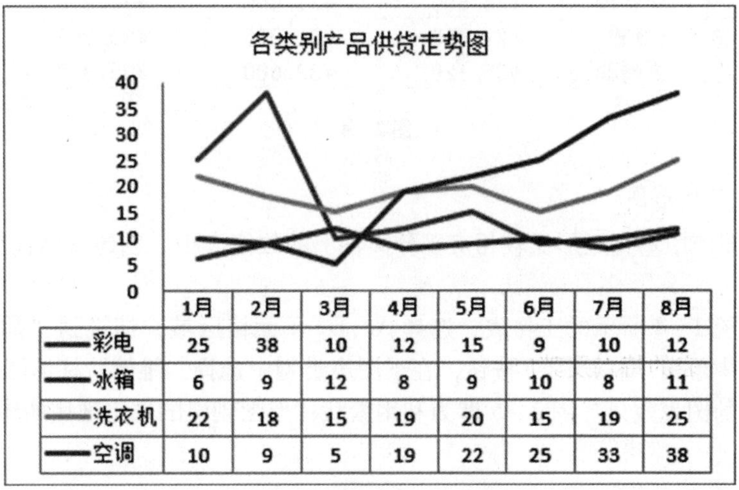

	1月	2月	3月	4月	5月	6月	7月	8月
彩电	25	38	10	12	15	9	10	12
冰箱	6	9	12	8	9	10	8	11
洗衣机	22	18	15	19	20	15	19	25
空调	10	9	5	19	22	25	33	38

图 2－3

2.1.3 Excel 图表制作步骤

在创建图表之前，首先应对图表做一个简单的规划，根据需要生成图表的类型，把工作表中用来产生图表的数据进行适当的排列。在 Excel 中一般规定了分类轴和数据轴的概念，分类轴用于表示自变量，设为 *X* 轴，数据轴表示因变量，设为 *Y* 轴。创建的 Excel 图表都要先确定分类轴数据。为了实现较为复杂的数据分析，可以用数据轴同时反映多组数据。制作一个 Excel 图表一般需要 4 个步骤：

（1）确定数据源；

（2）选择图表类型；

（3）修饰图表；

（4）指定图表存放位置。

注意：第一个步骤和第二个步骤可互换。

2.2 绘制基本图表

2.2.1 柱形图分析员工业绩

创建图表之前必须要有一个图表数据源，它可以是已有的数据清单、工作表格中的数据或外部数据。如图 2－4 所示即为柱形图的数据源，它记录了销售人员在销售旺季几个重要月份的销售额。本实例主要是针对公司销售部门人员的月度销售业绩进行统计。

	A	B	C	D
1	员工月度业绩表			
2	员工姓名	10月份销售额	11月份销售额	12月份销售额
3	黄子烨	¥25,000	¥28,520	¥30,500
4	何璇	¥22,185	¥26,500	¥25,000
5	李金荣	¥36,500	¥31,600	¥33,870
6	张睿	¥29,350	¥31,000	¥30,260
7	古婧萌	¥35,120	¥32,600	¥29,860

图 2－4

1. 创建簇状柱形图

簇状柱形图使用垂直矩形比较相交于分类轴上的数值大小。创建簇状柱形图的具体操作步骤如下：

（1）打开图 2－4 所示的工作表，选择 A2:D7 单元格区域，切换到“插入”选项卡，在“图表”组中单击“柱形图”按钮，在子图表类型中选择二维簇状柱形图。

（2）创建的图表效果。图 2－5 即为利用簇状柱形图创建的选定区域的图表效果。

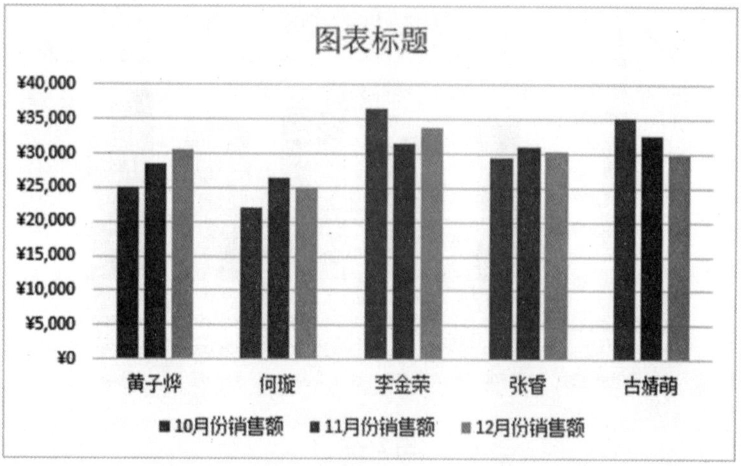

图 2 -5

（3）选择图表布局。选中新创建的图表，在“图表工具 - 设计”选项卡下单击“图表布局”组中的“快速布局”按钮，从展开的库中选择系统内置的“布局 5”样式，如图 2 -6 所示。

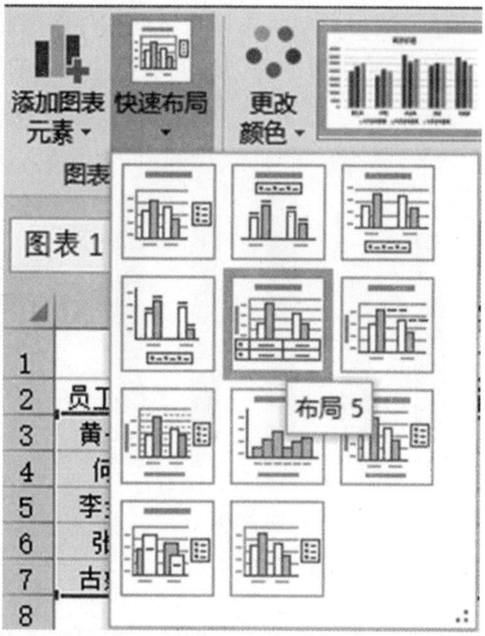

图 2 -6

（4）输入标题。应用所选择的图表布局样式后，在图表下方会自动显示数据表，输入图表标题为“员工月度业绩统计情况”，字体大小为 11，纵坐标轴标题设为“销售额”，字体大小为 10，效果如图 2 -7 所示。

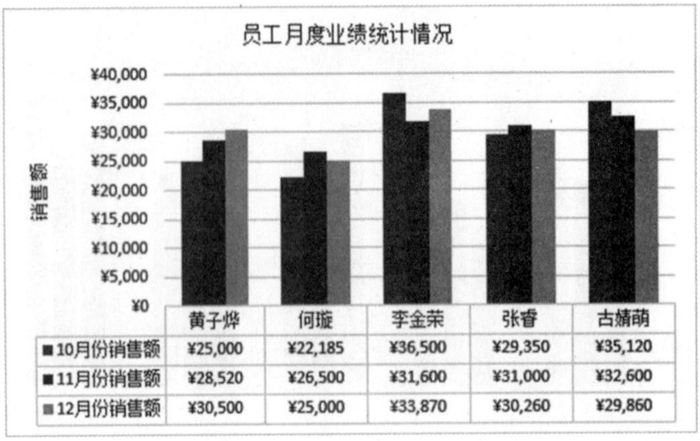

图 2 –7

2. 创建堆积柱形图

堆积柱形图用于比较相交于分类轴上的每一数值所占数值的大小。创建堆积柱形图的具体操作步骤如下：

（1）在图 2 –4 中，选择 A2:D7 单元格区域，切换到“插入”选项卡，在“图表”组中单击“柱形图”按钮，在子图表类型中选择二维堆积柱形图。

（2）创建的图表效果。图 2 –8 所示即为创建的堆积柱形图的图表效果。

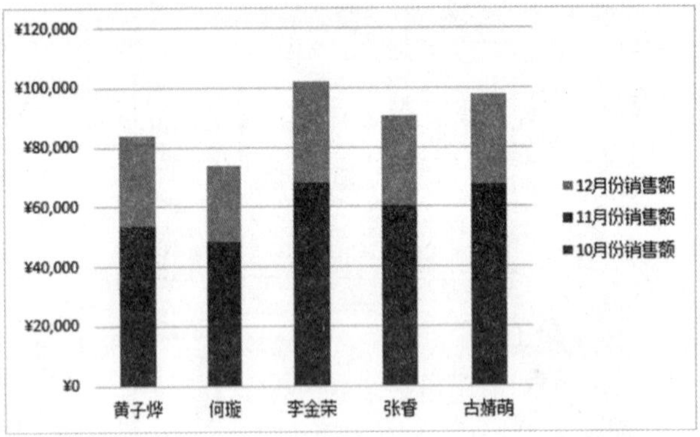

图 2 –8

3. 创建三维柱形图

三维柱形图用于比较三个坐标轴上相交于类别轴上和相交于系列轴上的数值大小。创建三维柱形图的具体操作步骤如下：

（1）在图 2 –4 中，选择 A2:D7 单元格区域，切换到“插入”选项卡，在“图表”组中单击“柱形图”按钮，在子图表类型中选择三维柱形图。

（2）创建的图表效果。图 2 –9 所示即为创建的三维柱形图的图表效果。

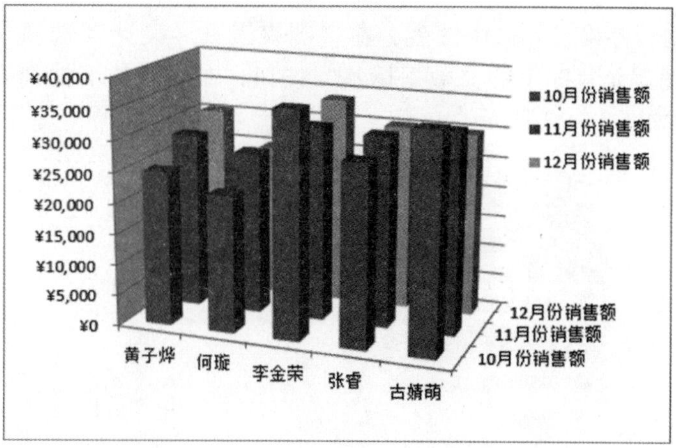

图 2－9

2.2.2 饼图分析教职工信息

某高校计划对本校教职工的文化程度进行分析，以确定该校的师资力量和素质基础。由于本案例涉及的学历种类不多，所以选择使用饼图进行分析。饼图通常用来显示相对比例或对构成整体的贡献。通常，饼图使用的数据不应多于 6 个数据点，如果数据点太多，饼图很难说明问题。

绘制饼图的具体操作步骤如下：

（1）新建一个工作簿，在工作表中输入学历和人数等数据，如图 2－10 所示。

	A	B	C	D	E	F
1	教职工各学历人数统计					
2	学历	大专以下	大专	本科	硕士	博士
3	人数	109	220	336	582	758

图 2－10

（2）选择 A2:F3 单元格区域，切换到“插入”选项卡，在“图表”组中单击“饼图”按钮，从展开的库中选择“三维饼图”。

（3）创建的图表效果。图 2－11 所示即为创建选定区域的饼图效果。

（4）输入并设置图表标题。将图表标题更改为“教职工人员各学历比例图”，并将图表标题字号设置为 11，不加粗，效果如图 2－12 所示。

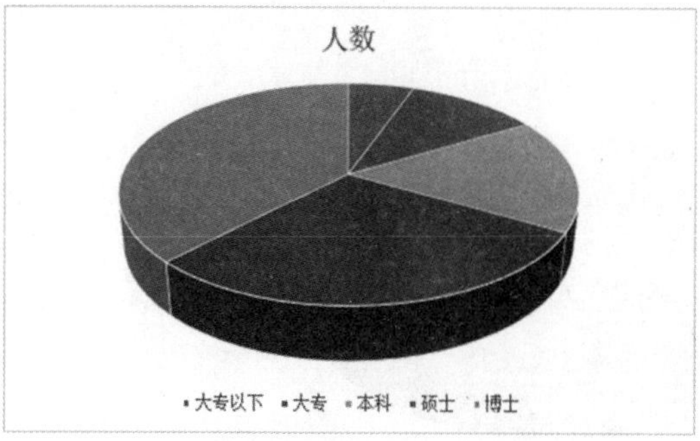

图 2－11

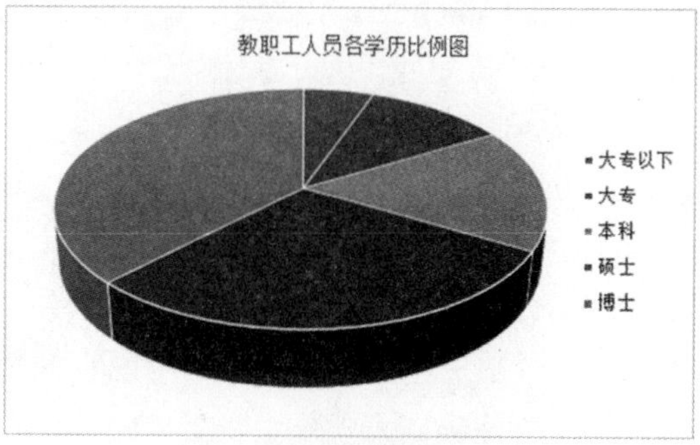

图 2－12

(5) 设置数据标签格式。选中图表，在“图表工具－设计”选项卡下单击“图表布局”－“添加图表元素”下的“数据标签”按钮，在展开的下拉列表中选择“其他数据标签选项”，如图2－13所示。

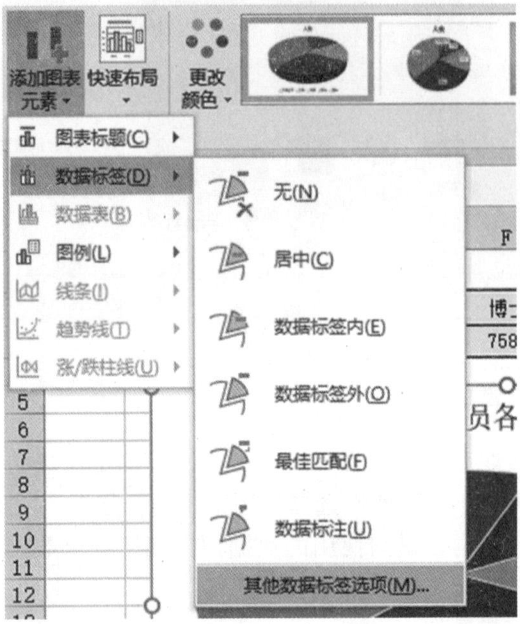

图2－13

(6) 选择数据标签选项。在打开的“设置数据标签格式”对话框中，选中“百分比”和“显示引导线”前面的复选框，如图2－14所示。设置完成后单击“×”按钮。此时，在工作表中，饼图的每个数据系列上都显示出所对应的百分比，如图2－15所示。

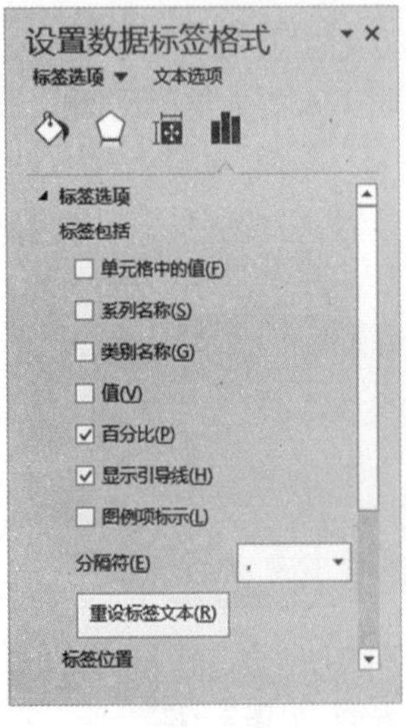

图2－14

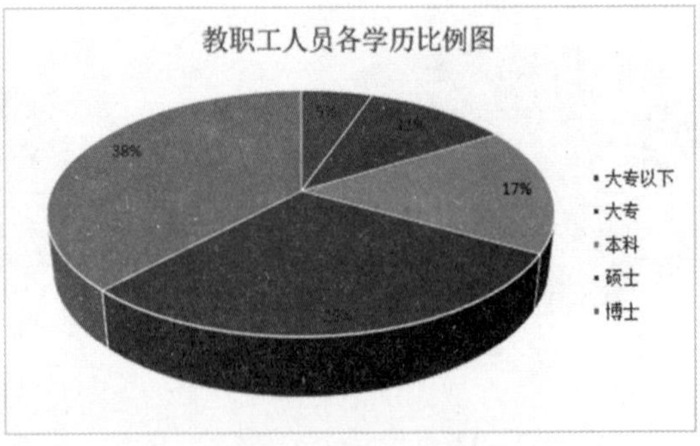

图2－15

（7）设置数据系列格式。在图表中单击鼠标右键或在图表中右击数据系列，在弹出的快捷菜单中选择“设置数据系列格式”。

（8）设置第一扇区起始角度。在上一步中，执行“设置数据系列格式”命令后，将打开“设置数据系列格式”对话框，在“系列选项”选项卡下拖动“第一扇区起始角度”的滑动块，将其调整为“180°”，如图 2－16 所示。

（9）设置完成后，单击“×”按钮，返回到工作表中，适当调整各数据系列的位置，得到的最终图表效果如图 2－17 所示。

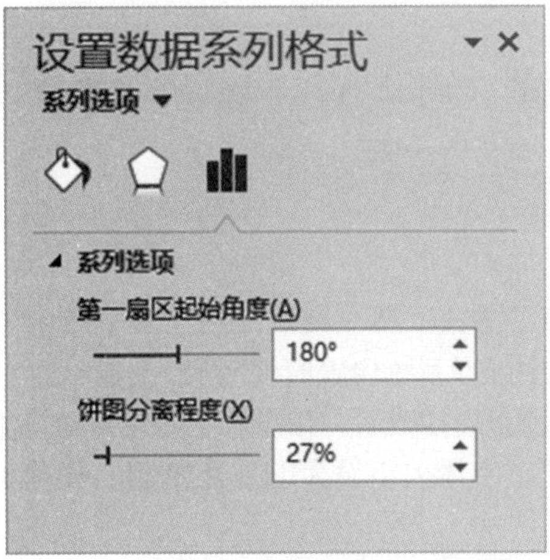

图 2－16

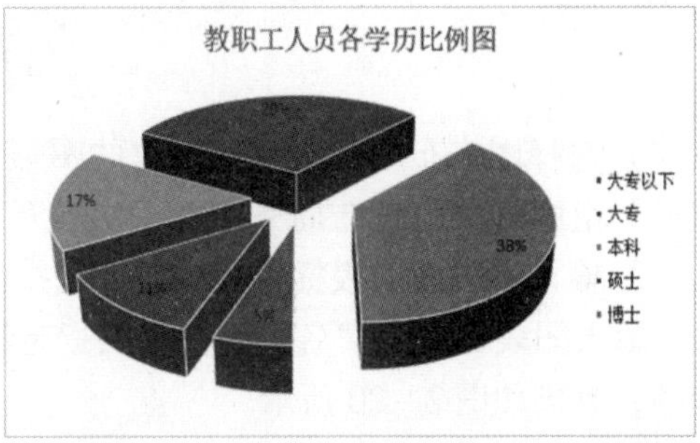

图 2－17

2.2.3 折线图分析商品供货关系

供货管理一直是物流管理中的重要环节，本节针对商家各商品类别和供货月份的统计数据进行分析，然后利用 Excel 提供的二维折线图绘制出一段时间内各类别产品数量的大致走势。商家可以根据其趋势增减进货量。绘制折线图的具体操作步骤如下：

（1）新建一个工作簿，在工作表中输入各类别产品数量等数据，如图 2－18 所示。

	A	B	C	D	E	F	G	H	I
1	各类别产品供货								
2	商品类别	1月	2月	3月	4月	5月	6月	7月	8月
3	彩电	25	38	10	12	15	9	10	12
4	冰箱	6	9	12	8	9	10	8	11
5	洗衣机	22	18	15	19	20	15	19	25
6	空调	10	9	5	19	22	25	33	38

图 2－18

（2）选中 A2:I6 单元格区域，切换到“插入”选项卡，在“图表”组中点击“插入折线图或面积图”按钮，从展开的库中选择“折线图”类型。

（3）创建图表。图 2－19 为创建选定区域的折线图效果。

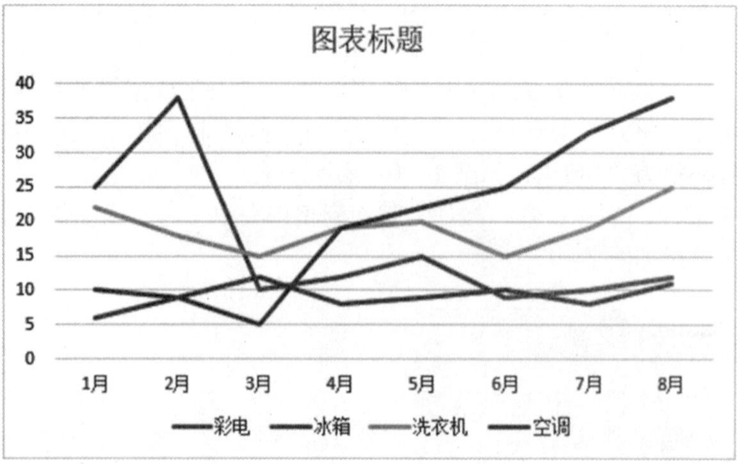

图 2－19

（4）选择图表布局。选中新创建的图表，在“图表工具－设计”选项卡下单击“图表布局”组中的“快速布局”按钮，从展开的库中选择系统内置的“布局 5”样式。

（5）输入并设置图表标题。应用所选择的图表布局样式后，在图表下方会自动显示数据表，输入图表标题为“各类别产品供货走势图”，字体大小设为 11，不加粗，删除坐标轴标题，效果如图 2－20 所示。

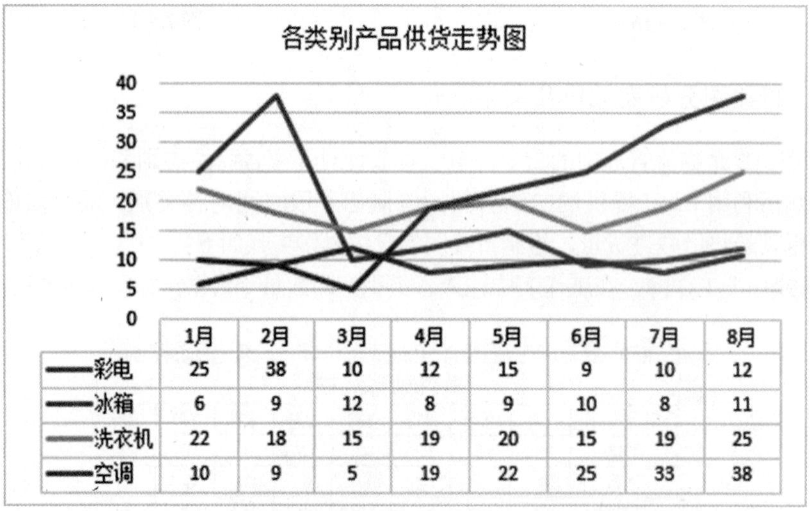

	1月	2月	3月	4月	5月	6月	7月	8月
彩电	25	38	10	12	15	9	10	12
冰箱	6	9	12	8	9	10	8	11
洗衣机	22	18	15	19	20	15	19	25
空调	10	9	5	19	22	25	33	38

图 2－20

（6）删除网格线。右键单击网格线，在弹出的快捷菜单中点击“设置网格线格式”，将线条颜色设置为无线条，最终效果如图 2－21 所示。

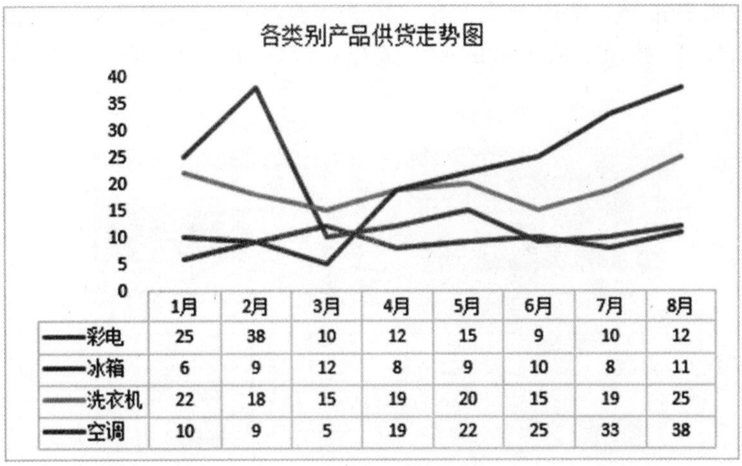

图 2－21

2.2.4 面积图分析销售数据

排列在工作表中的数据可以绘制到面积图中。面积图强调数量随时间变化而变化的程度，适用于显示有限数量的若干组数据。这里使用 3 种品牌的手提电脑在 2020 年四个季度的销售量作为源数据，如图 2－22 所示。

	A	B	C	D
1		联想	华硕	惠普
2	第一季度	185	199	156
3	第二季度	196	187	130
4	第三季度	260	175	150
5	第四季度	188	205	169

图 2－22

本案例使用“堆积面积图”来显示各种手提电脑销售量大小并随时间变化的趋势。绘制面积图的基本操作步骤如下：

（1）单击图 2－22 所示数据清单中的任一数据单元格，切换到“插入”选项卡，单击“图表”组中的“插入折线图或面积图”按钮，在展开的库中选择二维堆积面积图。

（2）创建图表。图 2－23 即为创建选定区域的堆积面积图效果。

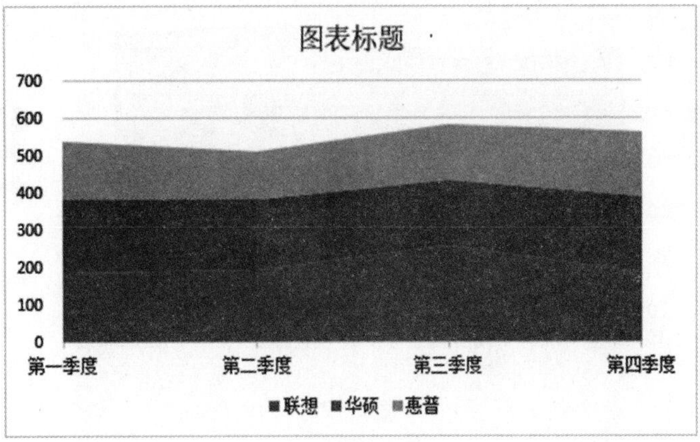

图 2－23

（3）选择图表布局。选中图表，在“图表工具－设计”选项卡下单击“图表布局”组中的“快速布局”按钮，从展开的库中选择系统内置的“布局 1”样式，如图 2－24 所示。

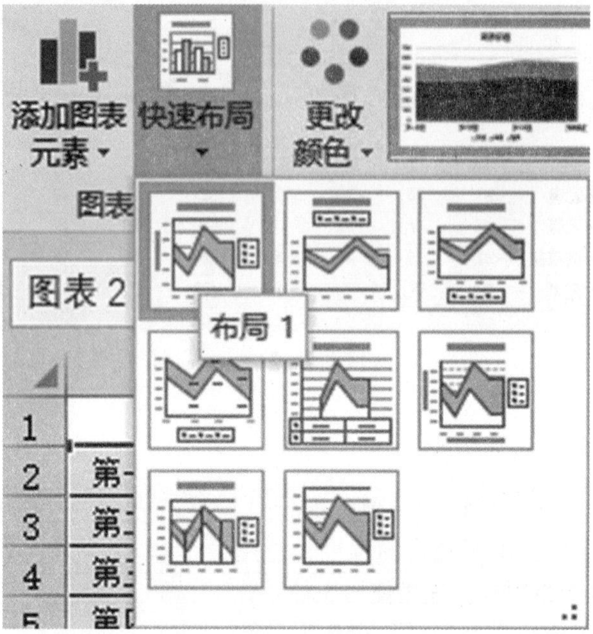

图 2－24

（4）输入并设置图表标题。应用所选择的图表布局样式后，输入图表标题为“各品牌笔记本电脑销售面积图”，并将字体大小设为 11，不加粗，纵坐标标题设为“销售量”，字体大小设为 10，最终效果如图 2－25 所示。

图 2－25

通过面积图可以看出联想所占面积最大，也就是说联想笔记本电脑在整年的销售量最大。

2.3 修改基本图表

2.3.1 更改图表类型

Excel 提供了多种图表类型，当某种类型的图表不适合时，就需要用另一种图表来表示，修改图表类型的具体操作如下：

（1）选中需要修改的图表，在“图表工具-设计”选项卡下单击“类型”组中的“更改图表类型”按钮，如图 2-26 所示。

（2）点击“更改图表类型”按钮后，将打开“更改图表类型”对话框，如图 2-27 所示。这里可以选择需要更改的图表类型，然后单击“确定”按钮即可。

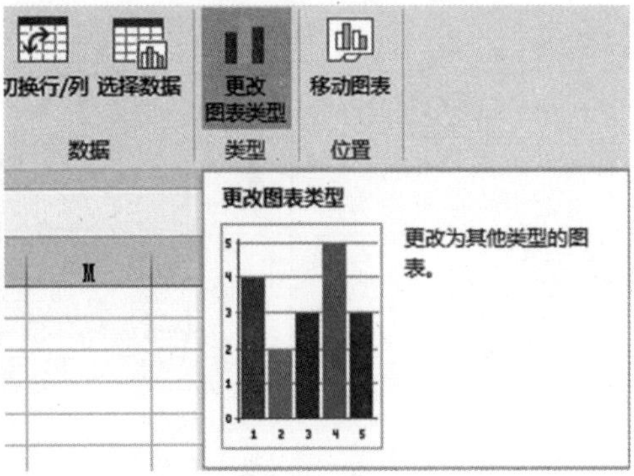

图 2-26

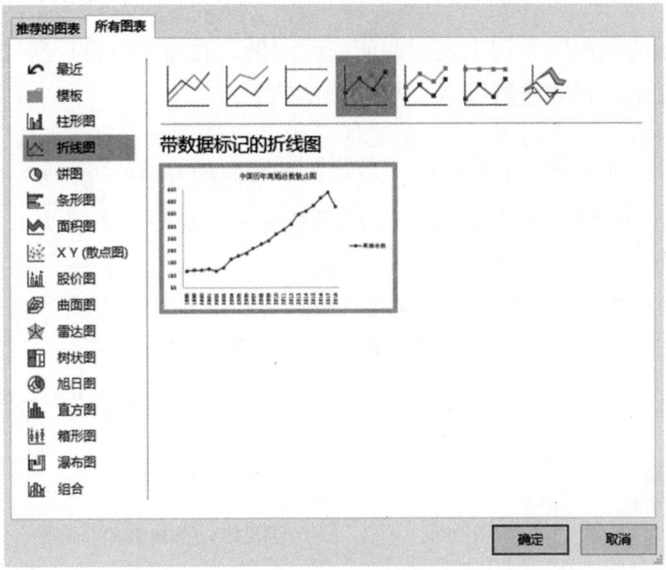

图 2-27

2.3.2 移动图表到其他工作表中

若要将已经绘制好的图表移动到其他工作表中，可以按如下操作步骤进行：

（1）选中该图表，单击鼠标右键，在弹出的快捷菜单中执行剪切命令，或直接使用 Ctrl+X，这时图表将从原工作表中消失。

（2）单击目标工作表标签，切换到新的工作表中，在该工作表中选择合适的位置，然后单击鼠标右键，可以看到有三种粘贴选项：保留源格式、使用目标主题和图片，当鼠标移至某个选项时，立即可以预览该选项的显示效果，如图 2－28 所示。这里选择“保留源格式”，这时图表就会出现在新的位置上。当然也可以直接使用 Ctrl＋V 来完成。

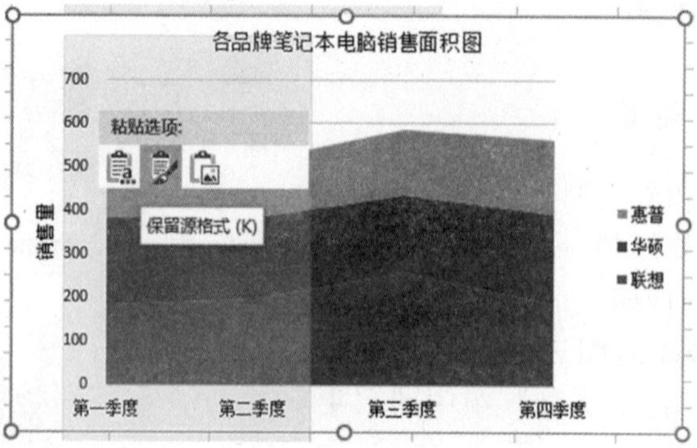

图 2－28

注意：不能直接将图表移动到目标工作表的标签上。

2.3.3　加改图例和标题

以 2－25 所示的面积图为例来说明如何修改图例，假如用户希望将图例放置在图表的底部，则需要对图例的格式进行设置，具体操作如下：

（1）首先选中图表，切换到“图表工具－设计”选项卡，在“图表布局”组中单击“添加图表元素” －“图例”下拉按钮，执行“其他图例选项”命令即可。也可通过右键单击图例，在弹出的快捷菜单中单击“设置图例格式”命令。两种方式都将弹出“设置图例格式”对话框。

（2）在弹出的“设置图例格式”对话框中，选中“图例选项”选项卡，在下边的“图例位置”中选中“靠下”单选按钮，如图 2－29 所示。

（3）设置完成后，单击“×”按钮，修改图例位置后的图表如图 2－30 所示。

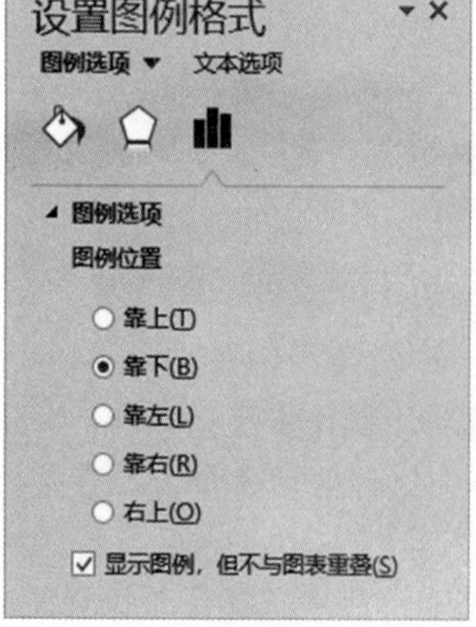

图 2－29

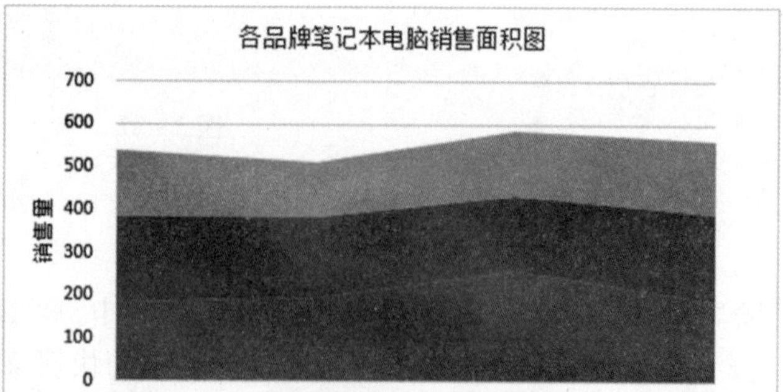

图 2－30

注意：当图例为选中状态时，可随意拖动图例到指定位置。

Excel 默认生成的图表是没有标题的，若需要为图表添加标题，则需要用户自己设置，并且当对标题不满意时也可以进行一定的修改。有两种常用方法可以为图表添加标题，在绘制基本图表章节中已经介绍了其中一种，即可以通过为图表选定带有标题的布局来实现。下面介绍另一种添加标题及如何修改图表标题的方法。

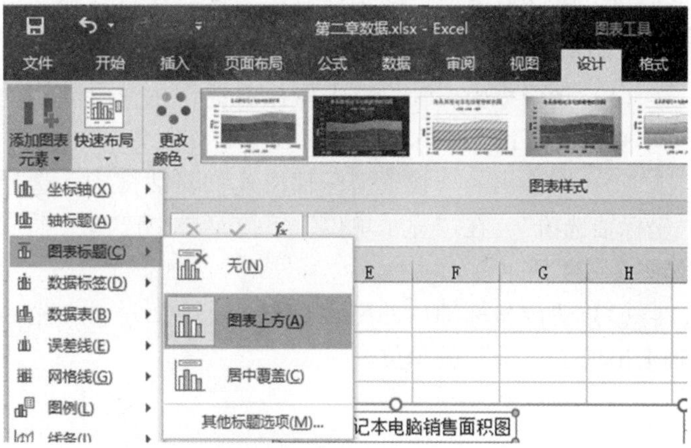

图 2－31

（1）选中图表，切换到“图表工具－设计”选项卡，在“图表布局”组中单击“添加图表元素”－“图表标题”下拉按钮，如图 2－31 所示。这里有无标题和两种放置于不同位置的标题选项。如 2－32 所示即为选择“图表上方”的显示效果。

（2）执行“其他标题选项”命令，将弹出“设置图表标题格式”对话框。切换到“填充”选项，选中“图片或纹理填充”单选按钮，单击“纹理”下拉按钮，选择其中一种纹理作为背景，这里选择“蓝色面巾纸”。

（3）设置边框颜色。在“设置图表标题格式”对话框中，切换到“边框颜色”选项卡，选中“渐变线”单选按钮，其他采用默认方式。最终的图表效果如图 2－32 所示。

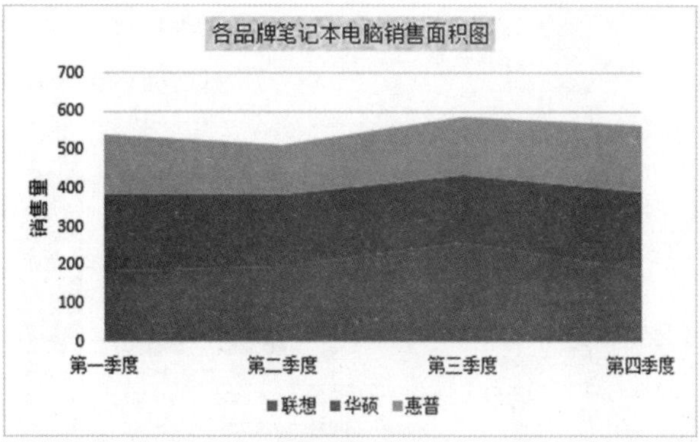

图 2－32

（4）除了利用标签栏中的选项来加改图表标题外，还可以通过右击图表标题，在弹出的快捷菜单中执行“设置图表标题格式”命令来设置。

2.3.4 添加坐标轴单位

在前面的员工业绩柱形图中，纵坐标的数量级较大，这时可以通过为该坐标轴添加单位的形式使之简化。以图 2－7 所示的柱形图为例来说明其具体操作步骤。

（1）选中纵坐标轴，单击鼠标右键，在弹出的快捷菜单中执行“设置坐标轴格式”命令，如图 2－33 所示。

（2）在弹出的“设置坐标轴格式”对话框中，选择“坐标轴选项”，在“显示单位”下拉菜单中选择“千”，如图 2－34 所示。

（3）更改坐标轴后的图表如图 2－35 所示，在坐标轴上出现了“千”的单位。

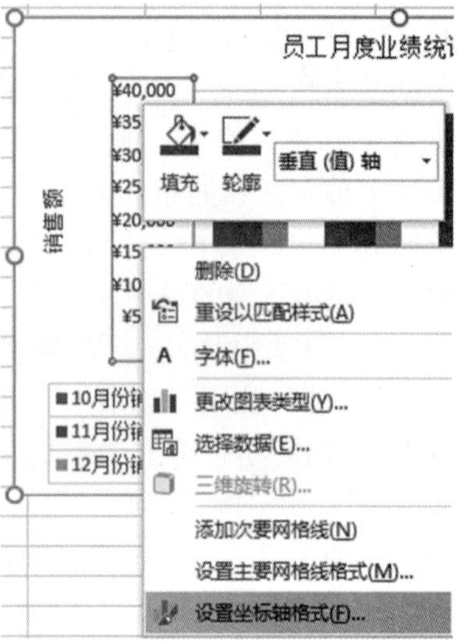

图 2－33

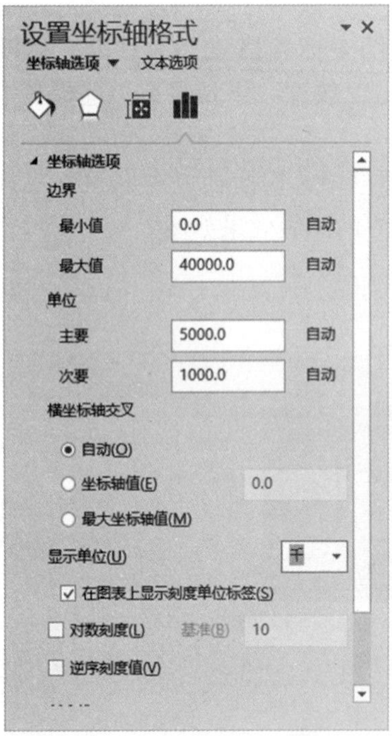

图 2－34

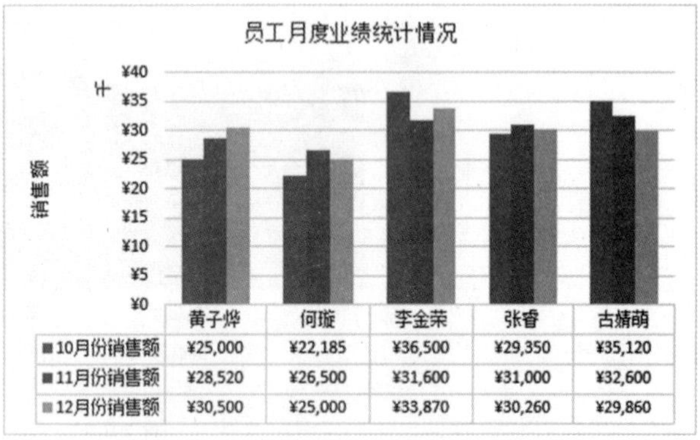

图 2－35

2.3.5 改变图表颜色

用户可以根据需要改变图表的背景颜色或纹理，使图表看起来更为美观。具体操作步骤如下：

(1) 选中已绘制好的图表，点击鼠标右键，在弹出的菜单中点击“设置图表区域格式”菜单项，将弹出“设置图表区格式”对话框，如图 2－36 和图 2－37 所示。可以选择“纯色填充”“图案填充”“渐变填充”和“图片或纹理填充”进行复杂的设置，这里选择“渐变填充”。

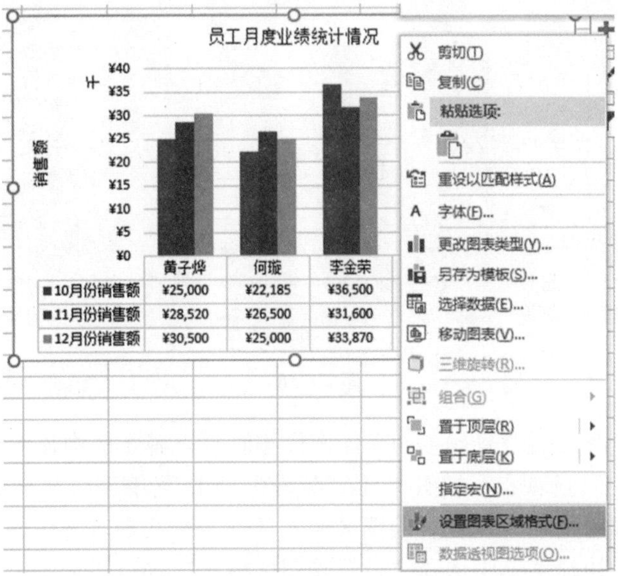

图 2－36

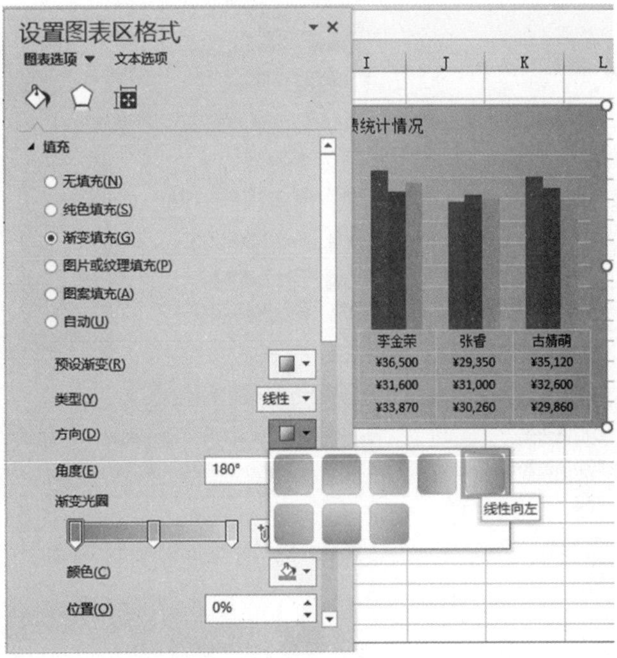

图 2－37

（2）点击“渐变”，在弹出菜单中选择一种渐变方式作为背景，如图 2－37，这里选择浅色变体中的“线性向左”。修改后的图表如图 2－38 所示。

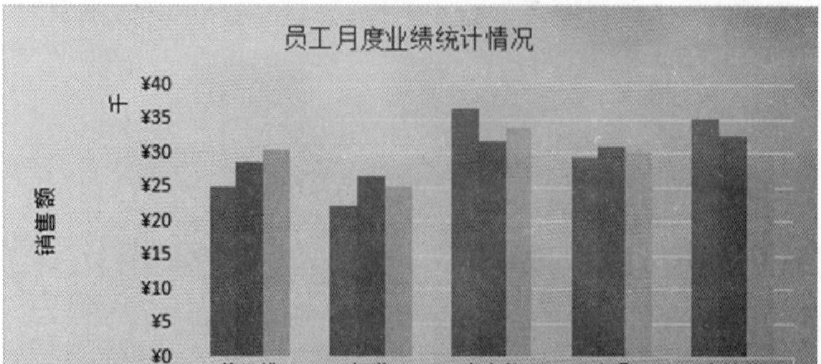

	黄子烨	何璇	李金荣	张睿	古婧萌
10月份销售额	¥25,000	¥22,185	¥36,500	¥29,350	¥35,120
11月份销售额	¥28,520	¥26,500	¥31,600	¥31,000	¥32,600
12月份销售额	¥30,500	¥25,000	¥33,870	¥30,260	¥29,860

图 2－38

修改绘图区颜色和图表背景颜色的具体操作相同。只需要选中该图表的绘图区，切换到“图表工具－格式”选项卡，打开“形状填充”下拉菜单进行相应的设置即可。另一种方式是利用右键弹出菜单的“设置绘图区格式”命令来实现。选中图表的绘图区，单击鼠标右键，在弹出的快捷菜单中选择“设置绘图区格式”即可，如图 2－39 所示。设置方法跟前面“加改标题”节中的具体操作类似，这里不再赘述。

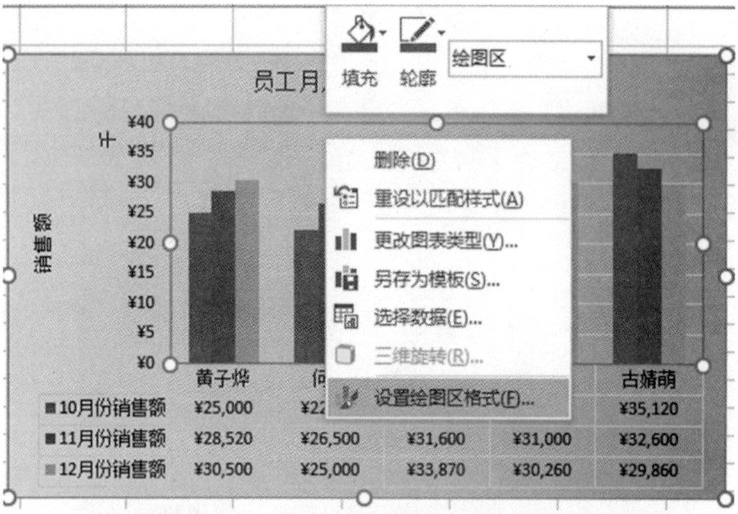

图 2－39

2.4 绘制交互式图表

所谓交互式图表，是指普通的 Excel 图表不具备交互功能，用户可以通过修改图表的数据源或制作多个不同图表来展示更多的信息，图表中的数据会随着工作表环境的变化而变化。交互式图表又称为动态图表，用户可以按实际需求操纵图表的交互功能，轻松改变图表所展示的内容，从而达到减少作图工作量和便于展示的目的。

2.4.1 如何绘制自动缩放图表

所谓自动缩放图表，是指当工作表中的数据增加或减少时，图表中的数据会随之增加或减少。下面以某超市日收入为例来说明这种交互式图表的特点和制作步骤。

（1）首先，在新的工作表中输入日收入相关的数据，如图 2－40 所示。

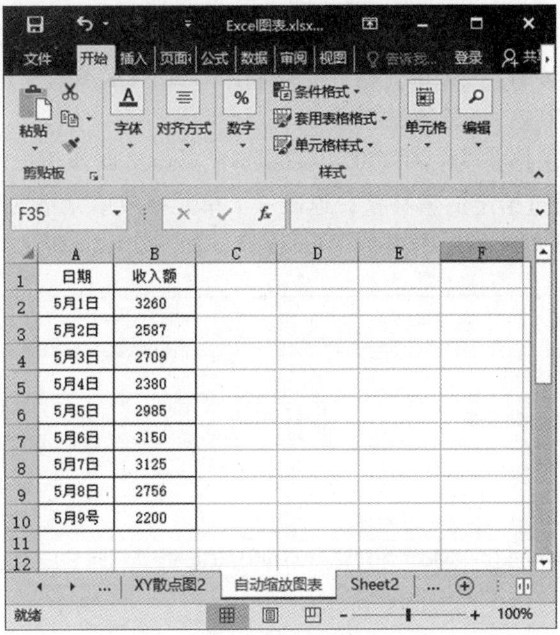

图 2－40

（2）切换到“公式”选项卡，在“定义的名称”组中，单击“定义名称”右边的下拉按钮，执行“定义名称”命令，如图 2－41 所示。

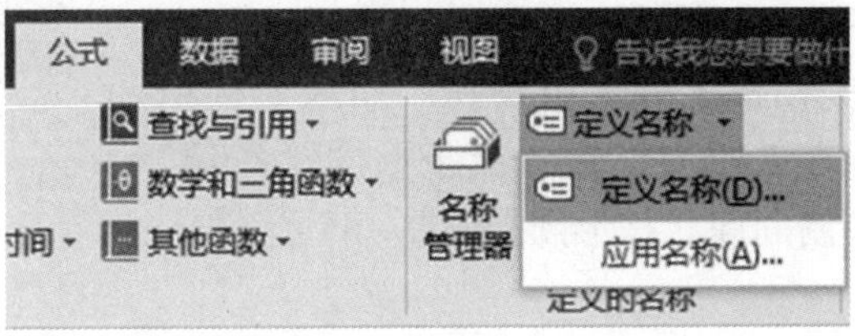

图 2－41

（3）执行“定义名称”后，将弹出“新建名称”对话框，如图2－42所示。“名称”框中输入“Date”，范围选择“自动缩放图表”，在“引用位置”框中输入：

=OFFSET（自动缩放图表！$A $2,0,0,COUNTA(自动缩放图表！$A:$A)－1,1)

然后单击“确定”按钮。

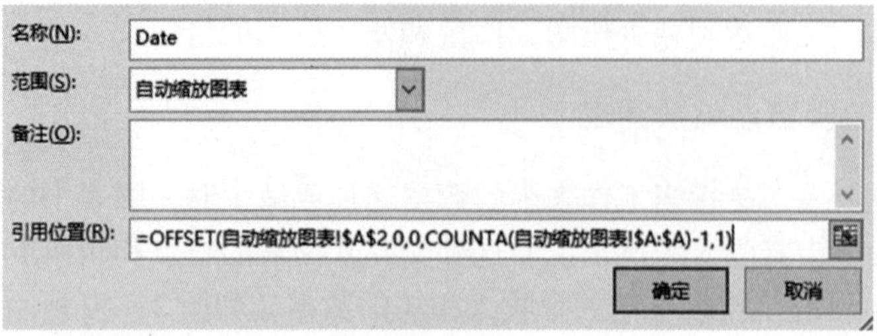

图2－42

这里，OFFSET函数引用A2单元格，然后利用COUNTA函数确定该列中的数据个数，由于A列中第一行为标题，故计算结果减1。

注：OFFSET的语法格式为：OFFSET(reference,rows,cols,height,width)，其含义为以指定的引用为参照，通过给定的偏移量，返回一个单元格或单元格区域的引用。

（4）按同样的方式创建另一个名称“Income”，如图2－43所示。

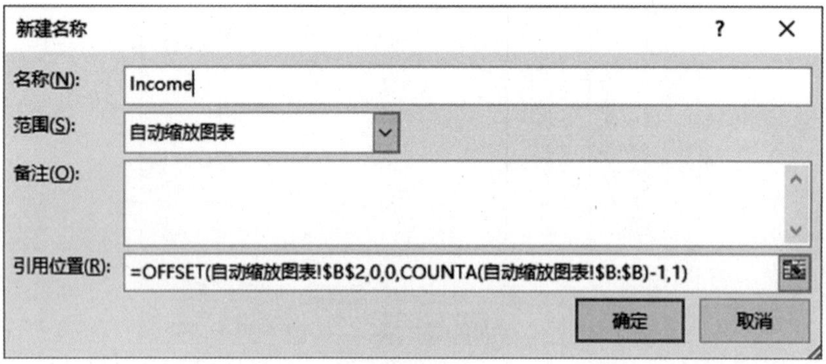

图2－43

（5）定义名称后，返回到工作表中。此时，单击“定义的名称”组中的“用于公式”下拉按钮，可以看到刚才添加的Date和Income名称，如图2－44所示。

（6）选中A1:B10单元格区域，切换到“插入”选项卡，单击“图表”组中的“插入柱形图或条形图”按钮，选中“簇状柱形图”，绘制的簇状柱形图如图2－45所示。

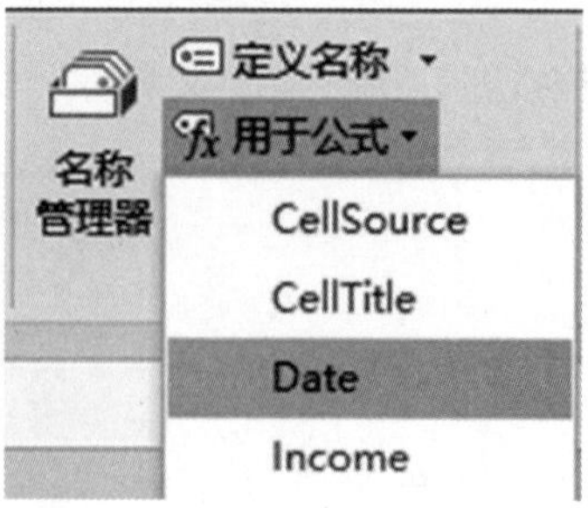

图2－44

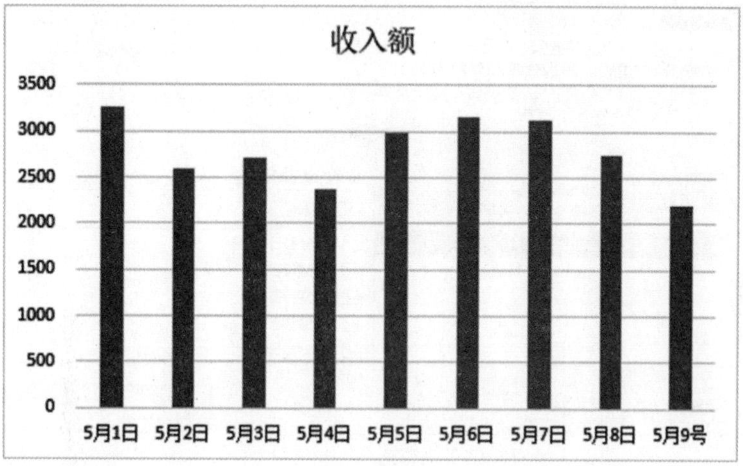

图 2 – 45

（7）选中数据系列“收入额”，单击鼠标右键，在弹出菜单中单击“选择数据”，如图 2 – 46 所示。

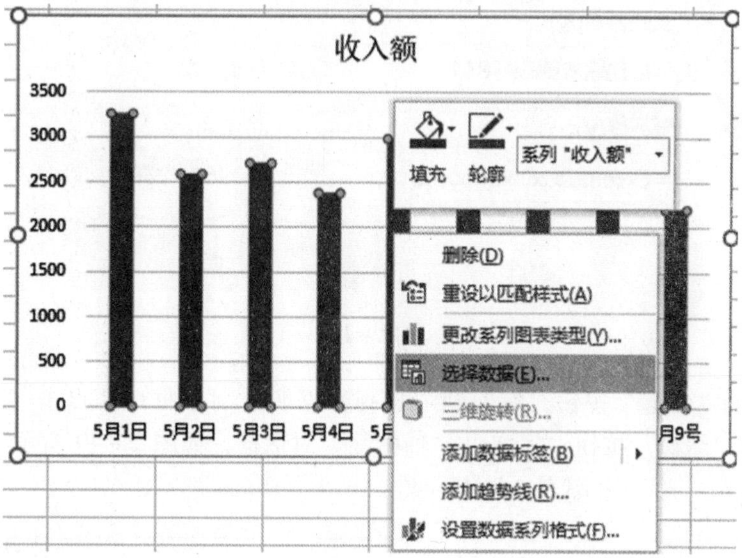

图 2 – 46

（8）在弹出的“选择数据源”对话框中，选中“收入额”系列，并单击“编辑”按钮，如图 2 – 47 所示。

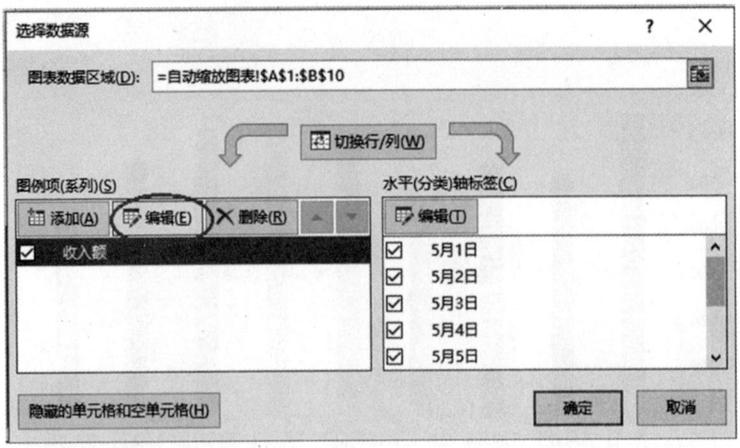

图 2－47

(9) 单击“编辑”按钮后，将弹出“编辑数据系列”对话框，如图 2－48 所示。将系列值修改为“＝Excel 图表 . xlsx!Income”。其中，“Excel 图表”为当前工作簿的名称。

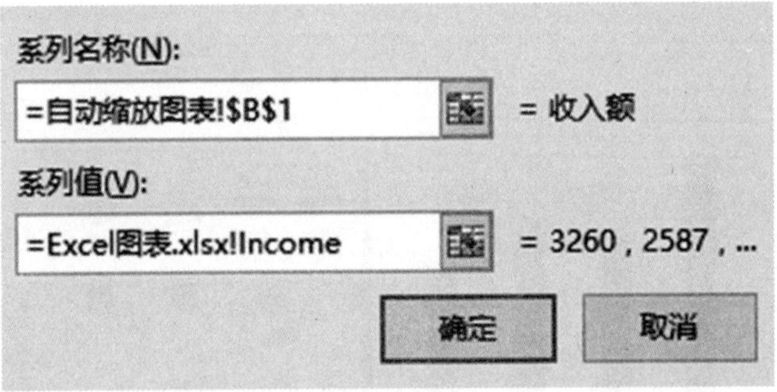

图 2－48

(10) 单击“确定”按钮，返回到“选择数据源”对话框中。点击“水平（分类）轴标签”中的“编辑”按钮，将弹出“轴标签”对话框，如图 2－49 所示。在“轴标签区域”框中输入“＝Excel 图表 . xlsx!Date”。

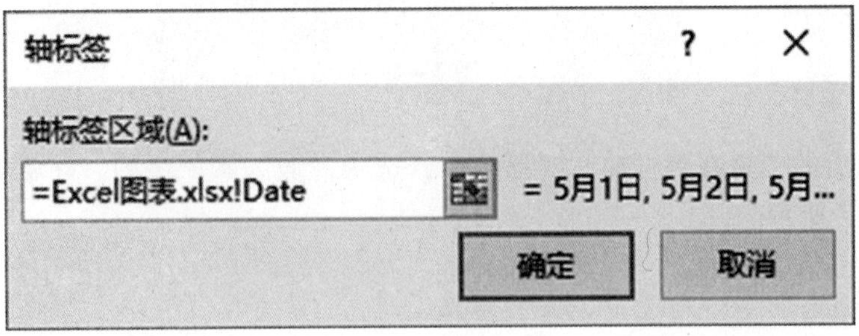

图 2－49

(11) 此时，图表已经从静态图表转变成自动缩放图表。现在，在数据清单中添加一条数据记录，如图 2－50 所示，则图表上会相应增加 1 条柱形图，如图 2－51 所示。同样，当删除工作表中的一条数据记录时，图表上会将对应的柱形图删除掉。

	A	B
1	日期	收入额
2	5月1日	3260
3	5月2日	2587
4	5月3日	2709
5	5月4日	2380
6	5月5日	2985
7	5月6日	3150
8	5月7日	3125
9	5月8日	2756
10	5月9号	2200
11	5月10号	2600

图 2－50

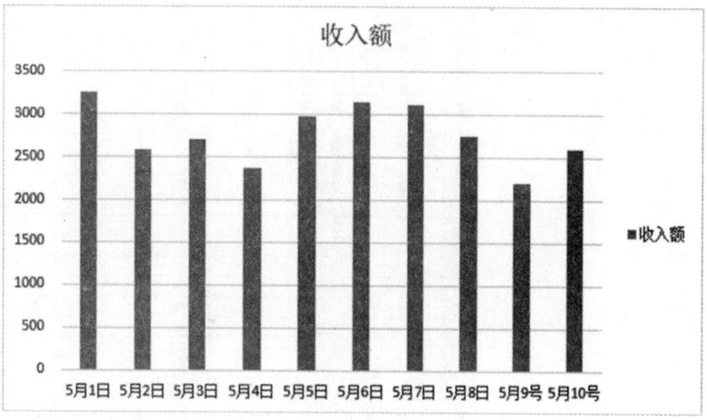

图 2－51

2.4.2 如何绘制比较柱形图

比较柱形图是一种特殊的图表类型，可以在同一个图表上对同一类别的内容作同向比较。

本案例以某高校计算机专业学生的考试成绩为例，制作“学生个人成绩-全班平均分比较柱形图”。通过比较柱形图，可以很直观地查看某个学生与全班最高分、最低分以及平均分的比较情况，最终的展示效果如图 2－52 所示。

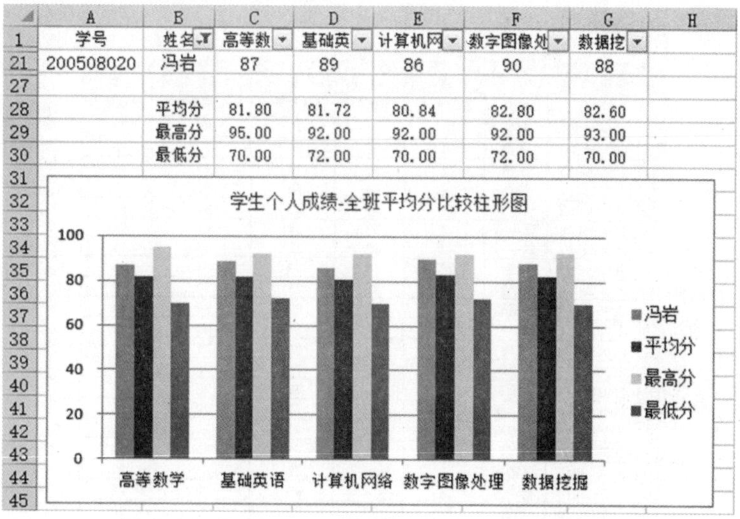

图 2－52

绘制该比较柱形图的具体操作步骤如下：

（1）新建一个工作表，命名为“比较柱形图”，在工作表中输入相关的字段名和学生各门考试成绩等数据，如图 2－53 所示。

	A	B	C	D	E	F	G
1	学号	姓名	高等数学	基础英语	计算机网络	数字图像处理	数据挖掘
2	200508001	赵青	76	84	75	86	79
3	200508002	陈静	86	87	80	72	90
4	200508003	洪伟	72	91	79	79	86
5	200508004	张磊	79	76	72	84	70
6	200508005	林小司	77	77	79	87	92
7	200508006	李小荣	92	88	84	91	93
8	200508007	黄子烨	83	88	92	89	75
9	200508008	何璇	95	75	88	83	72
10	200508009	黄天睿	90	80	75	79	79
11	200508010	古婧萌	86	86	80	90	84
12	200508011	郑晓敏	70	72	86	86	92
13	200508012	高晴	92	79	91	76	88
14	200508013	李思明	88	84	76	86	75
15	200508014	梁雨超	75	72	79	72	89
16	200508015	马小雷	80	79	77	79	83
17	200508016	张振科	86	84	71	77	72
18	200508017	黄柳	72	92	83	89	79
19	200508018	姚丽妮	79	88	79	83	84
20	200508019	崔晓强	84	75	90	79	92
21	200508020	冯岩	87	89	86	90	88
22	200508021	陈莹	91	83	87	86	75
23	200508022	侯欣然	76	79	91	72	77
24	200508023	李林莉	85	80	70	79	89
25	200508024	于芳	71	79	72	84	83
26	200508025	赵蕾蕾	73	76	79	92	79

图 2－53

（2）计算平均分。在 B28 单元格中输入“平均分”：选中 C28 单元格，在公式编辑栏中输入计算公式：＝AVERAGE（C2：C26），然后按回车键计算出第一门课程的平均分。利用 Excel 的自动填充功能快速填充 D28：G28 单元格区域，选中 C28 单元格，向右拖曳 C28 右下角的填充柄至 G28 单元格，即可计算出其他各门课程的平均分，最终结果如图 2－54 所示。

C28　=AVERAGE(C2:C26)

	A	B	C	D	E	F	G
1	学号	姓名	高等数学	基础英语	计算机网络	数字图像处理	数据挖掘
2	200508001	赵青	76	84	75	86	79
3	200508002	陈静	86	87	80	72	90
4	200508003	洪伟	72	91	79	79	86
5	200508004	张磊	79	76	72	84	70
6	200508005	林小司	77	77	79	87	92
7	200508006	李小荣	92	88	84	91	93
8	200508007	黄子烨	83	88	92	89	75
9	200508008	何璇	95	75	88	83	72
10	200508009	黄天睿	90	80	75	79	79
11	200508010	古婧萌	86	86	80	90	84
12	200508011	郑晓敏	70	72	86	86	92
13	200508012	高晴	92	79	91	76	88
14	200508013	李思明	88	84	76	86	75
15	200508014	梁雨超	75	72	79	72	89
16	200508015	马小雷	80	79	77	79	83
17	200508016	张振科	86	84	71	77	72
18	200508017	黄柳	72	92	83	89	79
19	200508018	姚丽妮	79	88	79	83	84
20	200508019	崔晓强	84	75	90	79	92
21	200508020	冯岩	87	89	86	90	88
22	200508021	陈莹	91	83	87	86	75
23	200508022	侯欣然	76	79	91	72	77
24	200508023	李林莉	85	80	70	79	89
25	200508024	于芳	71	79	72	84	83
26	200508025	赵蕾蕾	73	76	79	92	79
27							
28		平均分	81.80	81.72	80.84	82.80	82.60

图 2－54

（3）选中 B1:G26 和 B28:G28 单元格区域，切换到“插入”选项卡，在“图表”组中单击“插入柱形图或条形图”按钮，在子图表类型中，选择簇状柱形图，绘制出的柱形图如图2－55所示。

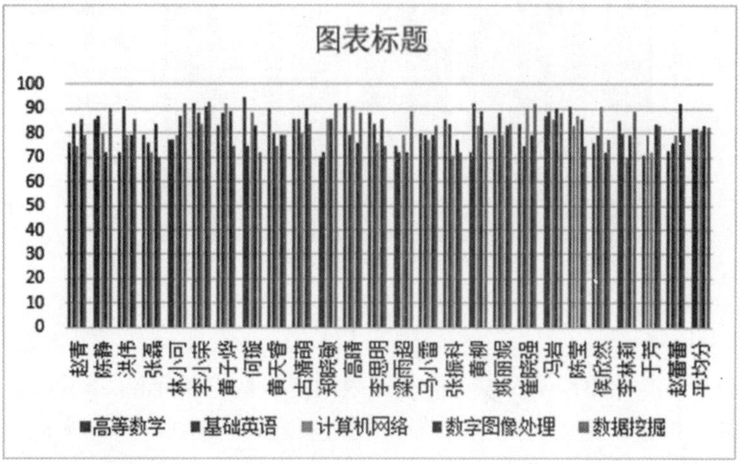

图 2－55

（4）切换图表的行和列。选中图表，单击鼠标右键，在弹出的快捷菜单中执行“选中数据”命令，将弹出“选择数据源”对话框，如图 2－56 所示。

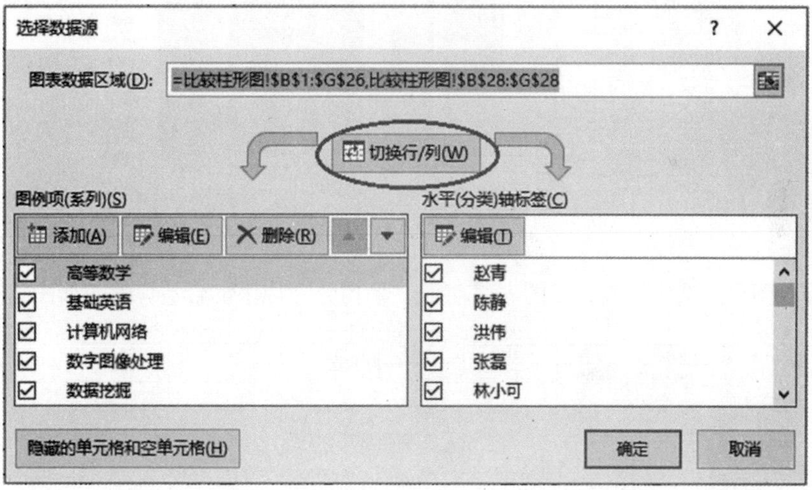

图 2－56

（5）在“选择数据源”对话框中，点击“切换行/列”按钮，然后单击“确定”。将图表标题修改为“学生个人成绩-全班平均分比较柱形图”，并将图例设置在右侧，得到的初步柱形图如图 2－57 所示。

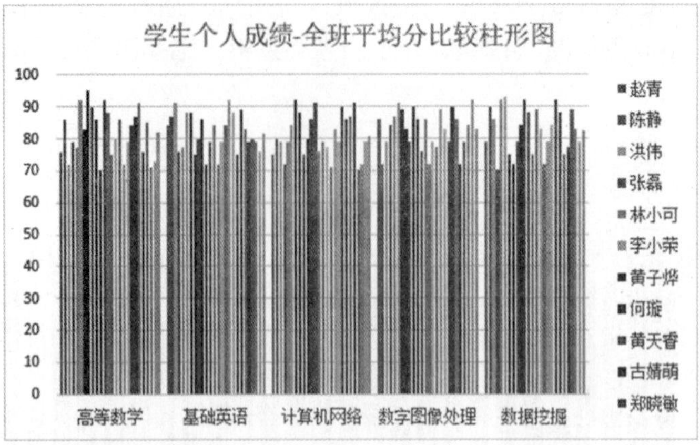

图 2－57

（6）筛选设置。选中 B1:G26 单元格区域内的任一数据单元格，切换到“数据”选项卡，单击“筛选”按钮，完成对数据清单中的筛选设置，如图 2－58 所示。

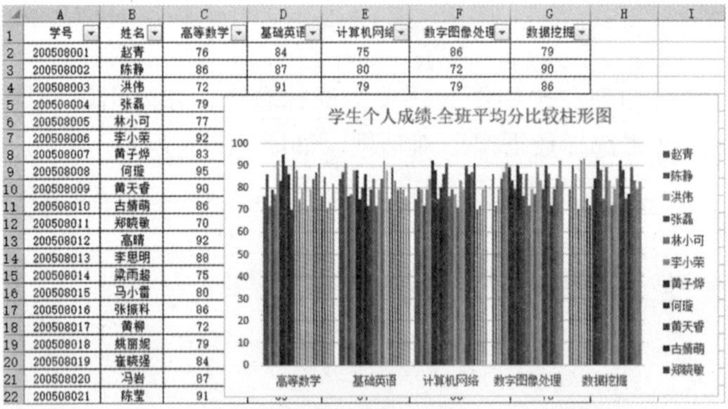

	A	B	C	D	E	F	G
1	学号	姓名	高等数学	基础英语	计算机网络	数字图像处理	数据挖掘
2	200508001	赵青	76	84	75	86	79
3	200508002	陈静	86	87	80	72	90
4	200508003	洪伟	72	91	79	79	86
5	200508004	张磊	79				
6	200508005	林小可	77				
7	200508006	李小荣	92				
8	200508007	黄子烨	83				
9	200508008	何璇	95				
10	200508009	黄天香	90				
11	200508010	古婧萌	86				
12	200508011	郑晓敏	70				
13	200508012	高晴	92				
14	200508013	李思明	88				
15	200508014	梁雨超	75				
16	200508015	马小蕾	80				
17	200508016	张振科	86				
18	200508017	黄柳	72				
19	200508018	姚丽妮	79				
20	200508019	崔晓强	84				
21	200508020	冯岩	87				
22	200508021	陈莹	91				

图 2－58

（7）移动图表。选中图表，将图表移动至“平均分”以下的合适位置，如图 2－59 所示。

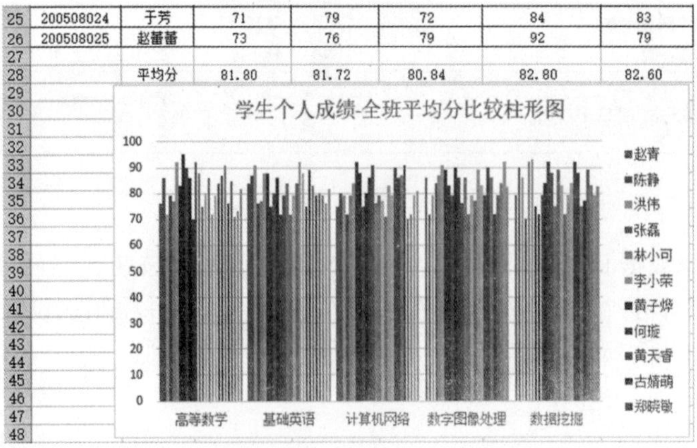

25	200508024	于芳	71	79	72	84	83
26	200508025	赵蕾蕾	73	76	79	92	79
27							
28		平均分	81.80	81.72	80.84	82.80	82.60

图 2－59

（8）筛选学生信息。单击 B1 单元格的筛选按钮，在下拉菜单中选择学生“高晴”，此时图表将显示该学生和“平均分”的考试成绩对比情况，如图 2－60 所示。

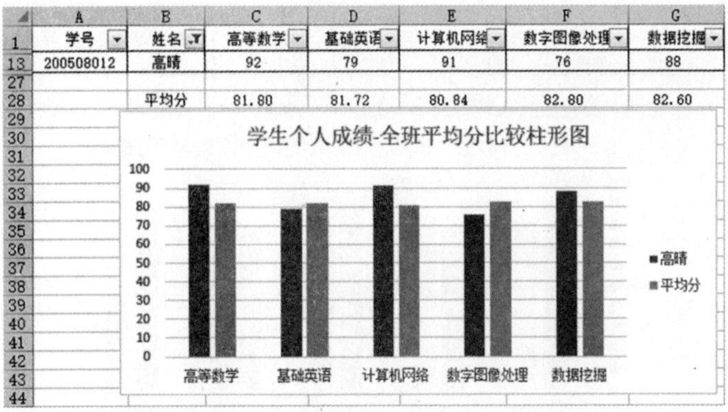

图 2－60

（9）设置数据系列格式。上图中设置的“高晴”成绩柱颜色与平均分成绩柱颜色比较相近，对比效果不是很明显，可修改其填充颜色。选中代表学生“高晴”的任意一个柱形，单击鼠标右键，在弹出的快捷菜单中选择“设置数据系列格式”命令。

（10）在弹出的“设置数据系列格式”对话框中，切换到“填充”选项卡，选中“纯色填充”单选按钮，填充颜色选择“深蓝色”，如图 2－61 所示。

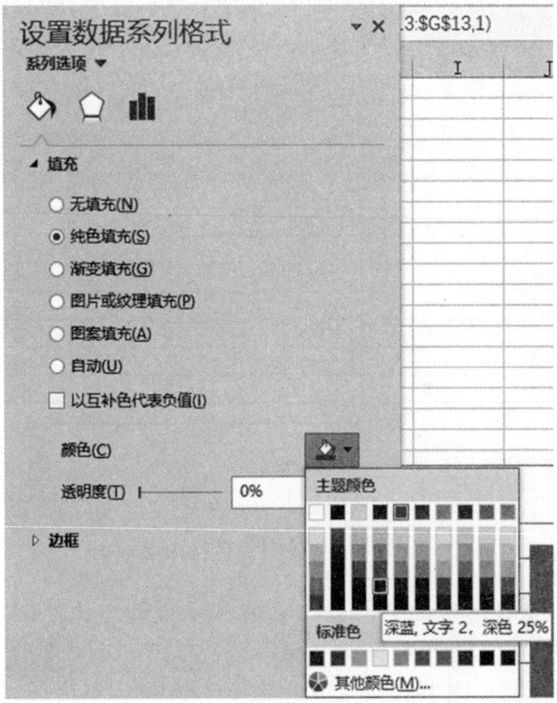

图 2－61

（11）然后单击“×”按钮，完成图表中代表该学生成绩的“数据系列”的颜色设置，如图 2－62 所示。

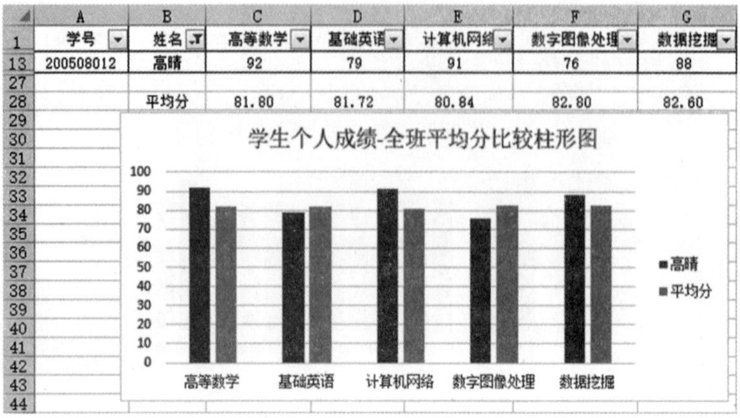

图 2－62

（12）计算最低分和最高分。在 B29 单元格中输入“最高分”，并在 C29 中输入计算公式：＝MAX（C2:C26）；在 B30 单元格中输入“最低分”，并在 C30 中输入计算公式：＝MIN（C2:C26）。

（13）填充其他课程的最高分和最低分。选中 C29 单元格，向右拖曳 C29 右下角的填充柄至 G29 单元格，即可计算出其他各门课程的最高分，按同样的方法填充最低分，最终结果如图 2－63 所示。

C29　=MAX(C2:C26)

	A	B	C	D	E	F	G
19	200508018	姚丽妮	79	88	79	83	84
20	200508019	崔晓强	84	75	90	79	92
21	200508020	冯岩	87	89	86	90	88
22	200508021	陈莹	91	83	87	86	75
23	200508022	侯欣然	76	79	91	72	77
24	200508023	李林莉	85	80	70	79	89
25	200508024	于芳	71	79	72	84	83
26	200508025	赵蕾蕾	73	76	79	92	79
27							
28		平均分	81.80	81.72	80.84	82.80	82.60
29		最高分	95.00	92.00	92.00	92.00	93.00
30		最低分	70.00	72.00	70.00	72.00	70.00

图 2－63

（14）修改图表的源数据。选中图表，单击鼠标右键，在弹出的快捷菜单中，执行“选择数据”命令，将弹出“选择数据源”对话框。单击“图表数据区域”选项框右侧的“拾取”按钮，按住 Ctrl 键，选中 B29:G29 和 B30:G30 单元格区域，将这两个区域也添加到数据引用中去，如图 2－64 所示。

图 2-64

（15）设置好后单击“拾取”按钮，然后单击“确定”按钮即可完成对图表数据源的修改。

（16）修改完成后，单击 B1 单元格的筛选按钮，在下拉菜单中选择学生“陈莹”，并对数据系列的颜色作一定的设置。此时图表将显示该学生姓名和最高分、最低分以及平均分的对比情况，如图 2-65 所示。

	A	B	C	D	E	F	G
1	学号	姓名	高等数学	基础英语	计算机网络	数字图像处理	数据挖掘
22	200508021	陈莹	91	83	87	86	75
27							
28		平均分	81.80	81.72	80.84	82.80	82.60
29		最高分	95.00	92.00	92.00	92.00	93.00
30		最低分	70.00	72.00	70.00	72.00	70.00

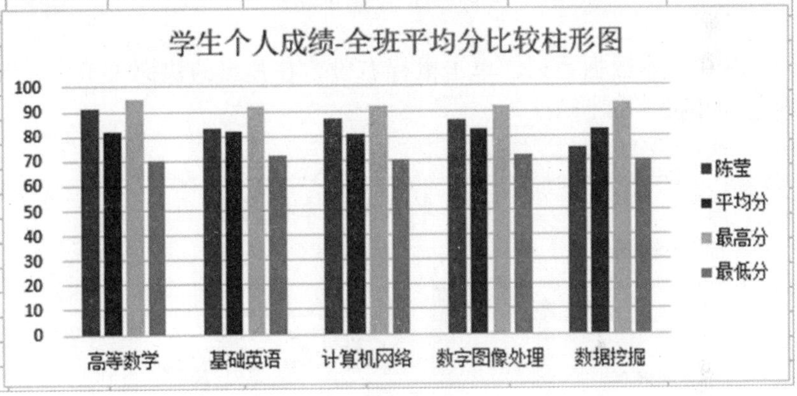

图 2-65

2.4.3 如何绘制柱线合并图

柱线合并图是指在同一个图表中，某些数据系列以柱形来表示，而另一些数据系列以折线来表示。这种图表适用于不需要知道某些数据的精确值，只需要知道大致趋势的情况。本案例以某商店 2010 年 1 月至 5 月的月收入和投入成本的对比图为例来介绍绘制柱线合并图的方法。具体操作步骤如下：

（1）新建一个工作表，命名为“柱线合并图”，在工作表中输入月收入和成本等相关数据，如图 2-66 所示。

	A	B	C
1	2010年收入和成本统计数据		
2	月份	收入	成本
3	一月	8560	5200
4	二月	9125	5640
5	三月	7952	4988
6	四月	8200	4875
7	五月	8052	4650

图 2-66

（2）选中 A2:C7 单元格区域，切换到“插入”选项卡，在“图表”组中单击“插入柱形图或条形图”按钮，在子图表类型中，选择簇状柱形图，绘制出柱形图后对图表的标题和坐标轴作一定的设置，结果如图2－67所示。

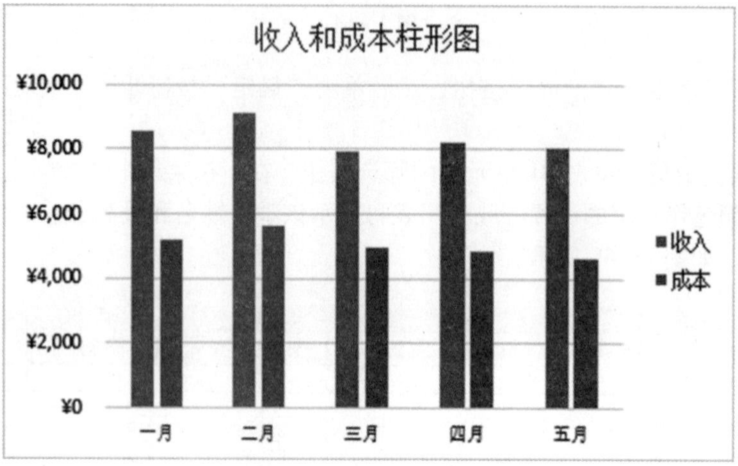

图2－67

（3）选中成本数据系列，单击鼠标右键，在弹出的快捷菜单中，选择“更改系列图表类型”，如图2－68所示。

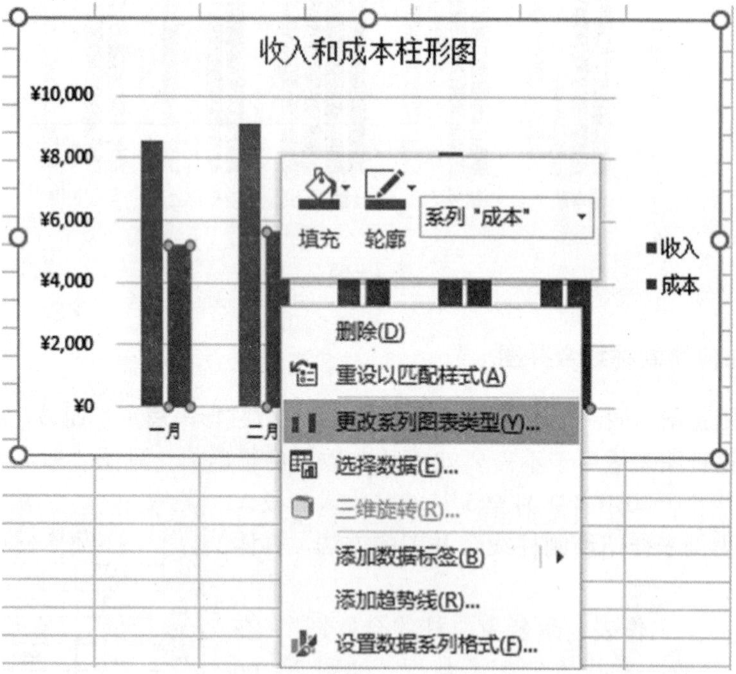

图2－68

（4）在弹出的“更改图表类型”对话框中，将成本对应的“簇状柱形图”更改为“带数据标记的折线图”，如图2－69所示。

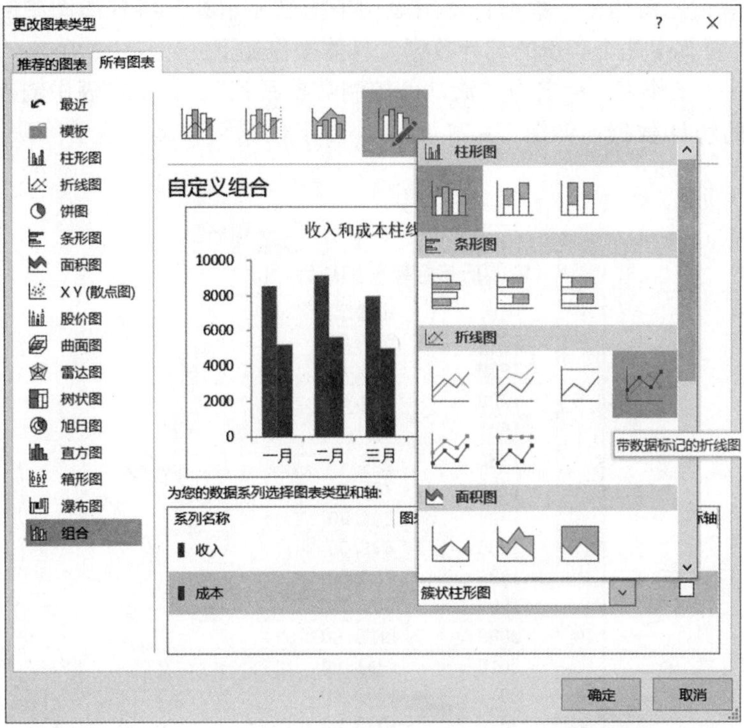

图 2 – 69

（5）选择后单击“确定”按钮，得到的柱线合并图如图 2 – 70 所示。

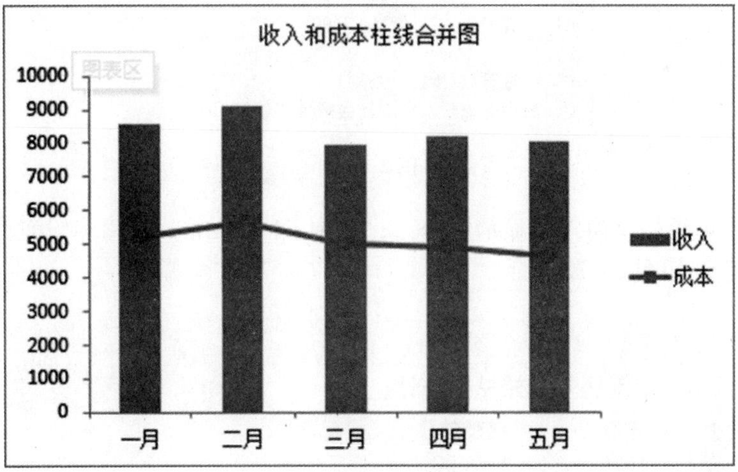

图 2 – 70

2.4.4 利用滚动条控制数据系列

在某些情况下，当数据量太大而无法一次性在图表中显示所有数据信息，或者根据用户需求只显示其中一部分信息时，可以利用滚动条工具来实现。本例使用中国从 1978 年至2018年结婚登记总数的统计数据，使用滚动条控制显示在三维柱形图中的数据，用户可以很方便地查看其中几个年份的统计数据。具体操作如下：

（1）新建一个工作表，命名为“滚动条控制数据系列”。在工作表中输入中国历年的结婚登记总数的统计数据，如图2－71所示。由于数据量较多，这里隐藏了1988年至2008年的数据。

	A	B	C
1	中国历年结婚总数统计		
2	年份	结婚总数	
3	1978	597.80	
4	1979	637.10	
5	1980	720.90	
6	1981	1041.70	
7	1982	836.90	
8	1983	765.40	
9	1984	784.80	
10	1985	831.30	
11	1986	884.00	
12	1987	926.70	
34	2009	1178.00	
35	2010	1241.00	
36	2011	1302.40	
37	2012	1323.60	
38	2013	1346.90	
39	2014	1306.70	
40	2015	1224.70	
41	2016	1142.80	
42	2017	1063.10	
43	2018	1013.90	
44			
45	结婚总数(单位：万对)		
46	数据来源：《中国社会统计年鉴2019》		

图2－71

（2）在D1单元格中输入“显示年份:”；选中D1单元格，将字号设置为10，填充颜色设置为淡蓝色。如图2－72所示。

	A	B	C	D	E
1	中国历年结婚总数统计			显示年份:	
2	年份	结婚总数			
3	1978	597.80			
4	1979	637.10			
5	1980	720.90			

图2－72

（3）定义名称NumYears。选中E1单元格，切换到“公式”选项卡，在“定义的名称”组中，执行“定义名称”下拉列表中的“定义名称”命令，将弹出“新建名称”对话框。“名称”框中输入“NumYears”，“引用位置”框中输入“=滚动条控制数据系列！$E $1”，如图 2－73 所示。输入完成后单击“确定”按钮。

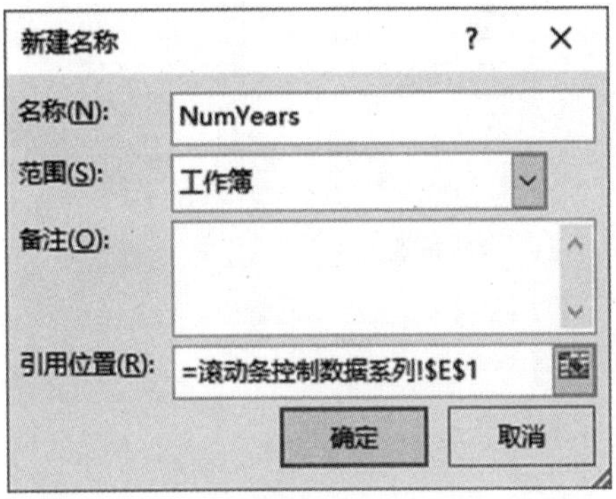

图 2－73

（4）定义名称 Years。选中 A3 单元格，打开“新建名称”对话框，在“名称”框中输入“Years”，“引用位置”框中输入“=OFFSET(滚动条控制数据系列！$A $3,0,0,NumYears,1)”，如图 2－74 所示。输入完成后单击“确定”按钮。

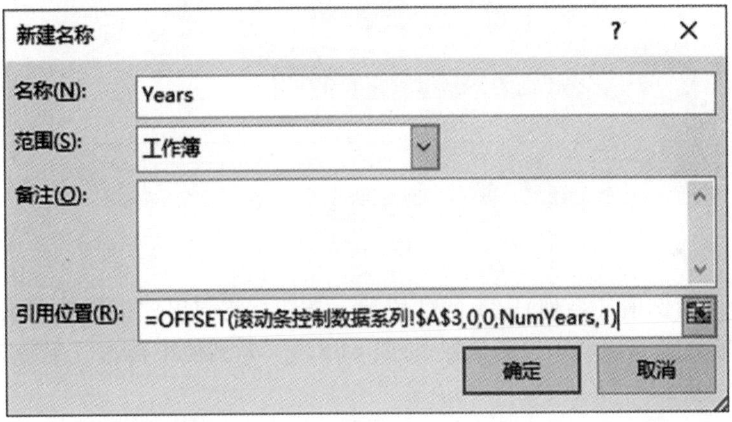

图 2－74

（5）定义名称 MarriedNum。选中 B3 单元格，打开“新建名称”对话框，在“名称”框中输入“MarriedNum”，“引用位置”框中输入“=OFFSET(滚动条控制数据系列！$B$3,0,0,NumYears,1)”。

（6）输入完成后单击“确定”按钮，返回到工作表中，在 E1 单元格中输入初始年份数，这里输入“2”。

（7）绘制三维簇状柱形图。选中 D5 单元格，切换到“插入”选项卡，在“图表”组中单击“插入柱形图或条形图”按钮，在子图表类型中，选择三维簇状柱形图，如图 2－75所示。

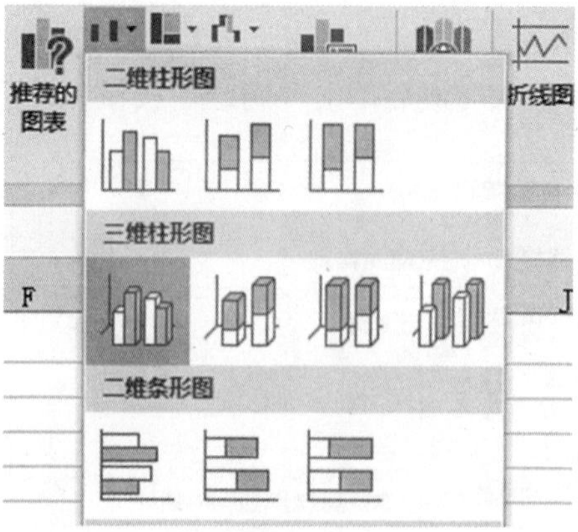

图 2－75

（8）选中图表区，单击鼠标右键，在弹出的快捷菜单中执行“选择数据”命令，将弹出“选择数据源”对话框，如图 2－76 所示。

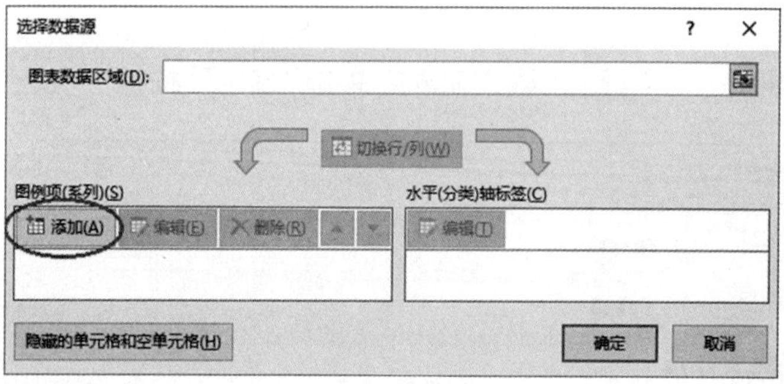

图 2－76

（9）单击“图例项（系列）”下的“添加”按钮，将弹出“编辑数据系列”对话框，在系列名称中输入“＝滚动条控制数据系列！$B$2”，系列值中输入“＝Excel 图表．xlsx！MarriedNum”，如图 2－77 所示。

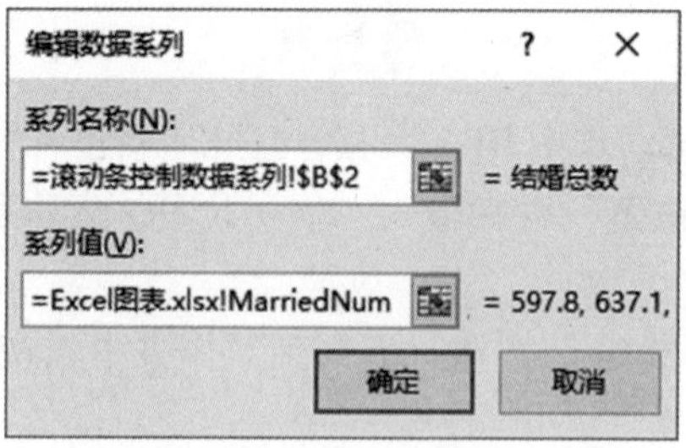

图 2－77

（10）然后单击“确定”按钮，返回到“选择数据源”对话框中。此时，“水平（分类）轴标签”中的“编辑”按钮变为可用，如图 2－78 所示。

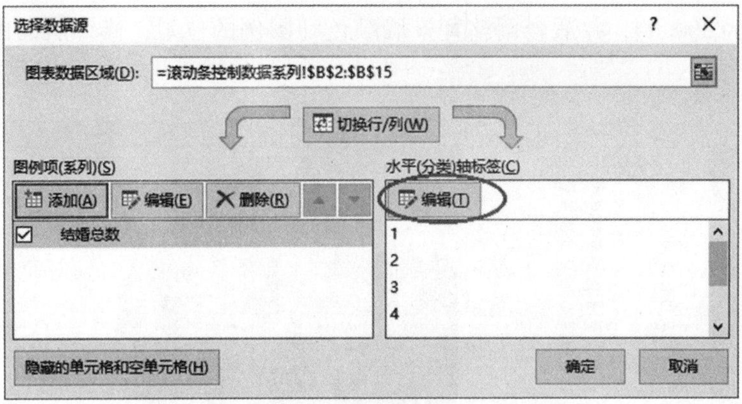

图 2－78

（11）单击“水平（分类）轴标签”中的“编辑”按钮，打开“轴标签”对话框，如图2－79所示。在“轴标签区域”框中输入“Excel 图表 . xlsx！Years”。

图 2－79

（12）然后单击“确定”按钮，返回到“选择数据源”对话框中。再单击“确定”按钮，返回到工作表中，绘制出的图表如图 2－80 所示。此时，若在 E1 单元格中输入“5”，则图表将自动显示前 5 年的结婚总数。

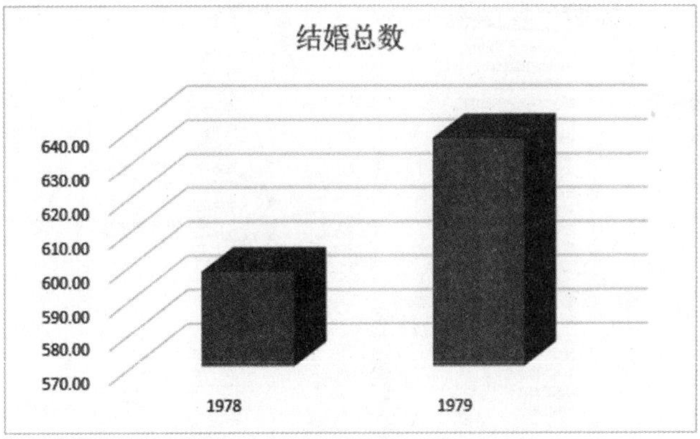

图 2－80

（13）修饰图表。将图表标题设置为“中国历年结婚总数统计图”，字体大小设为 11，不加粗；将绘图区的背景颜色更改为“水绿色”，纵坐标的最大刻度值设为 1 500.00，主要刻度单位设为300.00，并适当调整背景墙颜色和图例的位置，修饰后的图表效果如图2－81所示。

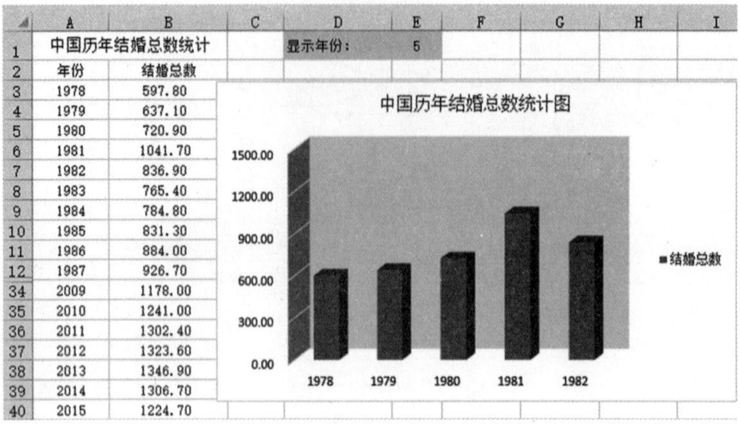

图 2－81

利用滚动条要比手动设置 E1 单元格中的数值容易一些。下面是利用滚动条控制数据系列的步骤。

（14）添加滚动条之前，需要添加滚动条命令。切换到“文件”选项卡，执行“选项”命令将弹出“Excel 选项”对话框，选中左侧的“自定义功能区”选项卡，在下拉列表中选择“不在功能区中的命令”，然后在下方的列表中选中“滚动条（窗体控件）”，点击“添加”按钮，将其添加到一个新定义的选项卡“窗体控件”下。如图 2－82 所示。设置完成后单击“确定”按钮。

图 2－82

（15）切换到新添加的“窗体控件（自定义）”选项卡，单击“常用控件（自定义）”组中的“滚动条”按钮，在图表的顶部拖动鼠标画出一个大小合适的滚动条，如图 2－83 所示。

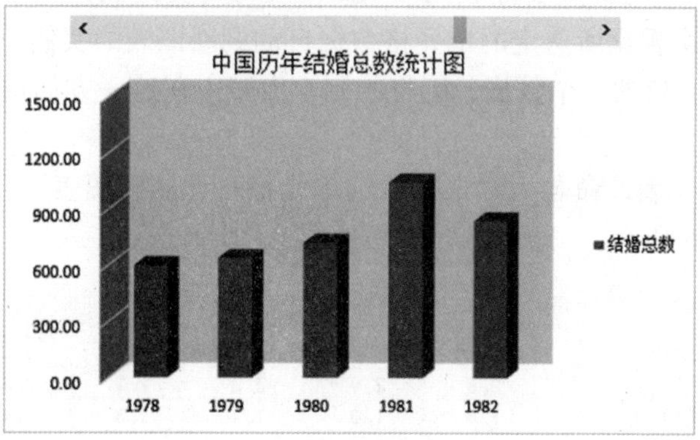

图 2－83

（16）选中“滚动条”控件，单击鼠标右键，在弹出的快捷菜单中执行“设置控件格式”命令，将打开“设置控件格式”对话框。将最小值设为 1，最大值设为 43，页步长设为 3，单元格链接框中输入“NumYears”，并选中“三维阴影”复选框，如图 2－84 所示。

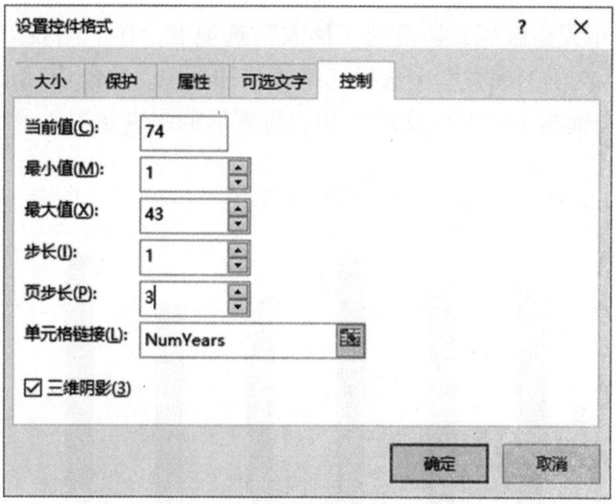

图 2－84

（17）单击“确定”按钮，返回到工作表中。选中“滚动条”控件，按住 Ctrl 键的同时选中图表区域，单击鼠标右键，从弹出的快捷菜单中执行“组合”－“组合”命令。这样，在移动图表的同时，滚动条也会随之移动。

（18）设置完成后，左右拖动滚动条，图表可以实现动态显示。

2.4.5 根据所选单元格自动刷新图表

在某些情况下需要绘制这样一种交互式图表，当指定不同的单元格时，图表将检测到这一情况并自动刷新图表。

本例采用2009年1—12月中国主要6大城市城镇居民家庭基本情况的统计数据，比较的指标有6个方面：平均每户家庭人口（人）、平均每户就业人口（人）、平均每一就业者负担人数（人）、平均每人实际收入（元）、人均可支配收入（元）、人均消费支出（元）。在此将得到一个根据所选定的单元格数据自动刷新图表的实例，例如，用户选中的数据是平均每户家庭人口的一个数据，则将绘制6大城市在这一方面比较的图表。具体绘制步骤如下：

（1）新建一个工作表，命名为“根据所选单元格自动刷新图表”，并在工作表中输入相关数据，如图2－85所示。

	A	B	C	D	E	F	G
1	对比指标	北京	上海	广州	杭州	宁波	深圳
2	平均每户家庭人口(人)	2.8	2.9	3.2	2.7	2.6	3.2
3	平均每户就业人口(人)	1.6	1.6	1.7	1.3	1.4	1.7
4	平均每一就业者负担人数(人)	1.8	1.8	1.8	2.1	1.9	2.0
5	平均每人实际收入(元)	30673.7	32403.0	32681.0	30337.8	31018.7	31932.2
6	人均可支配收入(元)	26738.5	28837.8	27609.6	26863.9	27368.3	29244.5
7	人均消费支出(元)	17893.3	20992.4	22820.9	18594.8	18202.7	21526.1
8							
9	数据来源：《中国经济统计快报201006》						

图2－85

（2）选中A1:G2单元格区域，切换到“插入”选项卡，在“图表”组中单击“插入柱形图或条形图”按钮，在子图表类型中选择二维簇状柱形图。绘制出柱形图后将图表标题的字体大小设为11，分类轴的字体大小设置为10，设置后的图表如图2－86所示。

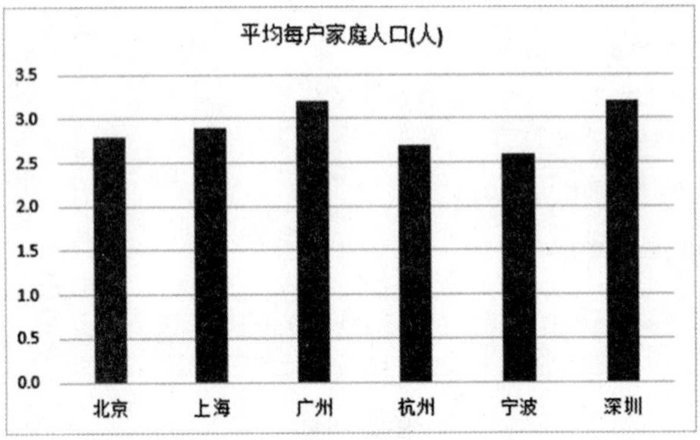

图2－86

（3）选中数据系列，单击鼠标右键，在弹出的快捷菜单中，执行“设置数据系列格式”命令，将弹出“设置数据系列格式”对话框。选中左边的“填充”选项卡，选择“渐变填充”单选按钮，预设颜色中选择“顶部聚光灯－个性色1”，并将渐变光圈的颜色位置设置为35%，如图2－87所示。

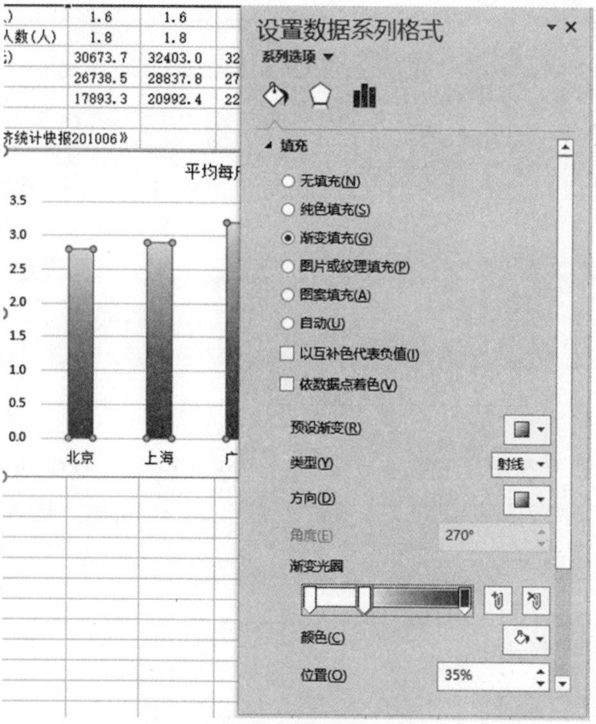

图 2－87

（4）设置完成后单击“×”按钮，返回到工作表中。此时，图表效果如图 2－88 所示。

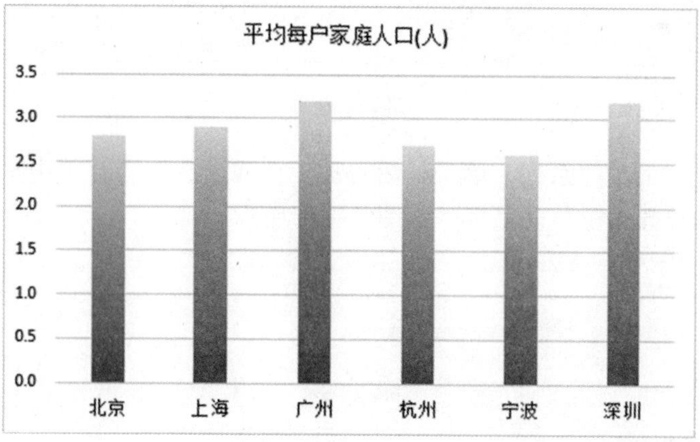

图 2－88

（5）定义名称 CellTitle。选中 A2 单元格，切换到“公式”选项卡，在“定义的名称”组中，执行“定义名称”下拉列表中的“定义名称”命令，将弹出“新建名称”对话框。“名称”框中输入“CellTitle”，“引用位置”框中输入“＝OFFSET（根据所选单元格自动刷新图表！$A2,0,0)”，如图 2－89 所示。

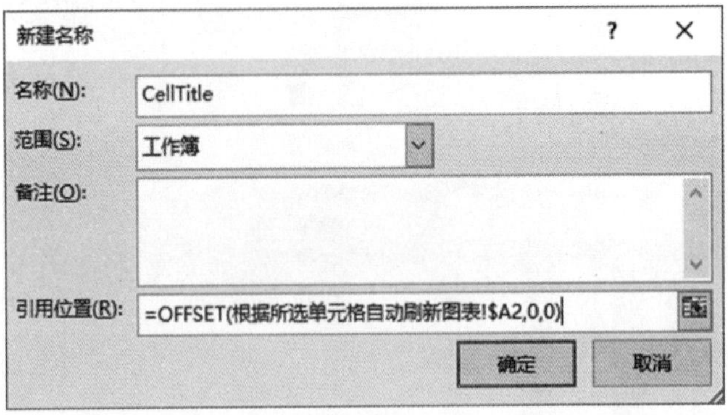

图 2－89

（6）按同样方式定义名称 CellSource。其中，“引用位置”框中输入“＝OFFSET（根据所选单元格自动刷新图表！$A2,0,1,1,6)”，如图 2－90 所示。输入完成后，单击“确定”按钮，返回到工作表中。

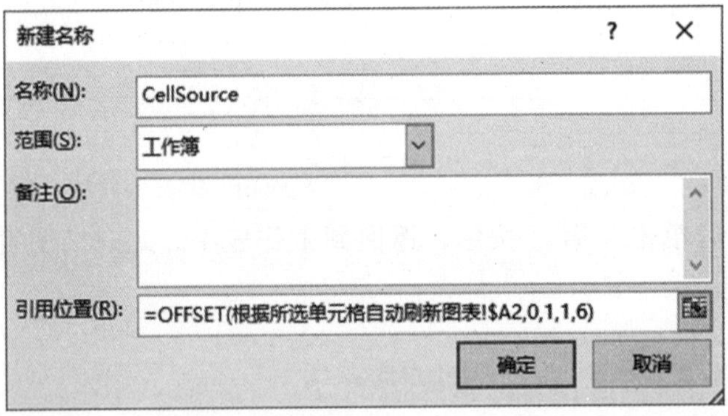

图 2－90

（7）选中图表中的数据系列，单击鼠标右键，在弹出的快捷菜单中执行“选择数据”命令，将弹出“选择数据源”对话框，如图 2－91 所示。

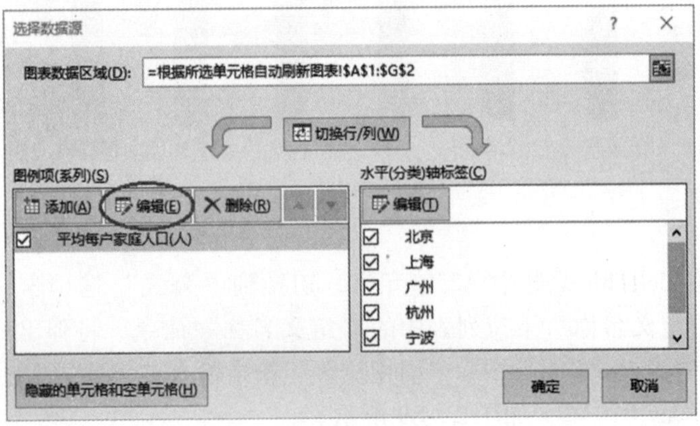

图 2－91

（8）点击“图例项（系列）”下的“编辑”按钮，将弹出“编辑数据系列”对话框，如图2－92所示。在“系列名称”框中输入“＝Excel图表．xlsx！CellTitle”，在“系列值”框中输入“＝Excel图表．xlsx！CellSource”，如图2－92所示。

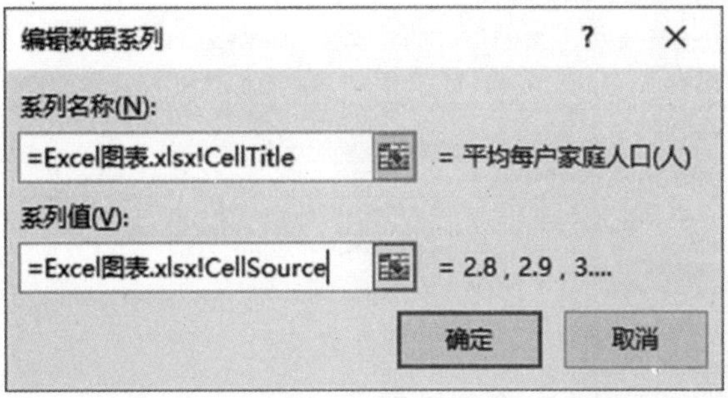

图2－92

（9）单击“确定”按钮，返回到工作表中。此时，当选择一个比较指标后，按F9键将自动更新图表。例如，若鼠标选中人均消费支出指标，按F9键，则图表将自动更新并显示，如图2－93所示。

	A	B	C	D	E	F	G
1	对比指标	北京	上海	广州	杭州	宁波	深圳
2	平均每户家庭人口(人)	2.8	2.9	3.2	2.7	2.6	3.2
3	平均每户就业人口(人)	1.6	1.6	1.7	1.3	1.4	1.7
4	平均每一就业者负担人数(人)	1.8	1.8	1.8	2.1	1.9	2.0
5	平均每人实际收入(元)	30673.7	32403.0	32681.0	30337.8	31018.7	31932.2
6	人均可支配收入(元)	26738.5	28837.8	27609.6	26863.9	27368.3	29244.5
7	人均消费支出(元)	17893.3	20992.4	22820.9	18594.8	18202.7	21526.1
8							
9	数据来源：《中国经济统计快报201006》						

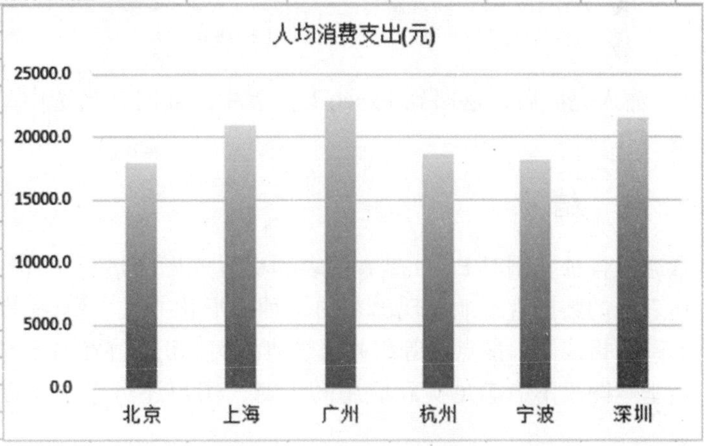

图2－93

（10）利用VBA宏程序代码，使得选中不同的指标时，不需要按F9键图表即可自动更新。按Alt＋F11进入Visual Basic编辑器，从左上窗口中双击“Sheet11（根据所选单元格自动刷新图表）”，右侧将出现代码窗口，在代码窗口的左侧下拉列表中选择

"Worksheet"，在右侧的下拉列表中选择"SelectionChange"，在光标所在处输入程序代码，如图 2－94 所示。

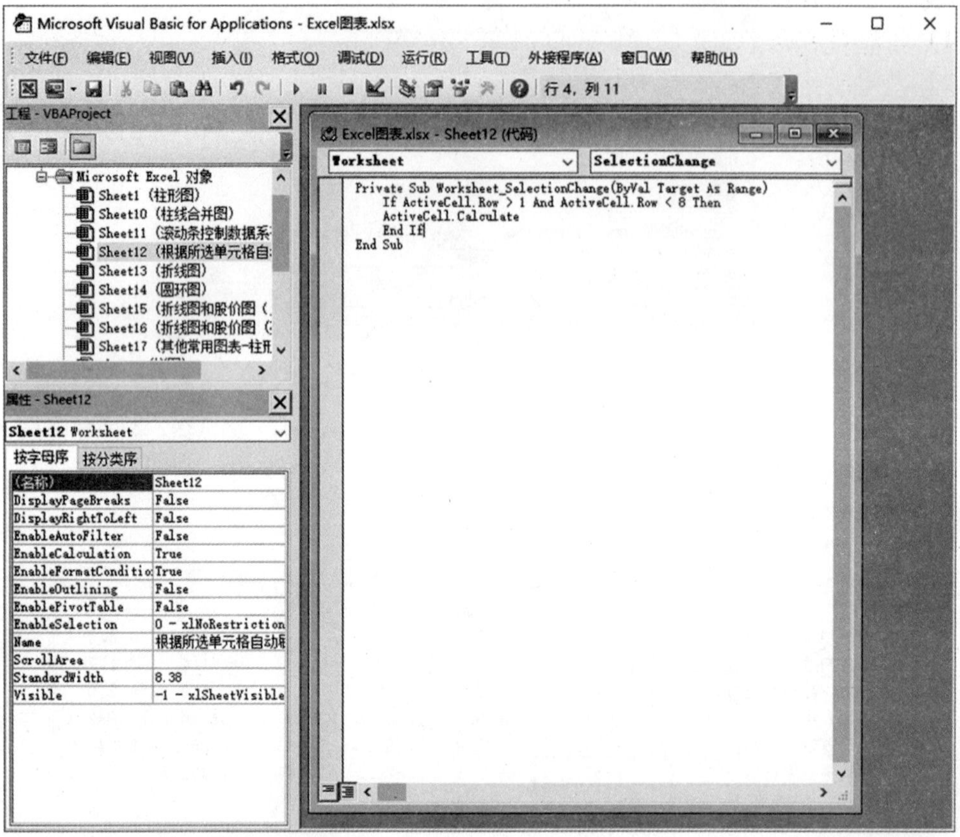

图 2－94

（11）输入完成后，返回到 Excel 工作表中。此时，当选中某个比较指标时，图表将自动更新。

2.5 小 结

本章通过各种实例对 Excel 基本图表和交互式图表进行了详尽讲解。首先介绍了图表是将工作表中的数据直观地表现出来的一种图形化方式，Excel 提供了多种内置的图表类型：柱形图、折线图、散点图等，并通过典型实例讲解了创建和修改这些基本图表的具体操作。当基本图表不能满足实际应用需求时，用户还可以绘制更为复杂的图表或交互式图表。

通过本章的学习，读者应该掌握如下内容：

（1）理解图表的基本含义，知道 Excel 内置的图表类型和各自的应用范围。

（2）熟练掌握绘制基本图表的具体操作步骤，如绘制柱形图、饼图、折线图等图表的制作过程，并能够根据图表分析数据。

（3）掌握常见的基本图表修饰方法。

（4）重点掌握绘制常见的交互式图表的基本步骤，以及 OFFSET 函数的使用，并能够根据实际情况恰到好处地使用 OFFSET 函数和设计合理的图表。

在操作应用过程中，读者应该注意以下几个方面：

（1）将图表移动到其他工作表中时，不能直接将图表移动到目标工作表的标签上。

（2）当图例为选中状态时，可随意拖动图例到指定位置。

（3）OFFSET 的语法格式为：OFFSET（reference, rows, cols, height, width），其含义为以指定的引用为参照，通过给定的偏移量，返回一个单元格或单元格区域的引用。

3 分类汇总与透视表

从前面的章节中我们知道 Excel 的数据透视表能够对数据进行快速合并、汇总和分析。尽管如此，当我们想在一个报表中根据不同的指标进行汇总列表或建立数据库时，可以使用“分类汇总”；当要对多张报表中的数据进行合并汇总时，可以使用“合并计算”。根据用户的不同需求，可以从不同的分析角度对同一张或多张不同报表根据不同的指标进行分类汇总/合并计算，这一过程被形象地称为“透视分析”，为用户从多角度分析数据提供了极大的方便。本章的主要内容如下：

（1）对统计数据进行排序，以及如何确定分类汇总的指标。

（2）进行简单分类汇总和多级分类汇总的基本操作。

（3）合并计算的分类，以及如何进行合并计算。

（4）数据透视表的功能和应用，以及创建、更新数据透视表和数据透视图的基本操作。

3.1 数据排序与分类汇总

所谓分类汇总，是指在列表中对数据进行归类，不仅增加了表格的可读性，而且使得用户可以方便地对数据做进一步的分析和判断，对数据做出高效管理。这一功能在工作表的统计分析中有着十分重要的作用。需要注意的是，在进行分类汇总操作前，需要对数据进行排序，这两种操作往往是同时出现的。Excel 提供了强大的数据排序和汇总功能，排序可以分为：按行排序、按列排序；升序排序、降序排序；单列排序、多列排序。汇总包括简单分类汇总和多级分类汇总两类。

3.1.1 数据排序

Excel 提供了数据排序的功能，可以按照某个字段名对表格数据进行排序，使得杂乱无章的数据变得有规律。我们现在需要统计某化妆品公司某年四个季度在各个地区的销售情况，如图 3－1 所示。这里共有 4 个工作表，每个工作表保存每个季度的销售数据。这里，我们针对“第一季度”工作表，把“月份”字段作为主要关键字、“产品名称”作为次要关键字进行排序，具体操作步骤如下：

（1）在工作表中单击任意一个数据单元格，如 C8 单元格。

（2）切换到“开始”选项卡，单击“排序和筛选”组－“排序”下拉按钮，将弹出“排序”对话框，如图 3－2 所示。

	A	B	C	D	E	F
1	某化妆品公司第一季度销售数据					
2	月份	产品名称	地区	单价	数量	总金额
3	1月	保湿霜	北京	268	29	7772
4	1月	保湿霜	广东	268	36	9648
5	1月	保湿霜	上海	268	32	8576
6	1月	唇膏	北京	30	125	3738
7	1月	唇膏	广东	30	85	2542
8	1月	唇膏	上海	30	102	3050
9	1月	防晒霜	北京	59	85	5015
10	1月	防晒霜	广东	59	49	2891
11	1月	防晒霜	上海	59	66	3894
12	1月	粉底液	北京	68	56	3808
13	1月	粉底液	广东	68	55	3740
14	1月	粉底液	上海	68	68	4624
15	1月	眼霜	北京	139	49	6811
16	1月	眼霜	广东	139	48	6672
17	1月	眼霜	上海	139	53	7367
18	2月	保湿霜	北京	268	45	12060
19	2月	保湿霜	广东	268	32	8576
20	2月	保湿霜	上海	268	53	14204
21	2月	唇膏	北京	30	56	1674
22	2月	唇膏	广东	30	89	2661
23	2月	唇膏	上海	30	66	1973

图 3-1

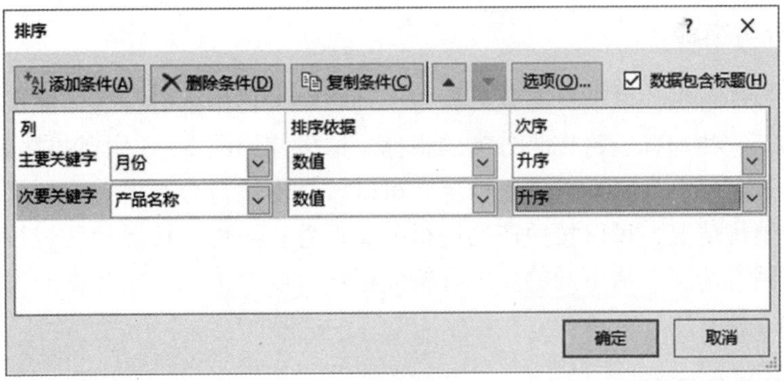

图 3-2

（3）在“排序”对话框中，“主要关键字”的下拉菜单中选择“月份”，“次序”的下拉菜单中有按升序排列、降序排序以及自定义次序，这里选择“升序”；单击“添加条件”添加“次要关键字”，在其下拉菜单中选择“产品名称”，“次序”中也选择“升序”；然后点击“确定”按钮，返回到工作表中。此时，工作表将首先按照“月份”进行升序的排序，从 1 月份一直到 3 月份，如果月份相同则按照“产品名称”进行升序排序。排序后的结果如图 3-3 所示，接下来可以对数据进行汇总操作。

	A	B	C	D	E	F
1	某化妆品公司第一季度销售数据					
2	月份	产品名称	地区	单价	数量	总金额
3	1月	保湿霜	北京	268	29	7772
4	1月	保湿霜	广东	268	36	9648
5	1月	保湿霜	上海	268	32	8576
6	1月	唇膏	北京	30	125	3738
7	1月	唇膏	广东	30	85	2542
8	1月	唇膏	上海	30	102	3050
9	1月	防晒霜	北京	59	85	5015
10	1月	防晒霜	广东	59	49	2891
11	1月	防晒霜	上海	59	66	3894
12	1月	粉底液	北京	68	56	3808
13	1月	粉底液	广东	68	55	3740
14	1月	粉底液	上海	68	68	4624
15	1月	眼霜	北京	139	49	6811
16	1月	眼霜	广东	139	48	6672
17	1月	眼霜	上海	139	53	7367
18	2月	保湿霜	北京	268	45	12060
39	3月	防晒霜	北京	59	86	5074
40	3月	防晒霜	广东	59	62	3658
41	3月	防晒霜	上海	59	26	1534
42	3月	粉底液	北京	68	58	3944
43	3月	粉底液	广东	68	39	2652
44	3月	粉底液	上海	68	35	2380
45	3月	眼霜	北京	139	39	5421
46	3月	眼霜	广东	139	31	4309
47	3月	眼霜	上海	139	39	5421

图 3－3

3.1.2　分类指标

在进行分类汇总操作之前，必须确保每个列在第 1 行中都有标签，即工作表中的每列都要有列标题，这些列标题将作为分类的指标。这里使用图 3－3 中已排序好的销售数据，如果要分析每月在所有地区的总销售情况，可以按月份进行分类汇总；如果要考察某产品在第一季度的销售情况，可以按照产品进行分类汇总；还可以按照地区进行分类汇总以考察每个地区的销售情况。从不同的角度分析数据，可以很清楚看出数据的发展趋势，这在数据量很大时十分有用。

3.1.3　简单分类汇总

这里假设按照“月份”指标进行分类汇总，在 Excel 中创建简单分类汇总的基本步骤如下：

（1）选择需要汇总的数据区域中的任意一个单元格，执行“数据”选项卡－“分级显示”组－“分类汇总”命令，将弹出“分类汇总”对话框。

（2）在“分类字段”下拉列表中选择“月份”，在“汇总方式”下拉列表中选择“求和”，在“选定汇总项”下拉列表中选“总金额”复选框，并选中“替换当前分类汇总”和“汇总结果显示在数据下方”复选框，如图 3－4 所示。

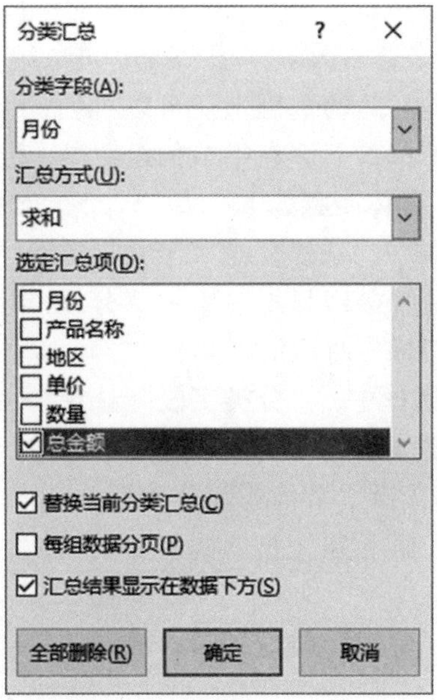

图 3－4

（3）设置完毕后，单击“确定”按钮，返回到工作表。此时，Excel 已按照设置自动进行了汇总计算。在工作表的左上侧将出现 1 2 3，单击它可以打开或收缩分类数据。收缩到第 2 级，效果如图 3－5 所示。

（4）单击左边目录栏中的“加号”或“减号”，可以打开或折叠某个汇总项目的具体内容。单击最上面的符号 +，将展开 1 月份的具体数据，如图 3－6 所示。如果要取消分类汇总恢复原先的数据表格，可以再次打开图 3－4 中的“分类汇总”对话框，单击其中的“全部删除”按钮即可。

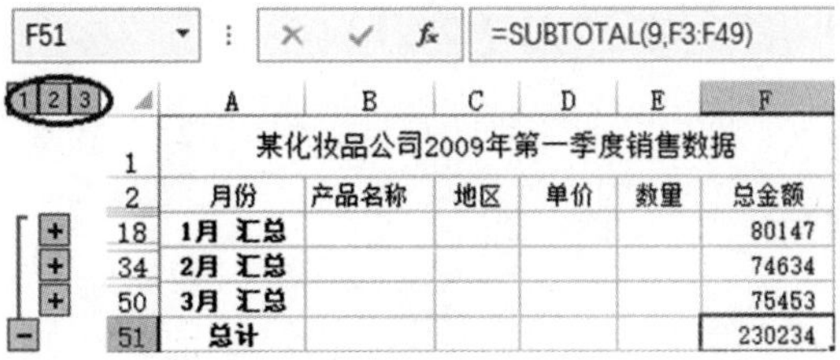

	A	B	C	D	E	F
1	某化妆品公司2009年第一季度销售数据					
2	月份	产品名称	地区	单价	数量	总金额
18	1月 汇总					80147
34	2月 汇总					74634
50	3月 汇总					75453
51	总计					230234

图 3－5

	A	B	C	D	E	F
1	某化妆品公司2009年第一季度销售数据					
2	月份	产品名称	地区	单价	数量	总金额
3	1月	保湿霜	北京	268	29	7772
4	1月	保湿霜	广东	268	36	9648
5	1月	保湿霜	上海	268	32	8576
6	1月	唇膏	北京	30	125	3738
7	1月	唇膏	广东	30	85	2542
8	1月	唇膏	上海	30	102	3050
9	1月	防晒霜	北京	59	85	5015
10	1月	防晒霜	广东	59	49	2891
11	1月	防晒霜	上海	59	66	3894
12	1月	粉底液	北京	68	56	3808
13	1月	粉底液	广东	68	55	3740
14	1月	粉底液	上海	68	68	4624
15	1月	眼霜	北京	139	49	6811
16	1月	眼霜	广东	139	48	6672
17	1月	眼霜	上海	139	53	7367
18	1月 汇总					80147
34	2月 汇总					74634
50	3月 汇总					75453
51	总计					230234

图 3－6

3.1.4 多级分类汇总

如果有需要，在简单分类汇总的基础上还可以再创建多级分类汇总，操作十分简单。下面在上节的汇总结果基础上创建二级分类汇总，具体步骤如下：

（1）在当前分类汇总结果中，选择任意一个数据单元格，执行“数据”选项卡－“分级显示”组－“分类汇总”按钮，将弹出“分类汇总”对话框。

（2）在“分类汇总”对话框中，“分类字段”选择“产品名称”，“汇总方式”选择“求和”，“选定汇总项”选择“总金额”，并取消选择“替换当前分类汇总”复选框，“汇总结果显示在数据下方”复选框将变成灰色，不可选，如图 3－7 所示。

（3）设置完毕后，单击“确定”按钮即可，最终结果如图 3－8 所示。

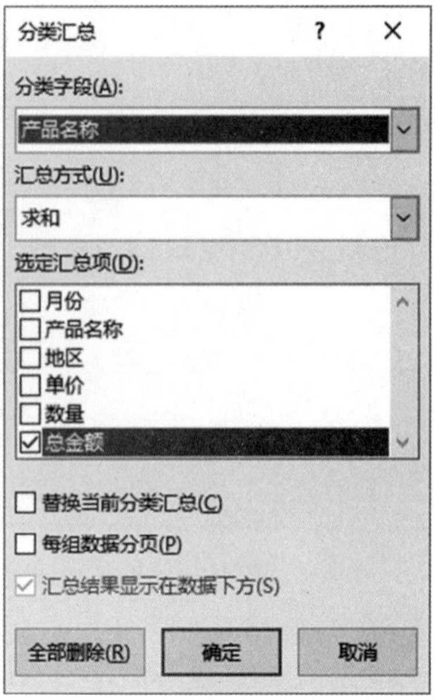

图 3－7

	A	B	C	D	E	F
1	某化妆品公司2009年第一季度销售数据					
2	月份	产品名称	地区	单价	数量	总金额
3	1月	保湿霜	北京	268	29	7772
4	1月	保湿霜	广东	268	36	9648
5	1月	保湿霜	上海	268	32	8576
6		保湿霜 汇总				25996
7	1月	唇膏	北京	30	125	3738
8	1月	唇膏	广东	30	85	2542
9	1月	唇膏	上海	30	102	3050
10		唇膏 汇总				9329
11	1月	防晒霜	北京	59	85	5015
12	1月	防晒霜	广东	59	49	2891
13	1月	防晒霜	上海	59	66	3894
14		防晒霜 汇总				11800
15	1月	粉底液	北京	68	56	3808
16	1月	粉底液	广东	68	55	3740
17	1月	粉底液	上海	68	68	4624
18		粉底液 汇总				12172
19	1月	眼霜	北京	139	49	6811
20	1月	眼霜	广东	139	48	6672
21	1月	眼霜	上海	139	53	7367
22		眼霜 汇总				20850
23	1月 汇总					80147
27		保湿霜 汇总				34840
31		唇膏 汇总				6309
35		防晒霜 汇总				9027
39		粉底液 汇总				9724
43		眼霜 汇总				14734
44	2月 汇总					74634
48		保湿霜 汇总				34572
52		唇膏 汇总				6488
56		防晒霜 汇总				10266
60		粉底液 汇总				8976
64		眼霜 汇总				15151
65	3月 汇总					75453
66	总计					230234

图 3－8

(4) 最后，收缩到第3级，复制汇总后的结果，使用选择性粘贴命令粘贴在一个新的工作表中，命名为“第一季度汇总”。在选择性粘贴的粘贴选项中，选择“数值”选项。然后对数据的格式做相应的设置，整理后的结果如图3-9所示。

	A	B
1	第一季度汇总	
2	产品名称	总金额
3	保湿霜 汇总	25,996
4	唇膏 汇总	9,329
5	防晒霜 汇总	11,800
6	粉底液 汇总	12,172
7	眼霜 汇总	20,850
8		
9	保湿霜 汇总	34,840
10	唇膏 汇总	6,309
11	防晒霜 汇总	9,027
12	粉底液 汇总	9,724
13	眼霜 汇总	14,734
14		
15	保湿霜 汇总	34,572
16	唇膏 汇总	6,488
17	防晒霜 汇总	10,266
18	粉底液 汇总	8,976
19	眼霜 汇总	15,151

图3-9

3.2 合并计算

通过上面的分类汇总操作，我们已经得到了第一季度的销售汇总数据。按照类似的操作方法，可以完成第二季度、第三季度和第四季度销售数据的汇总。现在我们需要将公司全年的化妆品销售数据进行汇总。使用Excel的“合并计算”命令可以将多个单独工作表中的数据合并计算到一个主工作表中，这些单独工作表可以和主工作表在同一个工作簿中，也可以位于不同的工作簿中。当单独工作表中的数据发生变化时，合并工作表中的数据将自动更新。

3.2.1 按位置合并

所谓按位置合并，是指按照同样的顺序对所有单独工作表中的数据进行排列并将它们放在同一个位置中。假设已经得到四个季度的销售汇总数据，并且分别存放在单独的工作表“第一季度汇总”“第二季度汇总”“第三季度汇总”和“第四季度汇总”中。在进行位置合并操作之前，我们必须确保每个单独工作表中的数据区域采用的是列表的格式。所谓列表格式，是指数据区域的第一行中，每一列都有标签，并且是相同的标签，同一列包含相似的数据，并且没有空行或空列。在Excel中，按位置进行合并计算的基本操作步骤如下：

(1) 首先，新建主工作表用来存放合并计算的数据，这里主工作表存放在同一个工作簿中，命名为“全年销售数据汇总”。选定“全年销售数据汇总”工作表为当前工作表，并选定存放合并数据的单元格区域，如图3-10所示。

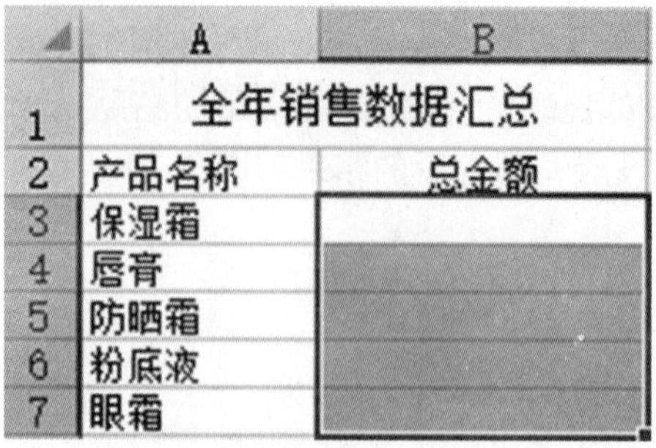

	A	B
1	全年销售数据汇总	
2	产品名称	总金额
3	保湿霜	
4	唇膏	
5	防晒霜	
6	粉底液	
7	眼霜	

图 3－10

（2）切换到“数据”选项卡，在“数据工具”组中单击“合并计算”按钮，如图 3－11所示，此时将弹出“合并计算”对话框。

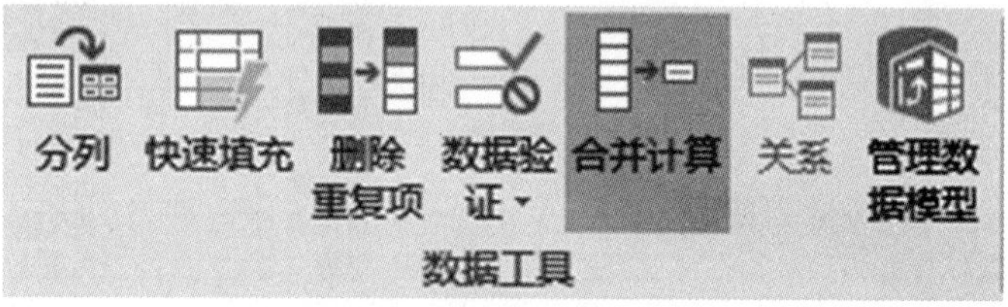

图 3－11

（3）在“合并计算”对话框中，“函数”下拉列表中选择“求和”，单击“引用位置”的折叠按钮，切换到“第一季度汇总”工作表中，选定B3:B7数据单元格区域，然后单击“还原”按钮，再单击“添加”按钮，这时选定的第一个要合并的数据单元格区域已经添加到“所有引用位置”框中。同理，将“第一季度汇总”工作表中的其他两组数据添加到“所有引用位置”框中，这时的对话框如图 3－12 所示。

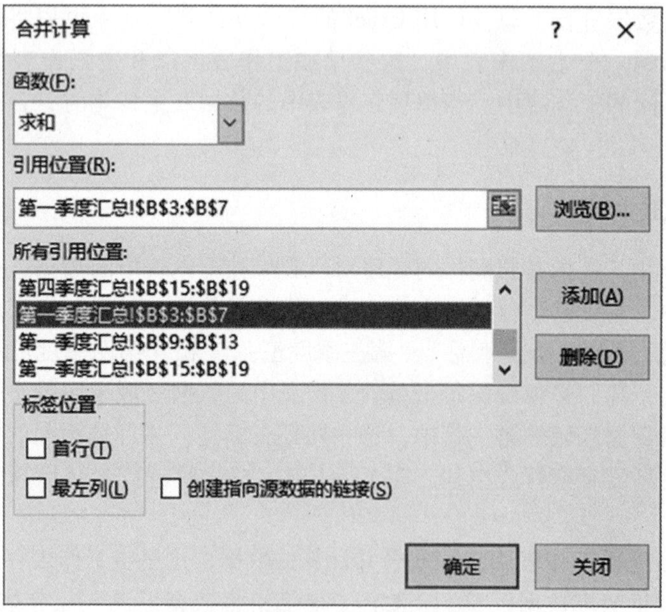

图 3－12

（4）分别切换到“第二季度汇总”“第三季度汇总”和“第四季度汇总”工作表，做同样的操作，将所有数据单元格添加进来，然后单击“确定”按钮完成合并计算。合并计算的结果如图 3－13 所示。

图 3－13

若要设置合并计算，以便当源数据改变时合并数据会自动更新，在“合并计算”对话框中必须选中“创建连至源数据的链接”复选框。要注意的是，这只有当总工作表位于其他工作簿中时，才能选中此复选框。一旦选中此复选框，则不能对在合并计算中包括的那些单元格和区域进行更改，并且存放合并数据的总工作表中存放的不是单纯的合并数据，而是计算合并数据的公式。

3.2.2 按分类合并

当单独工作表中数据的组织方式不完全相同时，例如，每个月销售的产品不完全相同时，则不能简单地采用上述按位置合并的方法，而需要采用按分类合并。但是所有的单独工作表必须具有相同的行标签和列标签，以便能够和总工作表中的数据相匹配。按分类合并的操作步骤与按位置合并大致相同，具体步骤如下：

（1）首先，新建总工作表用来存放合并计算的数据，这里总工作表存放在同一个工作簿中，命名为“全年汇总”。选定“全年汇总”工作表为当前工作表，并选定存放合并数据的单元格区域。与按位置合并不同的是，这时要同时选定分类指标所在的单元格区域。如果不能确定有多少个类，可以只选定第一行，如图 3－14 所示。

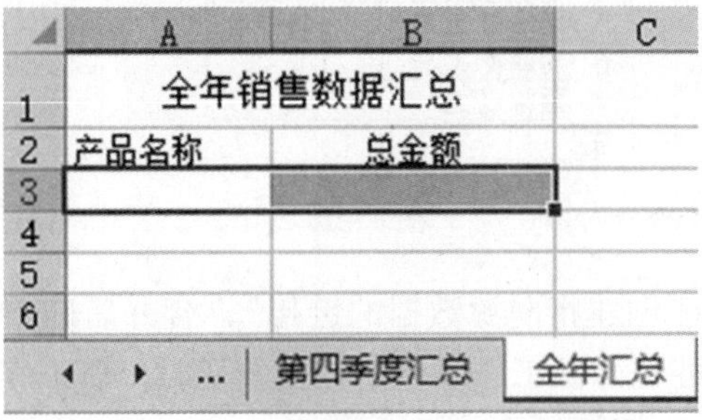

图 3－14

（2）切换到“数据”选项卡，在“数据工具”组中单击“合并计算”按钮，将弹出“合并计算”对话框。

（3）在“合并计算”对话框中，“函数”下拉列表中选择“求和”。接下来添加需要合并的所有源数据区域，与按位置合并不同的是，除了选定待合并的数据单元格区域外，还需要选定合并分类的指标所对应的单元格区域，由于各个工作表中的数据单元格区域可能不完全相同，需要逐个选定，如图 3－15 所示。

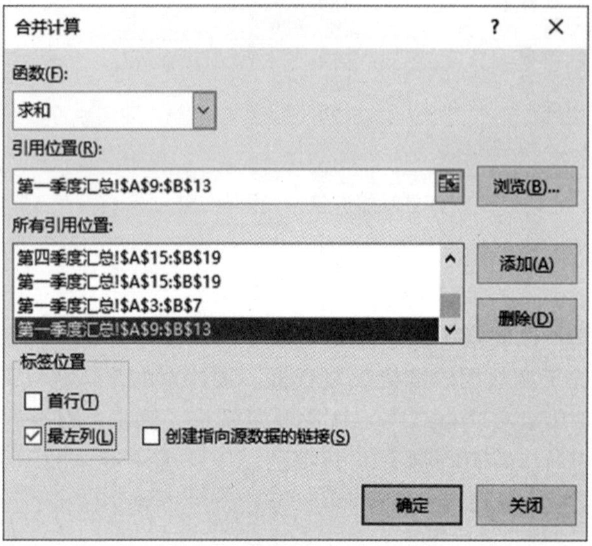

图 3－15

（4）选定标签位置，即分类合并的指标所在的单元格位置，在“合并计算”对话框中选择“最左列”。

（5）最后可以根据需要确定是否选定“创建指向源数据的链接”，这里不选定此项。设置好后单击“确定”，最终按分类合并计算的结果如图 3－16 所示。

	A	B	C
1	全年销售数据汇总		
2	产品名称	总金额	
3	保湿霜 汇总	390,208	
4	唇膏 汇总	86,680	
5	防晒霜 汇总	145,730	
6	粉底液 汇总	122,264	
7	眼霜 汇总	198,353	
8			

图 3－16

注意：由于没有选定“创建指向源数据的链接”，合并后的单元格中存放的是合并计算的结果，而不是公式。并且当源工作表中的数据改变时，总工作表中的数据不会作相应的更新。

3.3 数据透视表

在前面的章节中，我们介绍了数据透视表的基本含义和其强大的数据合并、汇总和分析功能，这些是 Excel 强大数据处理功能的具体体现。本节将详细介绍数据透视表的创建、更新以及如何调整分析步长、查看数据的不同汇总、添加/删除字段、如何分类显示数据和调整显示方向等。

这里仍然使用上述化妆品公司某年四个季度的销售数据，为了分析方便，我们将四个季度的数据放置到一个新的工作表中，命名为“全年销售数据”。

3.3.1 创建数据透视表

在 Excel 中创建数据透视表的操作步骤如下：

（1）选择数据清单中的任意一个单元格，单击“插入”选项卡，单击“数据透视表”下拉按钮，执行“数据透视表”命令，将弹出如图 3－17 所示的“创建数据透视表”对话框。

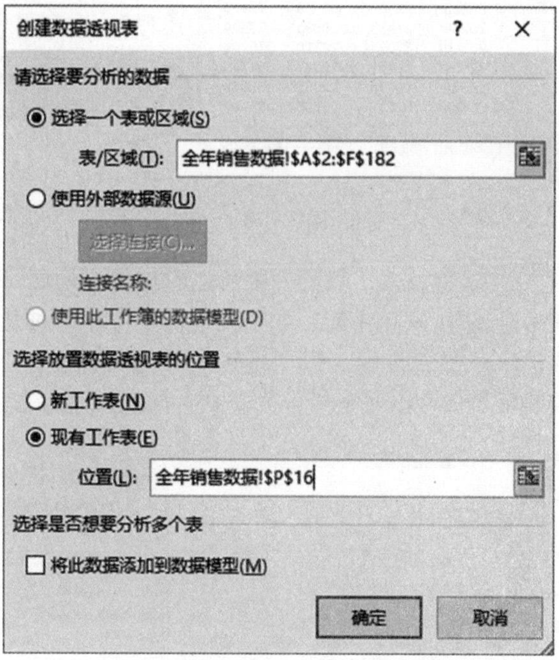

图 3－17

（2）在“请选择要分析的数据”选区中，默认已经选定了前面所选单元格所在的数据区域，也可以重新选择数据区域，单击右边的折叠按钮，选择完数据区域后单击展开按钮即可。在“选择放置数据透视表的位置”选区中，可以选择在新工作表中或现有工作表中放置数据透视表，这里选择“现有工作表”，并选定放置数据透视表的位置，这里选定 P16 单元格，Excel 创建的数据透视表会默认从该单元格往右下角延伸，然后单击“确定”按钮。

（3）单击确定后，在当前工作表的右边将出现“数据透视表字段”框。在字段复选框中选中“月份”“地区”和“总金额”三项，其中“总金额”作为求和项、“月份”作为行标签、“地区”作为列标签，该字段默认是在行标签区域内，拖动该字段到列标签区域内即可。在“数据透视表字段”框中设置的同时，数据透视表会即时显示相应的结果，如图 3 - 18 所示。

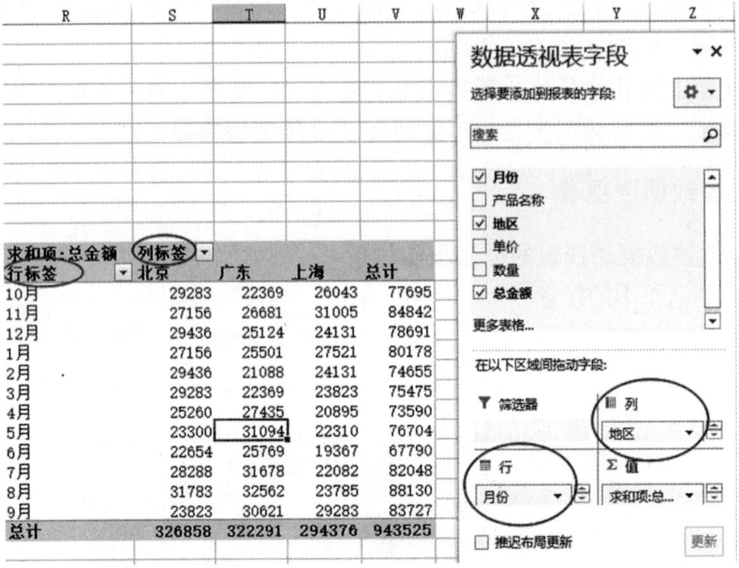

图 3 - 18

（4）通过上面创建的数据透视表，我们一眼可以看出每个地区每个月的销售总额，例如，广州在 5 月份的销售金额为 31 094 元。如果我们需要考察每种化妆品在各地区整年的销售情况，可以将报表的字段重新设置，以“地区”作为行标签，“产品名称”作为列标签，得到的新数据透视表如图 3 - 19 所示。

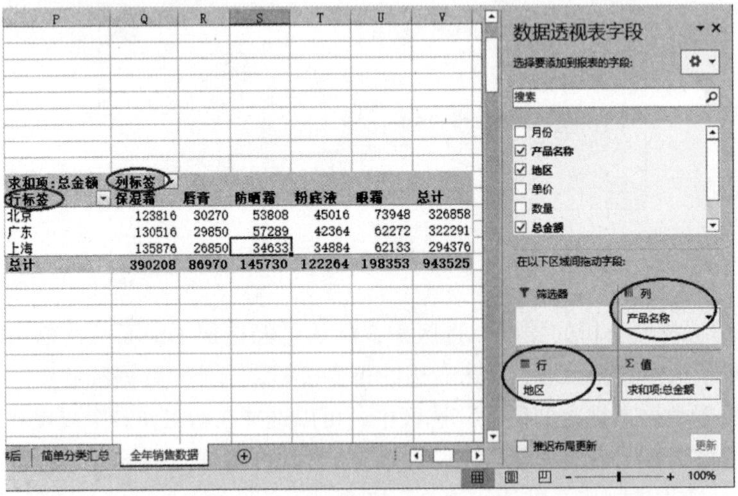

图 3 - 19

3.3.2 更新数据透视表

通过数据透视表可以很直观地分析数据，但是当对应的源数据发生变化时，数据透视表并不会自动更新，并且数据透视表中的数据都是汇总计算的结果，具有“只读性”，因而也不能直接对数据透视表的内容进行修改。这时只能使用 Excel 提供的刷新数据命令来实现。Excel 提供了 3 种常用的方法来更新数据透视表。

1. 直接利用快捷菜单中的“刷新”命令

选中数据透视表中任意一个单元格，单击鼠标右键将弹出如图 3－20 所示的菜单，执行其中的“刷新”命令即可更新整个数据透视表。图 3－21 是右击“行标签”或“列标签”时弹出的快捷菜单，执行这里的“刷新”命令将产生相同的效果。

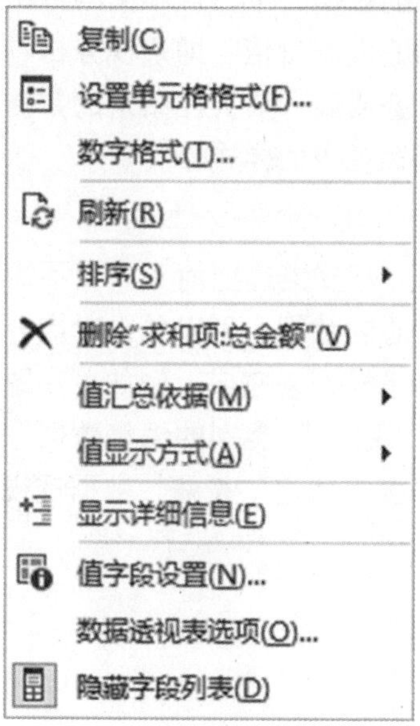

图 3－20

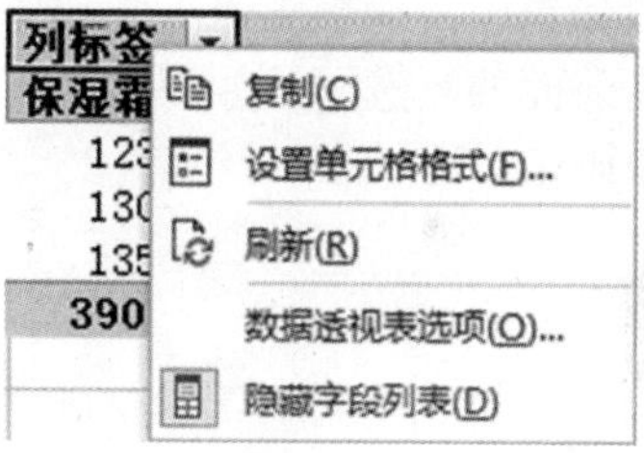

图 3－21

2. 利用“数据”功能区中的“全部刷新”按钮

单击数据透视表中任意一个数据单元格，点击“数据”选项卡，在“连接”组中点击“全部刷新”按钮即可更新整个数据透视表，如图 3－22 所示。

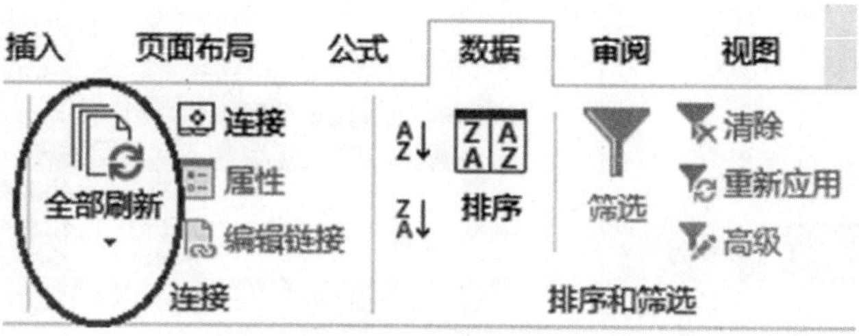

图 3－22

3. 利用“数据透视表工具”栏下的“刷新”按钮

单击数据透视表中任意一个数据单元格，标签式菜单栏将出现“数据透视表工具”栏，其中有两个选项卡：“分析”和“设计”。切换到“分析”选项卡，在“数据”组中单击“刷新”按钮即可，如图3－23所示。

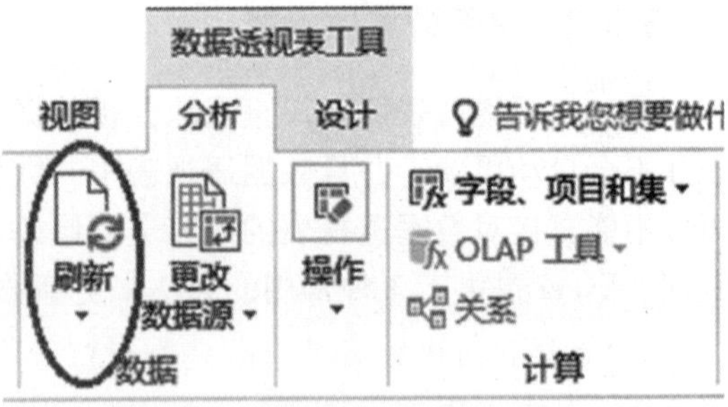

图 3－23

3.3.3 应用数据透视表

数据透视表最重要的优点是，面对同一个工作表的数据，可以从不同的分析角度出发来分析不同维度的数据之间的关系，进而挖掘出不同的数据价值，即透视分析。在透视分析的过程中，可以对数据透视表进行各种操作，如折叠或展开要关注结果的数据级别，查看数据的不同汇总，添加或删除分析指标，改变数据透视表的样式等。

1. 分类显示数据

在 Excel 的数据透视表中，行标签、列标签的右边有分类选项箭头。当不需要显示所有分类的数据，或者当数据量很大时只显示用户所关心的数据，可以单击对应分类下拉箭头，在里面作相应的选择即可，也可以通过排序和筛选操作来完成。例如，在图 3－19 所示的数据透视表中，如果想显示“唇膏”“粉底液”“眼霜”类别的销售数据，可以点击这三类产品前面的复选框，如图 3－24 所示，然后单击“确定”按钮，数据透视表的结果如图 3－25 所示。

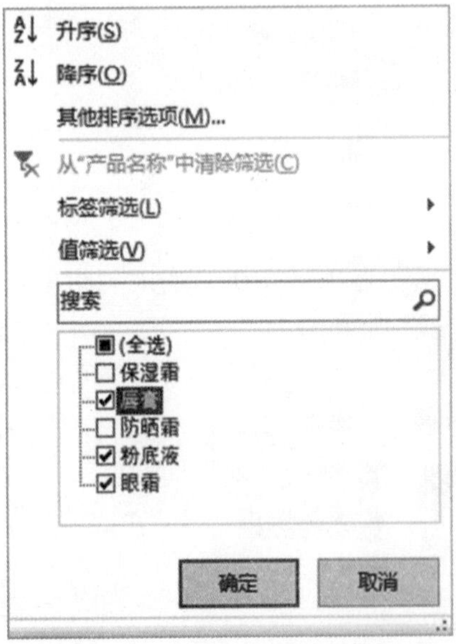

图 3－24

求和项:总金额	列标签			
行标签	唇膏	粉底液	眼霜	总计
北京	30270	45016	73948	149234
广东	29850	42364	62272	134486
上海	26850	34884	62133	123867
总计	86970	122264	198353	407587

图 3－25

2. 添加/删除字段

当需要分析不同的指标时，不需要重新制作数据透视表，只需在原数据透视表的基础上，根据需要在数据透视表字段列表中添加或删除字段即可。对于图 3－19 所示的数据透视表，需要进一步分析每个地区不同月份的具体销售情况，可以将“月份”字段添加到行标签或列标签中。具体操作步骤如下：

（1）选中数据透视表中的任意一个单元格，工作表的右侧将显示数据透视表字段列表对话框。

（2）在数据透视表字段列表对话框中，选中“月份”字段前面的复选框，这里该字段被添加到行标签中，并且位于“地区”字段的下方。如果需要，可以将其拖至“地区”字段上方或拖至列标签中。

（3）设置完毕之后，数据透视表会自动更新，如图 3－26 所示。

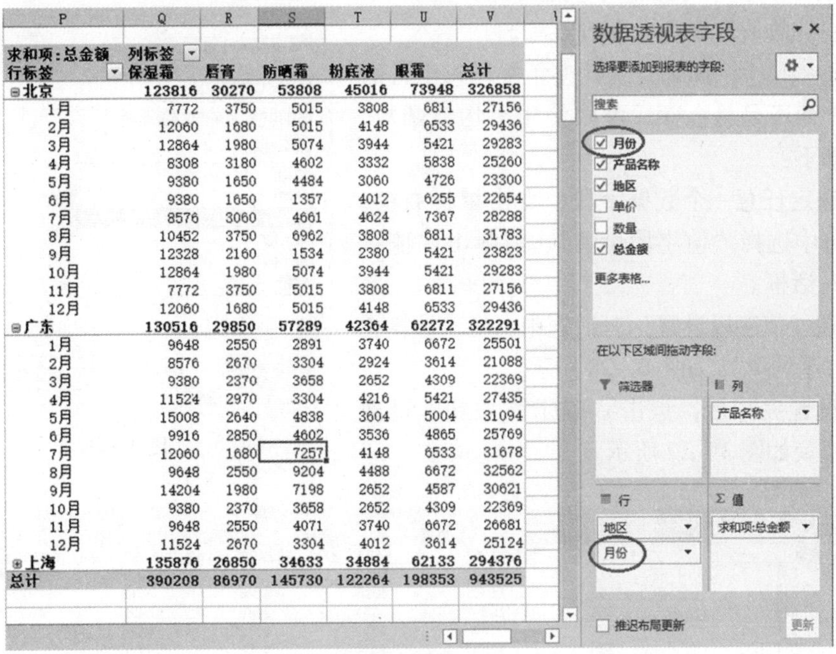

求和项:总金额	列标签					
行标签	保湿霜	唇膏	防晒霜	粉底液	眼霜	总计
⊟北京	123816	30270	53808	45016	73948	326858
1月	7772	3750	5015	3808	6811	27156
2月	12060	1680	5015	4148	6533	29436
3月	12864	1980	5074	3944	5421	29283
4月	8308	3180	4602	3332	5838	25260
5月	9380	1650	4484	3060	4726	23300
6月	9380	1650	1357	4012	6255	22654
7月	8576	3060	4661	4624	7367	28288
8月	10452	3750	6962	3808	6811	31783
9月	12328	2160	1534	2380	5421	23823
10月	12864	1980	5074	3944	5421	29283
11月	7772	3750	5015	3808	6811	27156
12月	12060	1680	5015	4148	6533	29436
⊟广东	130516	29850	57289	42364	62272	322291
1月	9648	2550	2891	3740	6672	25501
2月	8576	2670	3304	2924	3614	21088
3月	9380	2370	3658	2652	4309	22369
4月	11524	2970	3304	4216	5421	27435
5月	15008	2640	4838	3604	5004	31094
6月	9916	2850	4602	3536	4865	25769
7月	12060	1680	7257	4148	6533	31678
8月	9648	2550	9204	4488	6672	32562
9月	14204	1980	7198	2652	4587	30621
10月	9380	2370	3658	2652	4309	22369
11月	9648	2550	4071	3740	6672	26681
12月	11524	2670	3304	4012	3614	25124
⊞上海	135876	26850	34633	34884	62133	294376
总计	390208	86970	145730	122264	198353	943525

图 3－26

类似地，如果要在数据透视表中删除某个字段，只需要在复选框中取消该字段即可。

3. 调整显示方向

在图 3－26 所示的数据透视表中，“地区”和“月份”是作为行标签，对应的数据分别在不同的行显示，称作行方向显示；“产品名称”是作为列标签，对应的数据显示在不同的列，称作列方向显示。此外，可以设置页字段让数据按页方向显示。例如，我们要分析对比同一月份各地区的销售情况，目前的可读性比较差，可以将“月份”字段以页方向显示。在数据透视表字段列表中直接将它拖至“筛选器”区域中即可，如图 3－27 所示。这里显示的是 5 月份的销售情况，单击“月份”字段右边的下拉箭头，也可以显示其他月份的情况，或者选择全部。

月份	5月					
求和项:总金额	列标签					
行标签	保湿霜	唇膏	防晒霜	粉底液	眼霜	总计
北京	9380	1650	4484	3060	4726	23300
广东	15008	2640	4838	3604	5004	31094
上海	13668	1650	1888	1768	3336	22310
总计	38056	5940	11210	8432	13066	76704

图 3－27

4. 改变计算函数

在数据透视表中，数值型字段的计算函数默认是求和函数，非数值字段的计算函数默认是计数函数。在实际应用中可以根据需要选择其他函数进行多种计算。Excel 为数据透视表提供的计算函数有求和、计数、平均值、最大值、最小值、乘积、数值计算及标准方差等。

在图 3－26 中，如果要统计整年平均每个月的销售金额，而不是总金额，可以使用平均值函数，具体操作如下：

（1）选定任意一个数据字段，点击鼠标右键，在快捷菜单中选择“值字段设置”，将弹出“值字段设置”对话框。

（2）在“值字段设置”对话框中，将“计算类型”改为“平均值”，如图 3－28 所示。

（3）设置完毕后，点击“确定”按钮，得到的数据透视表如图 3－29 所示。

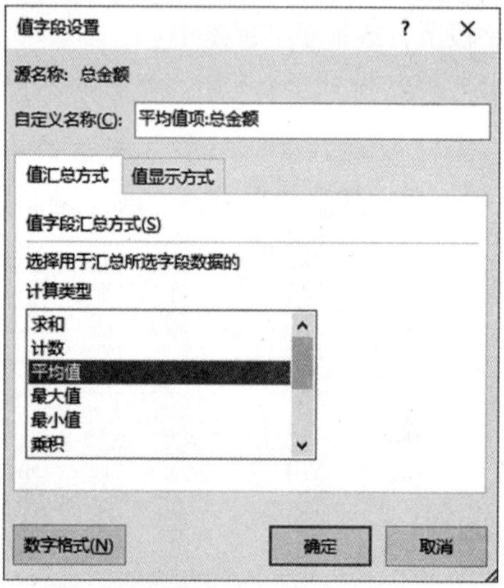

图 3－28

平均值项:总金额	列标签					
行标签	保湿霜	唇膏	防晒霜	粉底液	眼霜	总计
⊟北京	10318	2522.5	4484	3751.333333	6162.333333	5447.633333
1月	7772	3750	5015	3808	6811	5431.2
2月	12060	1680	5015	4148	6533	5887.2
3月	12864	1980	5074	3944	5421	5856.6
4月	8308	3180	4602	3332	5838	5052
5月	9380	1650	4484	3060	4726	4660
6月	9380	1650	1357	4012	6255	4530.8
7月	8576	3060	4661	4624	7367	5657.6
8月	10452	3750	6962	3808	6811	6356.6
9月	12328	2160	1534	2380	5421	4764.6
10月	12864	1980	5074	3944	5421	5856.6
11月	7772	3750	5015	3808	6811	5431.2
12月	12060	1680	5015	4148	6533	5887.2
⊟广东	10876.33333	2487.5	4774.083333	3530.333333	5189.333333	5371.516667
1月	9648	2550	2891	3740	6672	5100.2
2月	8576	2670	3304	2924	3614	4217.6
3月	9380	2370	3658	2652	4309	4473.8
4月	11524	2970	3304	4216	5421	5487
5月	15008	2640	4838	3604	5004	6218.8
6月	9916	2850	4602	3536	4865	5153.8
7月	12060	1680	7257	4148	6533	6335.6
8月	9648	2550	9204	4488	6672	6512.4
9月	14204	1980	7198	2652	4587	6124.2
10月	9380	2370	3658	2652	4309	4473.8
11月	9648	2550	4071	3740	6672	5336.2
12月	11524	2670	3304	4012	3614	5024.8
⊞上海	11323	2237.5	2886.083333	2907	5177.75	4906.266667
总计	10839.11111	2415.833333	4048.055556	3396.222222	5509.805556	5241.805556

图 3－29

5. 改变数据显示方式

一般情况下，数据透视表中显示的都是实际得到的汇总数据，当我们需要进一步分析数据之间的特殊关系时，如差异关系、构成关系等，可以通过设置数据透视表的显示方式来实现。Excel 提供了多种不同的数据显示方式：百分比、差异、指数、升序和降序等，用户可以根据需要选择最合适的数据显示方式。例如，我们要分析每个月的销售增长情况，可以选择差异的数据显示方式，具体操作如下：

（1）选定任意一个数据字段，点击鼠标右键，在快捷菜单中选择“值字段设置”，将弹出“值字段设置”对话框。

（2）在“值字段设置”对话框中，切换到“值显示方式”选项卡，如图 3 – 30 所示，将计算类型改为“平均值”，“值显示方式”下拉列表中选择“差异”显示方式，“基本字段”选择“月份”，“基本项”选择“（上一个）”。

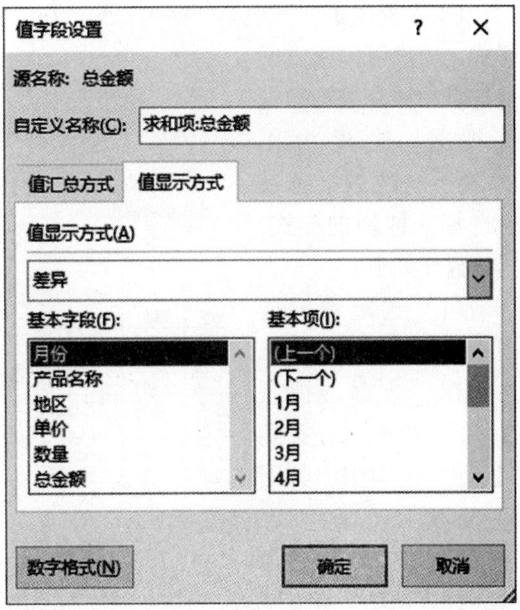

图 3 – 30

（3）设置完毕后，点击“确定”按钮，得到的数据透视表如图 3 – 31 所示。

求和项:总金额	列标签					
行标签	保湿霜	唇膏	防晒霜	粉底液	眼霜	总计
⊟北京						
1月						
2月	4288	-2070	0	340	-278	2280
3月	804	300	59	-204	-1112	-153
4月	-4556	1200	-472	-612	417	-4023
5月	1072	-1530	-118	-272	-1112	-1960
6月	0	0	-3127	952	1529	-646
7月	-804	1410	3304	612	1112	5634
8月	1876	690	2301	-816	-556	3495
9月	1876	-1590	-5428	-1428	-1390	-7960
10月	536	-180	3540	1564	0	5460
11月	-5092	1770	-59	-136	1390	-2127
12月	4288	-2070	0	340	-278	2280
⊟广东						
1月						
2月	-1072	120	413	-816	-3058	-4413
3月	804	-300	354	-272	695	1281
4月	2144	600	-354	1564	1112	5066
5月	3484	-330	1534	-612	-417	3659
6月	-5092	210	-236	-68	-139	-5325
7月	2144	-1170	2655	612	1668	5909
8月	-2412	870	1947	340	139	884
9月	4556	-570	-2006	-1836	-2085	-1941
10月	-4824	390	-3540	0	-278	-8252
11月	268	180	413	1088	2363	4312
12月	1876	120	-767	272	-3058	-1557

图 3 – 31

6. 设置数据透视表样式

Excel 提供了“浅色”“中等深浅”和“深色”三类的数据透视表样式，总共有 80 多种样式，用户可以很方便地选择一种来修饰数据透视表。这里为图 3-26所示的数据透视表选择一种新的样式，具体操作如下：

(1) 选定数据透视表中任意一个单元格，在“数据透视表工具”栏中切换到“设计”选项卡，如图 3-32 所示。

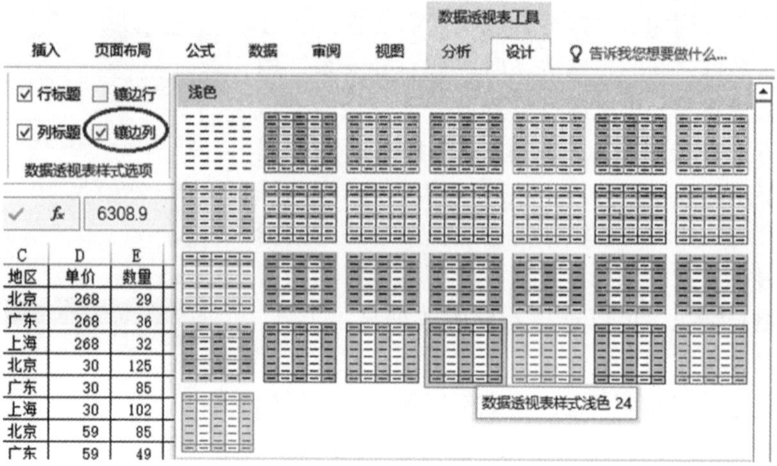

图 3-32

(2) 在“数据透视表样式选项”组中选中“镶边列”复选框，使得偶数列和奇数列的格式互不相同，可读性更强。

(3) 在“数据透视表样式”组中，选中需要的样式，这里选择“浅色”类样式 24，得到的数据透视表如图 3-33 所示。

求和项:总金额	列标签					
行标签	保湿霜	唇膏	防晒霜	粉底液	眼霜	总计
⊟北京	123816	30270	53808	45016	73948	326858
1月	7772	3750	5015	3808	6811	27156
2月	12060	1680	5015	4148	6533	29436
3月	12864	1980	5074	3944	5421	29283
4月	8308	3180	4602	3332	5838	25260
5月	9380	1650	4484	3060	4726	23300
6月	9380	1650	1357	4012	6255	22654
7月	8576	3060	4661	4624	7367	28288
8月	10452	3750	6962	3808	6811	31783
9月	12328	2160	1534	2380	5421	23823
10月	12864	1980	5074	3944	5421	29283
11月	7772	3750	5015	3808	6811	27156
12月	12060	1680	5015	4148	6533	29436
⊟广东	130516	29850	57289	42364	62272	322291
1月	9648	2550	2891	3740	6672	25501
2月	8576	2670	3304	2924	3614	21088
3月	9380	2370	3658	2652	4309	22369
4月	11524	2970	3304	4216	5421	27435
5月	15008	2640	4838	3604	5004	31094
6月	9916	2850	4602	3536	4865	25769
7月	12060	1680	7257	4148	6533	31678
8月	9648	2550	9204	4488	6672	32562
9月	14204	1980	7198	2652	4587	30621
10月	9380	2370	3658	2652	4309	22369
11月	9648	2550	4071	3740	6672	26681
12月	11524	2670	3304	4012	3614	25124
⊞上海	135876	26850	34633	34884	62133	294376
总计	390208	86970	145730	122264	198353	943525

图 3-33

3.4 数据透视图

使用数据透视表可以很好地分析数据之间的关系。但相对于数据透视表而言，数据透视图提供了一种更为可视化、更为直观的方式来显示数据与数据之间的关系。这节将介绍如何创建和更新数据透视图，以及数据透视图的应用。

3.4.1 创建数据透视图

下面以创建数据透视表的数据清单为例，介绍在 Excel 中如何创建数据透视图。基本操作步骤如下：

（1）选定数据清单中的任意一个单元格，单击“插入”选项卡，单击“图表”组 -“数据透视表”下拉按钮，执行“数据透视图”命令，将弹出如图 3 - 34 所示的“创建数据透视图”对话框。

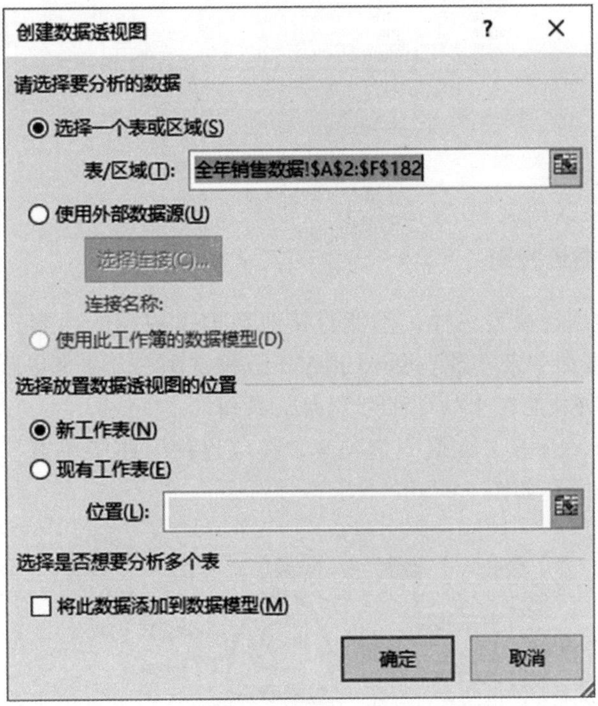

图 3 - 34

（2）在“请选择要分析的数据”选区中，默认已经选定了前面所选单元格所在的数据区域，也可以重新选择数据区域，单击右边的折叠按钮，选择完数据区域后单击展开按钮即可。在“选择放置数据透视图的位置”选区中，可以选择在新工作表中或现有工作表中放置数据透视图，这里选择“新工作表”，并选定放置数据透视图的位置，Excel 创建的数据透视图会默认从该单元格往右下角延伸，然后单击“确定”按钮。

（3）单击确定后，在当前工作表的右边将出现“数据透视图字段”任务窗框。在字段复选框中选中“产品名称”“地区”和“总金额”三项，其中“总金额”作为求和项，

"产品名称"作为图例字段,"地区"作为轴字段。

(4)在"数据透视图字段"框中设置的同时,数据透视图会即时显示相应的结果。最终结果如图3－35所示。

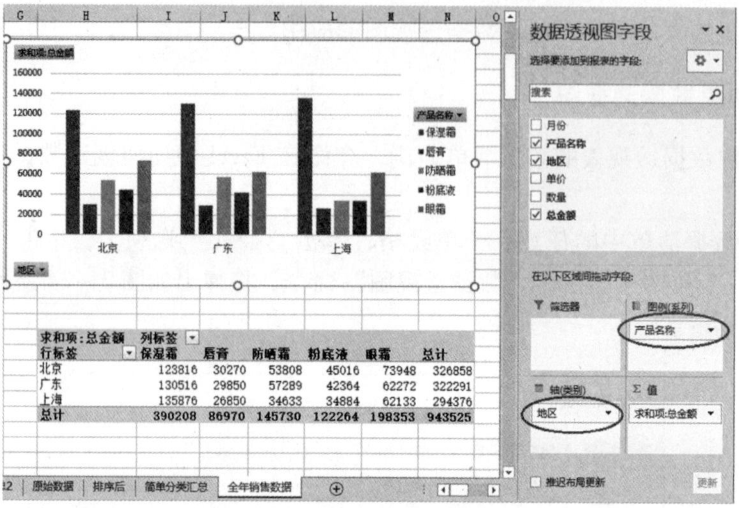

图3－35

3.4.2 更新数据透视图

数据透视图和数据透视表一样,不能直接对数据透视图的内容进行修改,只能使用Excel提供的刷新数据命令来实现。Excel提供了三种常用的方法来更新数据透视图。

1. 利用"数据"功能区中的"全部刷新"按钮

选中数据透视图,点击"数据"选项卡,在"连接"组中单击"全部刷新"按钮即可更新整个数据透视图,如图3－36所示。

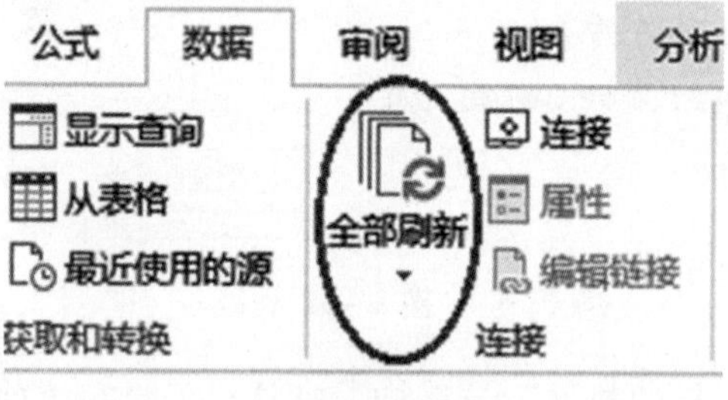

图3－36

2. 直接利用快捷菜单中的"刷新数据"命令

在数据透视图的空白处单击鼠标右键将弹出图3－37所示的快捷菜单,执行其中的"刷新数据"命令即可更新整个数据透视图。

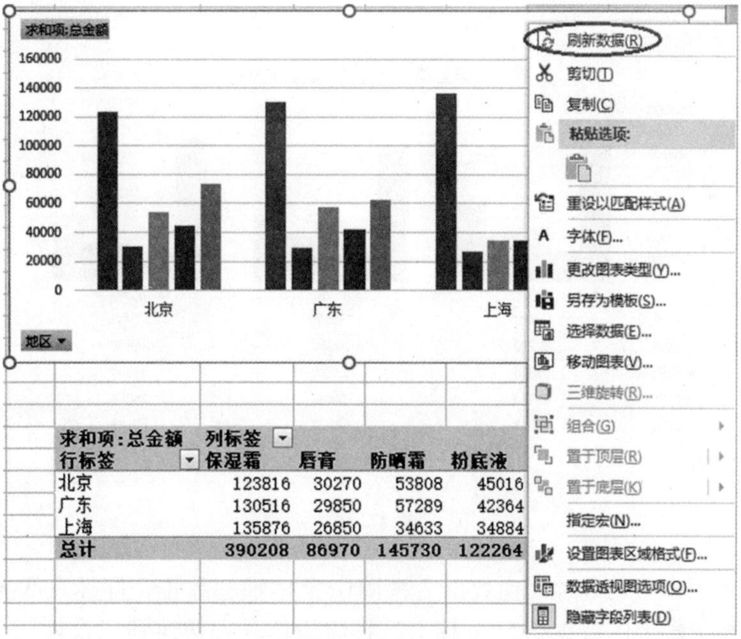

图 3－37

3. 直接利用“数据透视图工具”中的刷新命令

选定数据透视图，标签式菜单栏将出现“数据透视图工具”栏，其中有“设计”“视图”和“分析”等多个选项卡。切换到“分析”选项卡，在“数据”组中单击“刷新”按钮即可，如图 3－38 所示。

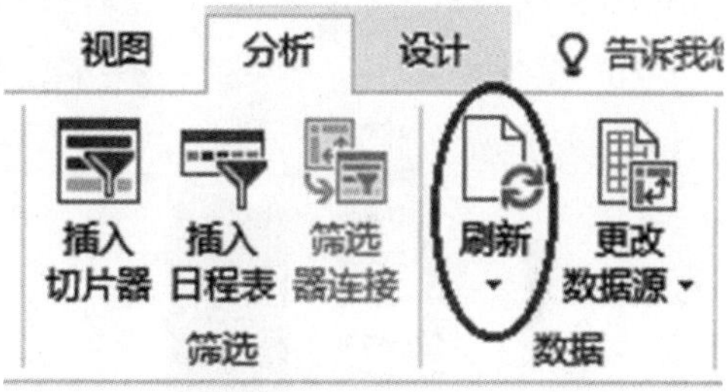

图 3－38

3.4.3 应用数据透视图

与数据透视表类似，我们可以对数据透视图进行各种操作。下面简单介绍在 Excel 中如何设置数据透视图的样式和设计其图表布局等。

在“数据透视图工具”栏的“设计”功能区中，Excel 提供了 40 多种图表样式和 10 多种图表布局，用户可以很方便地选择一种来修饰数据透视图。另外，在“布局”和“格式”功能区中，可以对数据透视图进行一系列的设置，例如，可以设置坐标轴的格式、网格线、图表标题和艺术字样式等。下面我们对图 3－35 所示的数据透视图进行一系列简单的修饰，具体操作如下：

（1）切换到“设计”选项卡，在“图表布局”组中选择布局 5，将图表标题设为“某化妆品公司年度各类产品销售情况”，字体大小设为 11，坐标轴标题设为“销售总金额（单位：元）”。

（2）切换到“格式”选项卡，在“形状样式”组的“形状效果”下拉列表中，将“阴影”设置成“外部－右下斜偏移”。这时，设置后的数据透视表如图 3－39 所示。

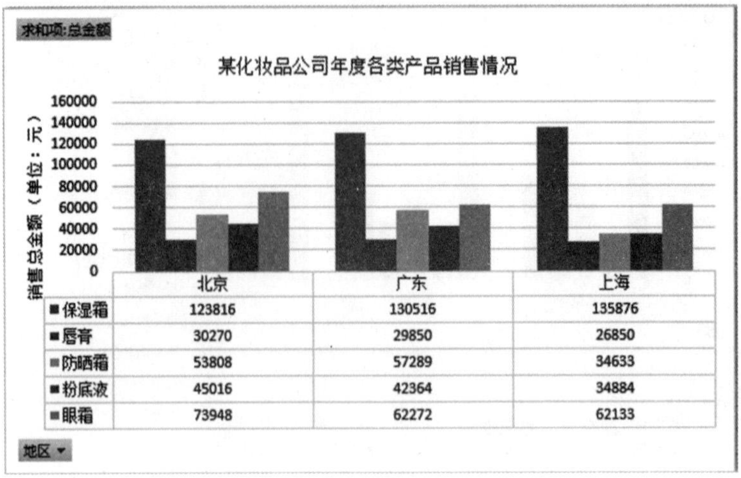

图 3－39

(3) 另外，可以很简单地交换数据透视图中坐标轴的数据，即标在 X 轴上的数据移至 Y 轴上，标在 Y 轴上的数据移至 X 轴上。具体操作是：切换到“设计”选项卡，单击“数据”组中的“切换行/列”即可，将图 3－39 做如此操作后的数据透视图如图3－40所示。

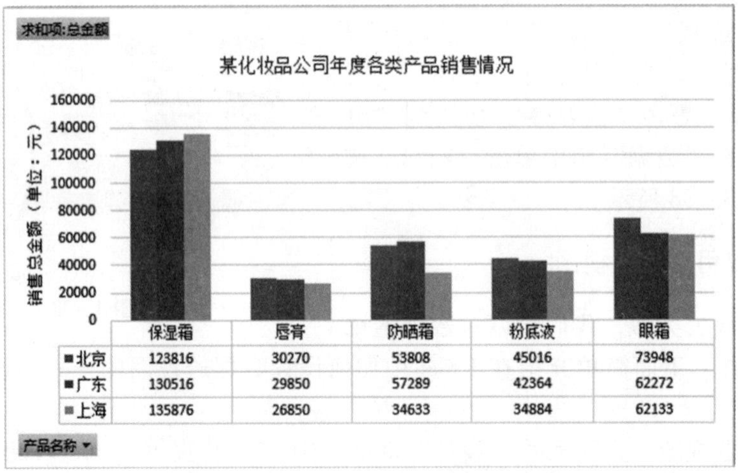

图 3－40

3.5 小 结

在本章中详细讲解了一种很常用的分析方法——透视分析，从对单个表的分类汇总到多个表的合并计算，最后介绍数据透视表和数据透视图的创建、更新和应用。

透视分析涉及对同一个报表进行分析的分类汇总，以及对多个报表进行合并计算的分析。在分类汇总中，按照汇总的次数可以分为简单分类汇总和多级分类汇总两类。在进行分类汇总操作之前往往要对数据进行排序。在合并计算中，当各个单独工作表具有相同的组织方式且与总工作表有相同的顺序时，可以使用按位置合并；当各个独立的工作表的组织方式不完全相同时，使用按分类合并。本章通过典型例子讲解了数据排序、分类汇总以及合并计算的基本操作步骤。最后重点介绍了体现 Excel 强大数据处理能力的数据透视表，并通过案例介绍 Excel 中如何创建、更新以及应用数据透视表。

通过本章的学习，读者应该掌握如下内容：

（1）了解并掌握数据排序操作方法，理解分类指标及应用，熟练掌握简单分类汇总和多级分类汇总。

（2）理解按位置合并和按分类合并的基本概念及两者之间的区别，掌握这两种合并计算的基本操作。

（3）理解数据透视表和数据透视图的基本含义，重点掌握这两者的操作应用。

在操作应用过程中，读者应该注意以下几个方面：

（1）在进行数据排序、筛选或分类汇总等操作时，数据清单与其他数据行之间至少留出一个空白列和空白行。

（2）进行分类汇总操作时应该注意：

①在进行分类汇总之前应对数据清单中的统计数据进行排序。

②排序的第一个字段最好放置在第一个列字段中，以此类推。

（3）进行合并计算操作时应该注意：

①当各个单独工作表的组织格式完全一致，并与总工作表相同时才能使用按位置合并，否则不能使用。

②只有当总工作表位于其他工作簿中，才能选中“合并计算”对话框中的“创建连至源数据的链接”。

（4）进行数据透视表/数据透视图操作时应该注意：分析不同的指标时，根据需要在数据透视表列表中添加或删除对应字段即可，不需要重新制作数据透视表/数据透视图。

4　简单统计指标分析

企业的经营管理，实质上是从企业的整体出发，不断促进企业各方面在新的基础上达到平衡，实现企业的良性循环，Excel 的雷达图是基于企业各要素间的相互联系，分析企业整体运营状态的有效工具。

股市是一个既存在风险又能带来收益的市场，如何在股市投资中运用经验和采取各种股票分析技术，判断股票价格的变化趋势，以获得更高的收益，是所有投资者都希望获得的结果。Excel 提供的排序、筛选、股票分析图表、数据透视表和宏等功能可以应用于股市行情进行分析和收益核算。本章的主要内容如下：

（1）企业经营比率统计分析，如收益性统计分析、安全性统计分析、流动性统计分析、生产性统计分析和成长性统计分析。

（2）雷达图的结构、分析和制作。

（3）数据排序、数据筛选在股市分析中的应用。

（4）股票分析图表的使用：*K* 线图、移动平均线和 *KD* 线。

（5）如何建立股票收益计算器和对收益进行汇总。

4.1　经营比率统计分析

经营比率统计分析，通常是用一个数据除以另一个数据求出比率，然后加以分析和评估企业的经营情况与发展趋势。它主要包含将企业的各项财务比率数据与其他企业或行业的财务比率数据作横向比较，以及同一企业现时的财务比率数据与以往的财务比率数据作纵向比较两个方面。在分析之前需要计算出企业的各项经营指标，一般可从企业的收益性、安全性、流动性、生产性和成长性五个方面进行分析。

1. 收益性统计分析

收益性指标反映了一定时期内企业的收益或盈利能力，是经营分析的重点。主要指标有总资本利润率、销售利润率、成本费用利润率和流动资产利润率等，其基本含义及相应计算公式如表 4－1 所示。

表 4－1　收益性统计指标

收益性比率	基本含义	计算公式
总资本利润率	一个较为全面反映企业总资产利用效果的主体指标，既能较好地反映劳动生产率的高低，也能反映企业资产的使用情况和经营成果	$总资本利润率=\frac{利润总额}{资产平均总额}$

（续上表）

收益性比率	基本含义	计算公式
销售利润率	用于反映企业总收益水平的重要指标	$销售利润率=\frac{利润总额}{销售收入}$
净利润率	一般来说，投资大、周转速度慢的企业，该指标较高；而投资少、周转速度快的企业，该指标较低，因此一般不能只用该比例判断企业的经营业绩	$净利润率=\frac{净利润}{净销售收入}$
成本费用利润率	用于反映企业为取得利润所付出的成本代价	$成本费用利润率=\frac{净收益+利息费用+所得税}{成本费用总额}$
流动资产利润率	分析流动资产利润率，可以更深入地分析企业的经营状况	$流动资产利润率=\frac{利润总额}{流动资产+流动负债}$
销售收入对费用率	该指标用于反映直接费用之外的其他费用的使用情况，对于生产费用或不变成本有增大趋势的企业有重大意义	$销售收入对费用率=\frac{车间经费+企业管理费}{销售总收入}$
销售额经常利润率	反映企业分配能力的一项指标	$销售额经常利润率=\frac{经常利润}{销售收入}$

2. 安全性统计分析

收益性分析主要分析企业的获利能力，而安全性分析则主要判断企业经营的安全程度，也可以说是分析企业在财务上的平衡状况和稳定性，目的在于观察企业在一定时期内的偿债能力，最主要的安全性指标及计算公式如表 4－2 所示。另外还可以进一步地分析固定资产长期适合率、股东权益比率、利息保障倍数、占用资金率和内部留成率等指标。

表 4－2　安全性统计指标

安全性比率	基本含义	计算公式
流动率	流动率反映企业短期内偿债的能力，对银行来说，则是判断企业信用状态的指标。它表示企业短期内应该支付的流动负债，拥有多少流动资产。该指标比率越高，流动负债得到偿还的保障就越大。经验认为，理想的流动率是2∶1，但实际上很难达到	$流动率=\frac{流动资产}{流动负债}$
速动比率	速动资产是指可以立即用来作为支付手段的资产，主要包括流动资产中的现金、存款、有价证券、应收账款等。流动资产中除去存货后即为速动资产。速动比率即速动资产与流动负债的比率。其理想值为1∶1，即两者几乎相当	$速动比率=\frac{速动资产}{流动负债}$
固定比率	固定比率是固定资产与自有资金平衡程度的比率。由于投入固定资产的资金必须通过折旧或转卖他人才能收回投资，因此回收期通常较长。所以投向固定资产的资金必须是长期稳定的，而最长期、最稳定的资金就是自有资金。因此，通过观察固定资产与自有资金的比率（即固定比率）可反映企业的安全性	$固定比率=\frac{固定资产}{自有资金}$
资产负债率	用来反映企业总资产中负债所占的比率。比率越高，则负债资金在总资产中所占比重越大，风险也越大；比率越低，说明企业在偿债时存在着资金缓冲。因此，资产负债率要保持适当水平，一般低于50%的资产负债率比较好	$资产负债率=\frac{负债总额}{资产总额}$

3. 流动性统计分析

流动性指标主要用于观察一定时期内企业的资金周转情况，它反映了企业是虚胖型还是精瘦型，主要由企业的总资本周转期来衡量。主要指标含义及计算公式如表4－3所示。

表4－3 流动性统计指标

流动性比率	基本含义	计算公式
总资金周转率	该指标用于反映全部资金的使用率的指标，比率越高，说明资产利用率越高，盈利能力越强	$总资金周转率=\frac{销售收入}{资产总额}$
流动资金周转率	该指标用于反映流动资金的利用率	$流动资金周转率=\frac{销售收入}{流动资产总额}$
固定资产周转率	该指标用于反映固定资产的利用率	$固定资产周转率=\frac{销售收入}{固定资产总额}$
应收账款周转率	该指标用于反映年度应收账款转换成现金的平均次数，比率越高，表明收款速度越快，则坏账的可能性就越小	$应收账款周转率=\frac{销售收入}{应收账款总额}$
盘存资产周转率	该指标比率越高，表明资金回收越快，效率越高	$盘存资产周转率=\frac{销售收入}{盘存资产平均额}$

4. 生产性统计分析

生产性指标主要反映企业在一定时期内的经济效益，主要是经营能力、经营水平和成果的分配，是反映企业生产活动质量的重要指标之一。经济效益与经济收益是两个不同的概念，但又是密切联系在一起的。经济效益是产出与投入的比率，而经济收益是产出与投入的差额。经济效益越好，则经济收益也越好。良好的生产性指标是企业在经济市场中获得竞争优势的基础。主要生产性指标及计算公式如表4－4所示。

表4－4 生产性统计指标

生产性比率	基本含义	计算公式
人均销售收入	用于反映企业人均销售能力的指标	$人均销售收入=\frac{销售收入}{平均职工人数}$
人均利润收入	用于反映企业经营管理水平的指标	$人均利润收入=\frac{利润收入}{平均职工人数}$
人均资产总额	该指标反映了企业的生产经营能力，比率越高，企业的经营能力越好	$人均资产总额=\frac{资产总额}{平均职工人数}$
人均工资	反映企业经营成果的分配状况	$人均工资=\frac{工资总额}{平均职工人数}$
固定资产投资率	反映企业固定资产的投资效益	$固定资产投资率=\frac{净资产}{固定资产原值}$

5. 成长性统计分析

成长性指标主要用于反映在一定时期内企业经营活动的发展变化趋势，属于企业经营状态的动态分析。一个企业即使收益性高，但若成长性不好，那就表明它未来盈利能力会有所下降。主要的成长性指标包括销售收入增长率、固定资产增长率、总利润增长率、人员增长率和产品成本降低率。其计算公式比较简单，均为该指标的当期值与前期值之比，如表4－5所示。

表4－5　成长性统计指标

成长性比率	基本含义	计算公式
销售收入增长率	反映销售收入的变化趋势	$\text{销售收入增长率}=\frac{\text{本期销售收入}}{\text{前期销售收入}}$
固定资产增长率	反映固定资产的变化趋势	$\text{固定资产增长率}=\frac{\text{本期固定资产}}{\text{前期固定资产}}$
总利润增长率	反映总利润的变化趋势	$\text{总利润增长率}=\frac{\text{本期总利润额}}{\text{前期总利润额}}$
人员增长率	反映企业人员数量的变化趋势	$\text{人员增长率}=\frac{\text{本期职工人数}}{\text{前期职工人数}}$
产品成本降低率	反映产品成本的变化趋势，一般来说，产品成本越低，在市场竞争中越具有优势，获得的利润往往也越高	$\text{产品成本降低率}=\frac{\text{本期产品成本}}{\text{前期产品成本}}$

4.2　经营雷达图分析

使用前文的方法，可以很容易地计算出企业的各项经营比率，但仅通过数据表反映不大直观，更理想的方式是通过图表来反映数据的特征，如最小值、最大值、变化趋势及多组数据间的相互关系，雷达图就是专门用于多指标体系分析的专业图表，它使用户能一目了然地了解企业各项经营指标的发展趋势。

4.2.1　雷达图的结构

雷达图一般是由三个同心圆和一组区域（坐标轴）构成，每个区域表示一个指标项。同心圆中最小的圆表示同行业的最差水平或平均水平的0.5；中间的圆表示同行业标准水平或平均水平，又称为准线；最大的圆表示同行业平均水平的1.5倍，即为同行业先进水平。

在每个区域内，从圆心指向外圆的线段表示相应的指标线，指标的刻度由该企业的相关指标及同行业水平决定。当所有指标的刻度都标在各指标线上后，将所有的点连接成一个封闭曲线，这就是企业的发展状况。如果某项指标位于平均线以内，说明该指标低于同行业标准水平，有待改进。而对于接近甚至低于最小圆的指标，则是企业经营的危险信号。如果某项指标高于平均线，说明该企业在相应方面具有优势，处于理想状态。图4－1即为一个描述某企业经营状况的

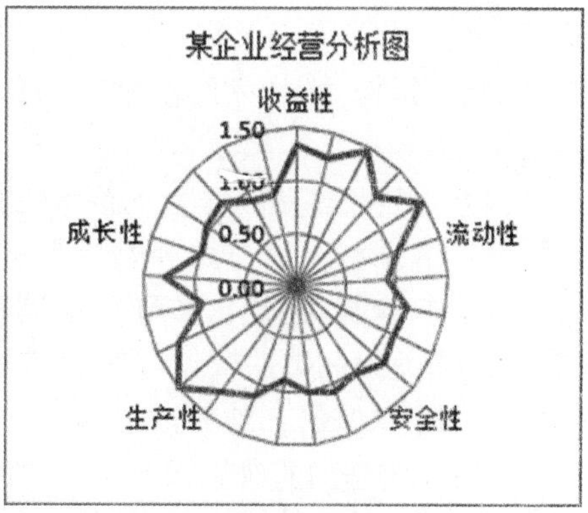

图4－1

雷达图，其共有5个坐标轴，分别表示企业的收益性、流动性、安全性、生产性和成长性指标。

4.2.2 雷达图制作步骤

由于企业的经营分析比率涉及多项指标，仅通过简单的Excel数据表格不能直观地反映出计算的结果。而通过绘制雷达图将非常完整、清晰和直观地显示各项指标之间的关系，特别是在应用于经营分析需考查它们之间的变动情况时，雷达图非常有用。利用Excel的图表功能，只需将有关的数据输入到工作表中，做简单的操作即可方便地制作雷达图，当某些数据变动时，相应的图形将会自动更新。

1. 数据的准备

创建雷达图之前，我们需要在Excel中准备雷达图需要使用的数据，主要包括以下几方面的内容：

（1）首先，根据前面几节中所列的计算公式，计算出相应的各项比率指标。然后将企业的5项经营指标（流动性、收益性、成长性、安全性、生产性）数据输入到Excel工作表中。如果相关的指标数据已经存入到某些数据库或文档中，可以直接将数据导入到Excel的工作表中。

（2）经营分析通常需要将该企业的实际值与同行业的标准值进行比较分析。所以在Excel工作表中，还需要输入相关的行业标准值，即参考指标。图4－2是已准备好有关数据的工作表的一部分。

（3）雷达图是使用本企业相关实际指标值与同行业标准值的比值数据来制作的。因此，还需计算出所有的指标比值。选定E3单元格，输入计算指标比值的公式："=C3/D3"。注意，这里应使用相对地址。填充其他指标比值：选定E3单元格，将鼠标移至当前单元格的右下角填充柄，当鼠标指针变为"+"形状时，按住鼠标左键向下拖动到E22放开，即可完成全部的数据计算。最后计算结果如图4－3所示。

2. 创建雷达图

下面以图4－3数据表中的数据为例，在Excel中创建雷达图，主要有以下几个步骤：

（1）选定任一空白单元格，单击"插入"－"图表"组－"插入曲面图或雷达图"按钮，可以看到有三类雷达图：雷达图、带数据标记的雷达图和填充雷达图。如图4－4所示，选定第一种并单击"确定"按钮，这时在工作表中将出现一个包含三个数据序列的雷达图区。

（2）选定该雷达图区，主菜单栏将新增两个选项卡："设计"和"格式"。点击"设计"－"数据"组－"选择数据"按钮，将弹出"选择数据源"对话框。取消"实际值"和"行业标准值"这两个系列前面的复选按钮，只保留最后一个数据系列，即E3：E22单元格区域的数据。然后将水平分类轴的数据设置为第一列，即"=雷达图示例！$A$3：$A$22"。然后按"确定"按钮，完成雷达图的基本设置。

此时，雷达图的效果如图4－5所示。

项目	指标名称	实际值	行业标准值
某公司经营比率总汇表			
流动性	流动资金周转率	2.315	1.950
	总资金周转率	1.665	1.600
	固定资产周转率	10.518	7.500
	盘存资产周转率	12.511	9.650
收益性	销售利润率	0.263	0.196
	总资本利润率	0.135	0.110
	销售总利润率	0.067	0.055
	销售收入对费用率	0.128	0.105
成长性	销售收入增长率	1.019	1.050
	总利润增长率	0.929	1.150
	固定资产增长率	1.015	1.095
	人员增长率	1.085	1.250
安全性	利息负担率	0.549	0.595
	流动率	0.915	1.050
	活期比率	0.503	0.655
	固定比率	0.420	0.500
生产性	人均销售收入	3.000	2.500
	人均利润收入	1.662	1.350
	人均净产值	1.765	1.500
	人均工资	3.160	2.550

图 4－2

项目	指标名称	实际值	行业标准值	比值
某公司经营比率总汇表				
流动性	流动资金周转率	2.315	1.950	1.187
	总资金周转率	1.665	1.600	1.041
	固定资产周转率	10.518	7.500	1.402
	盘存资产周转率	12.511	9.650	1.296
收益性	销售利润率	0.263	0.196	1.342
	总资本利润率	0.135	0.110	1.227
	销售总利润率	0.067	0.055	1.215
	销售收入对费用率	0.128	0.105	1.219
成长性	销售收入增长率	1.019	1.050	0.970
	总利润增长率	0.929	1.150	0.808
	固定资产增长率	1.015	1.095	0.927
	人员增长率	1.085	1.250	0.868
安全性	利息负担率	0.549	0.595	0.923
	流动率	0.915	1.050	0.871
	活期比率	0.503	0.655	0.768
	固定比率	0.420	0.500	0.840
生产性	人均销售收入	3.000	2.500	1.200
	人均利润收入	1.662	1.350	1.231
	人均净产值	1.765	1.500	1.177
	人均工资	3.160	2.550	1.239

图 4－3

图 4－4

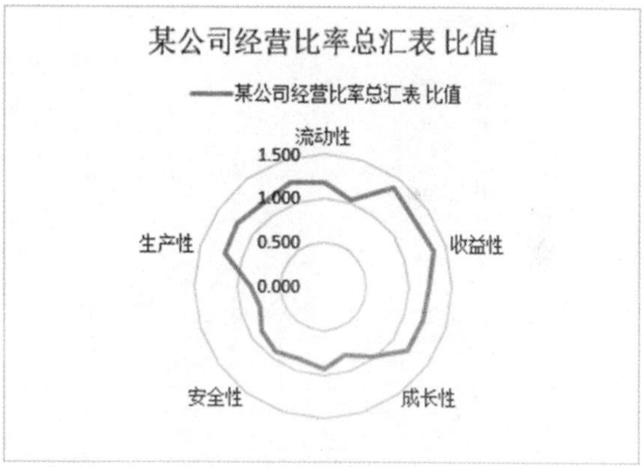

图 4－5

（3）添加图标标题。打开“设计”功能区，在图表布局组中选择第一个布局，然后在雷达图区中，在“图表标题”中可以输入雷达图的标题，这里键入“经营分析图”，字体大小为11。双击“图表标题”可以设置标题格式，如填充格式、边框颜色和边框样式等。

（4）设置坐标轴和网格线。在“图表布局”组中点击“添加图表元素”按钮，可以设置是否显示坐标轴和网格线，这里按默认值设置。右击坐标轴下的“更多轴选项”，将弹出“设置坐标轴格式”对话框，设置坐标轴标签为“无”，不显示坐标轴上刻度线的值。

（5）设置图例和数据系列格式。在“图表布局”组中点击“添加图表元素”按钮，在“图例”菜单项下可以选择是否显示图例及显示图例的位置，这里选择不显示图例。双击数据曲线将弹出“设置数据点格式”对话框，可以设置数据标记类型及是否填充，这里选择“无”。每当选择不同的选项，雷达图区都会显示相应的图形示例预览。

（6）设置数据标签格式。如果需要在雷达图上方便地查看各指标比率的具体数值，可以设置数据标签格式。右击数据曲线上的任意一点，再单击快捷菜单中的“添加数据标签”命令，将自动在雷达图显示各具体指标值。这时，修改好的雷达图如图4－6所示。

（7）最后可以选择是将图表作为图表工作表插入到工作簿中，还是将图表作为对象插入在指定的工作表中。点击“设计”－“功能区”－“位置组”－“移动图表”按钮，将弹出如图4－7所示的对话框，这里选择将图表作为新工作表插入，并将新工作表命名为“经营分析图”。

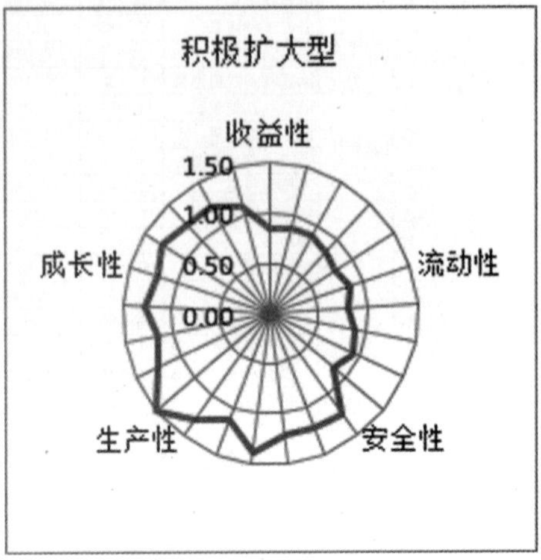

图4－6

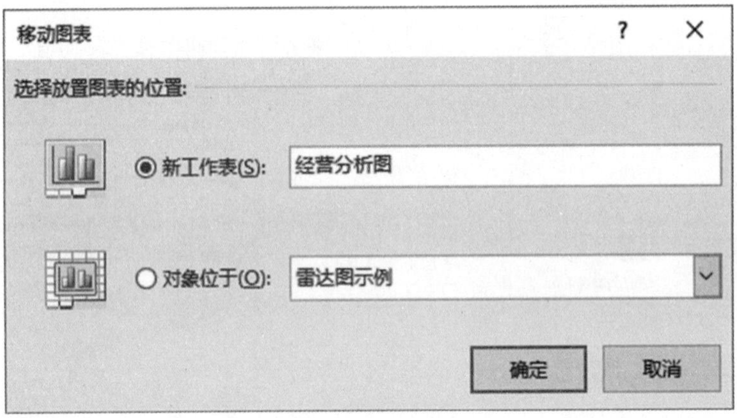

图4－7

4.3 数据排序与数据筛选

对数据进行排序是统计分析必不可少的组成部分。数据筛选是对数据进行有条件和选择性的列举显示。Excel 提供了强大的数据排序和筛选功能，有利于对数据进行高效管理和统计分析。

4.3.1 数据排序

股市行情涉及大量的数据，在如此庞大的数据集合中，通过浏览一只只股票的方式查找所关注的某股票行情往往不可取。利用 Excel 强大的数据排序功能可以快速、有效地整理数据，帮助我们快速找到所关注的股票，如价格最高、涨幅最大的股票等。

在 Excel 中，可以对数据按文本、数字及日期等的升序或降序进行排序。还可以按自定义序列（如大、中、小）或单元格的格式（单元格颜色、字体颜色、单元格图标）进行排序。大多数的数据排序都是对列排序，也可以按行进行排序。

图 4 -8 所示的是某日上市股票行情数据，假如要将股票先按涨跌幅降序排序，涨跌幅相同时再按成交量进行排序，其具体操作步骤如下：

	A	B	C	D	E	F	G	H	I	J	K	L
1	代码	名称	最新价	涨跌额	涨跌幅	买入	卖出	昨收	今开	最高	最低	成交量
2	sh601988	中国银行	4.09	0.04	0.0099	4.09	4.10	4.05	4.06	4.10	4.05	243555
3	sh600000	浦发银行	20.24	0.13	0.0065	20.24	20.25	20.11	20.25	20.54	20.23	199740
4	sh600367	红星发展	12.46	1.07	0.0939	12.45	12.46	11.39	11.75	12.52	11.55	197784
5	sh600050	中国联通	5.84	-0.04	-0.0068	5.83	5.84	5.88	5.85	5.91	5.83	197679
6	sh601939	建设银行	5.17	0.04	0.0078	5.17	5.18	5.13	5.15	5.19	5.14	188328
7	sh600895	张江高科	12.18	-0.35	-0.0279	12.17	12.18	12.53	12.69	12.77	12.10	188052
8	sh601169	北京银行	13.67	0.18	0.0133	13.66	13.67	13.49	13.61	13.84	13.55	183884
9	sh600409	三友化工	8.11	0.04	0.0050	8.11	8.12	8.07	8.07	8.25	7.99	181237
10	sh600363	联创光电	13.68	1.24	0.0997	13.68	0.00	12.44	12.68	13.68	12.66	545904
11	sh600016	民生银行	6.79	0.07	0.0104	6.78	6.79	6.72	6.78	6.89	6.75	432590
12	sh600036	招商银行	14.03	0.21	0.0152	14.03	14.04	13.82	13.97	14.27	13.92	410310
13	sh601398	工商银行	4.50	0.02	0.0045	4.50	4.51	4.48	4.48	4.54	4.48	398441
14	sh600383	金地集团	12.15	0.02	0.0017	12.14	12.15	12.13	12.45	12.49	12.11	333752
15	sh601668	中国建筑	3.93	0.02	0.0051	3.92	3.93	3.91	3.93	3.94	3.92	307790
16	sh601369	陕鼓动力	21.20	1.93	0.1002	21.20	0.00	19.27	19.55	21.20	19.55	292785
17	sh600220	江苏阳光	6.50	0.31	0.0501	6.50	6.51	6.19	6.26	6.58	6.21	278943
18	sh600237	铜峰电子	7.40	0.67	0.0996	7.40	0.00	6.73	6.78	7.40	6.78	169693
19	sh600658	电子城	11.56	0.56	0.0509	11.56	11.57	11.00	11.03	11.78	10.97	158824
20	sh600651	飞乐音响	10.08	0.79	0.0850	10.08	10.09	9.29	9.43	10.22	9.43	152531
21	sh600111	包钢稀土	40.10	-0.42	-0.0104	40.10	40.13	40.52	40.09	40.55	39.59	126525
22	sh600694	大商股份	46.46	-4.02	-0.0796	46.26	46.40	50.48	48.00	50.50	46.46	87069
23	sh600874	创业环保	7.83	0.38	0.0510	7.82	7.83	7.45	7.60	7.97	7.60	87003
24	sh600663	陆家嘴	20.90	1.90	0.1000	20.89	20.90	19.00	19.60	20.90	19.60	86739
25	sh600694	大商股份	46.80	-3.68	-0.0729	46.75	46.80	50.48	48.00	50.50	46.76	78447

图 4 -8

（1）选中数据清单中的任一单元格，在“数据”选项卡中，执行“排序和筛选”组 - “排序”命令，将弹出“排序”对话框。

（2）在“排序”对话框中，指定“主要关键字”为“涨跌幅”，“排序依据”为“数值”，“次序”为“降序”；单击左上角的“添加条件”按钮添加一个“次要关键字”，并设定“成交量”为“次要关键字”，“排序依据”为“数值”，“次序”为“降序”，这时的排序对话框如图 4 -9 所示。

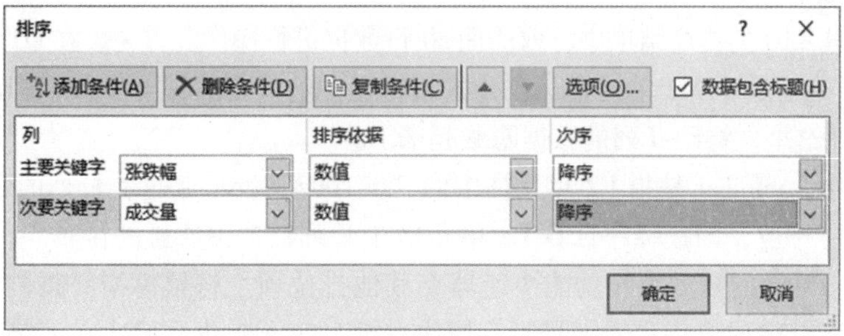

图 4 -9

（3）设置完成后，单击“确定”按钮，排序后的结果如图 4－10 所示。从图中可以看出，“陆家嘴”和“科达机电”具有相同的涨跌幅 0. 100 0，然而“陆家嘴”的成交量较大，故位于第二位，而“科达机电”排在第三位。

	A	B	C	D	E	F	G	H	I	J	K	L
1	代码	名称	最新价	涨跌额	涨跌幅	买入	卖出	昨收	今开	最高	最低	成交量
2	sh601369	陕鼓动力	21.20	1.93	0.1002	21.20	0.00	19.27	19.55	21.20	19.55	292785
3	sh600663	陆家嘴	20.90	1.90	0.1000	20.89	20.90	19.00	19.60	20.90	19.60	86739
4	sh600499	科达机电	22.77	2.07	0.1000	22.77	0.00	20.70	22.77	22.77	22.77	6661
5	sh600363	联创光电	13.68	1.24	0.0997	13.68	0.00	12.44	12.68	13.68	12.66	545904
6	sh600237	铜峰电子	7.40	0.67	0.0996	7.40	0.00	6.73	6.78	7.40	6.78	169693
7	sh600367	红星发展	12.46	1.07	0.0939	12.45	12.46	11.39	11.75	12.52	11.55	197784
8	sh600651	飞乐音响	10.08	0.79	0.0850	10.08	10.09	9.29	9.43	10.22	9.43	152531
9	sh600980	北矿磁材	15.69	1.07	0.0732	15.68	15.69	14.62	14.50	16.01	14.20	78143
10	sh600639	浦东金桥	11.72	0.59	0.0530	11.72	11.73	11.13	11.28	11.85	11.25	23391
11	sh600552	方兴科技	39.87	1.98	0.0523	39.83	39.85	37.89	38.10	39.87	38.10	5624
12	sh600267	海正药业	29.95	1.47	0.0516	29.90	29.95	28.48	28.36	30.00	28.35	20850
13	sh600874	创业环保	7.83	0.38	0.0510	7.82	7.83	7.45	7.60	7.97	7.60	87003
14	sh600658	电子城	11.56	0.56	0.0509	11.56	11.57	11.00	11.03	11.78	10.97	158824
15	sh600220	江苏阳光	6.50	0.31	0.0501	6.50	6.51	6.19	6.26	6.58	6.21	278943
16	sh600329	中新药业	31.00	1.38	0.0466	30.98	31.00	29.62	30.18	31.93	30.18	51480
17	sh600875	东方电气	51.71	1.27	0.0252	51.71	51.74	50.44	51.22	52.46	51.22	35002
18	sh600519	贵州茅台	135.00	2.87	0.0217	134.89	134.90	132.13	132.56	135.00	132.56	14472
19	sh600703	三安光电	40.80	0.73	0.0182	40.78	40.80	40.07	40.72	41.34	40.28	21220
20	sh600809	山西汾酒	45.01	0.72	0.0163	45.00	45.01	44.29	44.60	45.16	44.30	6639
21	sh600036	招商银行	14.03	0.21	0.0152	14.03	14.04	13.82	13.97	14.27	13.92	410310
22	sh600519	贵州茅台	134.13	2.00	0.0151	134.13	134.15	132.13	132.56	134.37	132.56	11687
23	sh600406	国电南瑞	40.88	0.54	0.0134	40.87	40.88	40.34	40.38	41.25	40.38	12285
24	sh601169	北京银行	13.67	0.18	0.0133	13.66	13.67	13.49	13.61	13.84	13.55	183884
25	sh601699	潞安环能	40.93	0.48	0.0119	40.92	40.93	40.45	40.81	41.50	40.81	22662

图 4－10

Excel 排序非常方便，用于排名次特别顺手，最常用的方法有函数法和公式法，下面以对股票按涨跌幅进行排名次为例来说明其具体操作。

1. 利用排位函数 RANK( )

RANK 函数的主要功能是返回一个数值在一组数值中的排位。如果数据清单已经排过序了，则数值的排位即为它在当前数据清单中的位置。

语法：RANK（number,ref,order），其中，number 为需要排位的数；ref 为包含一组数的数组或引用；order 指明排序方式，默认为 0，order 为 0 时按降序排位，order 不为 0 时按升序排位。

具体操作如下：

（1）在图 4－10 的排序结果中，取前面 20 行数据进行操作。首先，在 M1 单元格中输入“名次”二字，然后选中 M2 单元格，在公式编辑栏中输入公式：“＝RANK（E2,E:E)”，如图 4－11 所示。这里，将F～L列的数据隐藏起来了。

这个公式中，number 是指 E2 单元格中的“0. 1002”；ref 指的是 E 列的数据；order 省略，默认为降序排位，即按降序计算 E2 单元格在 E 列数据中所排的位置。

（2）利用 Excel 的自动填充功能快速填充其他排位项。将鼠标指针指向 M2 单元格右下角，当鼠标指针变成黑色实线加号时，按住左键，向下拖动至 M21 单元格后放手。排位的结果如图 4－12 所示。

M2 =RANK(E2,E:E)

	A	B	C	D	E	M
1	代码	名称	最新价	涨跌额	涨跌幅	名次
2	sh601369	陕鼓动力	21.20	1.93	0.1002	1
3	sh600663	陆家嘴	20.90	1.90	0.1000	
4	sh600499	科达机电	22.77	2.07	0.1000	
5	sh600363	联创光电	13.68	1.24	0.0997	
6	sh600237	铜峰电子	7.40	0.67	0.0996	
7	sh600367	红星发展	12.46	1.07	0.0939	
8	sh600980	北矿磁材	15.69	1.07	0.0732	
9	sh600552	方兴科技	39.87	1.98	0.0523	
10	sh600874	创业环保	7.83	0.38	0.0510	
11	sh600658	电子城	11.56	0.56	0.0509	
12	sh601169	北京银行	13.67	0.18	0.0133	
13	sh601699	潞安环能	40.93	0.48	0.0119	
14	sh600016	民生银行	6.79	0.07	0.0104	
15	sh601988	中国银行	4.09	0.04	0.0099	
16	sh600150	中国船舶	62.68	0.56	0.0090	
17	sh601939	建设银行	5.17	0.04	0.0078	
18	sh600729	重庆百货	43.99	0.01	0.0002	
19	sh600276	恒瑞医药	45.70	-0.15	-0.0033	
20	sh600895	张江高科	12.18	-0.35	-0.0279	
21	sh600694	大商股份	46.80	-3.68	-0.0729	

图 4－11

M2 =RANK(E2,E:E)

	A	B	C	D	E	M
1	代码	名称	最新价	涨跌额	涨跌幅	名次
2	sh601369	陕鼓动力	21.20	1.93	0.1002	1
3	sh600663	陆家嘴	20.90	1.90	0.1000	2
4	sh600499	科达机电	22.77	2.07	0.1000	2
5	sh600363	联创光电	13.68	1.24	0.0997	4
6	sh600237	铜峰电子	7.40	0.67	0.0996	5
7	sh600367	红星发展	12.46	1.07	0.0939	6
8	sh600980	北矿磁材	15.69	1.07	0.0732	7
9	sh600552	方兴科技	39.87	1.98	0.0523	8
10	sh600874	创业环保	7.83	0.38	0.0510	9
11	sh600658	电子城	11.56	0.56	0.0509	10
12	sh601169	北京银行	13.67	0.18	0.0133	11
13	sh601699	潞安环能	40.93	0.48	0.0119	12
14	sh600016	民生银行	6.79	0.07	0.0104	13
15	sh601988	中国银行	4.09	0.04	0.0099	14
16	sh600150	中国船舶	62.68	0.56	0.0090	15
17	sh601939	建设银行	5.17	0.04	0.0078	16
18	sh600729	重庆百货	43.99	0.01	0.0002	17
19	sh600276	恒瑞医药	45.70	-0.15	-0.0033	18
20	sh600895	张江高科	12.18	-0.35	-0.0279	19
21	sh600694	大商股份	46.80	-3.68	-0.0729	20

图 4－12

从排位结果可以看出，当 RANK 函数中 ref 所引用的数据区域有重复数的话，函数返回相同的排位数，但将影响后续数值的排位，随后的名次将空缺。例如，这里的 0.100 0 出现了两次，其排位均为 2，而 0.099 7 的排位为 4（这里没有排位为 3 的数值）。

2. 利用条件函数 IF( )

IF 函数主要用于判断数值或公式的真假值，根据逻辑测试的真假值返回不同的结果，该函数也称为条件函数。

语法：IF（logical_test, value_if_true, value_if_false），其中，logical_test 为计算结果为 TRUE 或 FALSE 的任意值或表达式，此参数可用于任何比较运算符；value_if_true 表示 logical_test为 TRUE 时返回的值；value_if_false 表示 logical_test 为 FALSE 时返回的值。

IF 函数最多可以嵌套七层，用 value_if_true 和 value_if_false 参数可以构造相当复杂的检测条件。利用该函数对股票按涨跌幅进行排名次的具体操作如下：

（1）在 M2 单元格中输入 1，选中 M3 单元格，在公式编辑栏中输入公式："= IF(E3 = E2, M2, M2 + 1)"。这个公式中，logical_test 是 E3 = E2，value_if_true 是 M2，value_if_ false 是 M2 + 1，即 E3 单元格的涨跌幅与 E2 单元格的涨跌幅是否相同，如果相同，则显示 M2 单元格的值；如果不同，则为 M2 单元格的值加 1。

（2）利用 Excel 的自动填充功能快速填充 M4:M21 单元格区域。将鼠标指针指向 M3 单元格右下角，当鼠标指针变成黑色实线加号时，按住左键向下拖动将公式向下复制到 M21 单元格后放手。最终的排名结果如图 4－13 所示。

用这种方法排的名次不会出现空缺，相同的涨跌幅的排名仍然相同。

3. 公式法

利用公式法将股票按涨跌幅排名的操作步骤如下：

（1）在 M2 单元格中输入 1，选中 M3 单元格，在公式编辑栏中输入公式："= M2 + (E3 < E2)"。

该公式的含义是：如果 E 列该单元格中的涨跌幅小于它上面单元格中的涨跌幅，则其对应的名次为上一单元格的名次加 1；如果该单元格的涨跌幅与上面单元格的值相等，则其名次等于上一单元格的名次。

（2）利用 Excel 的自动填充功能快速填充其他单元格。把鼠标指针指向 M3 单元格右下角，当鼠标指针变成黑色实线加号时，按住左键向下拖动，直到 M21 单元格后放开，结果如图 4－14 所示。

M3　=IF(E3=E2,M2,M2+1)

	A	B	C	D	E	M
1	代码	名称	最新价	涨跌额	涨跌幅	名次
2	sh601369	陕鼓动力	21.20	1.93	0.1002	1
3	sh600663	陆家嘴	20.90	1.90	0.1000	2
4	sh600499	科达机电	22.77	2.07	0.1000	2
5	sh600363	联创光电	13.68	1.24	0.0997	3
6	sh600237	铜峰电子	7.40	0.67	0.0996	4
7	sh600367	红星发展	12.46	1.07	0.0939	5
8	sh600980	北矿磁材	15.69	1.07	0.0732	6
9	sh600552	方兴科技	39.87	1.98	0.0523	7
10	sh600874	创业环保	7.83	0.38	0.0510	8
11	sh600658	电子城	11.56	0.56	0.0509	9
12	sh601169	北京银行	13.67	0.18	0.0133	10
13	sh601699	潞安环能	40.93	0.48	0.0119	11
14	sh600016	民生银行	6.79	0.07	0.0104	12
15	sh601988	中国银行	4.09	0.04	0.0099	13
16	sh600150	中国船舶	62.68	0.56	0.0090	14
17	sh601939	建设银行	5.17	0.04	0.0078	15
18	sh600729	重庆百货	43.99	0.01	0.0002	16
19	sh600276	恒瑞医药	45.70	-0.15	-0.0033	17
20	sh600895	张江高科	12.18	-0.35	-0.0279	18
21	sh600694	大商股份	46.80	-3.68	-0.0729	19

图 4－13

M3　=M2+(E3<E2)

	A	B	C	D	E	M
1	代码	名称	最新价	涨跌额	涨跌幅	名次
2	sh601369	陕鼓动力	21.20	1.93	0.1002	1
3	sh600663	陆家嘴	20.90	1.90	0.1000	2
4	sh600499	科达机电	22.77	2.07	0.1000	2
5	sh600363	联创光电	13.68	1.24	0.0997	3
6	sh600237	铜峰电子	7.40	0.67	0.0996	4
7	sh600367	红星发展	12.46	1.07	0.0939	5
8	sh600980	北矿磁材	15.69	1.07	0.0732	6
9	sh600552	方兴科技	39.87	1.98	0.0523	7
10	sh600874	创业环保	7.83	0.38	0.0510	8
11	sh600658	电子城	11.56	0.56	0.0509	9
12	sh601169	北京银行	13.67	0.18	0.0133	10
13	sh601699	潞安环能	40.93	0.48	0.0119	11
14	sh600016	民生银行	6.79	0.07	0.0104	12
15	sh601988	中国银行	4.09	0.04	0.0099	13
16	sh600150	中国船舶	62.68	0.56	0.0090	14
17	sh601939	建设银行	5.17	0.04	0.0078	15
18	sh600729	重庆百货	43.99	0.01	0.0002	16
19	sh600276	恒瑞医药	45.70	-0.15	-0.0033	17
20	sh600895	张江高科	12.18	-0.35	-0.0279	18
21	sh600694	大商股份	46.80	-3.68	-0.0729	19

图 4－14

使用该公式法得到的排名结果和使用 IF 函数一样，名次不会出现空缺，相同涨跌幅的排名仍然相同。

4.3.2　自动筛选

Excel 提供了多种数据筛选的方法，本节将介绍自动筛选，后续章节中将介绍自定义筛选和高级筛选。自动筛选适用于对数据进行简单的条件筛选，筛选时将不满足条件的数据暂时隐藏起来，只显示符合条件的数据，是一种最简单的数据筛选方式。

在进行股票买卖操作之前，往往需要从成百上千只股票中查找所关注的股票，利用 Excel 提供的自动筛选功能能快速查找所需股票，操作简单。例如，要显示成交量前 10 名的股票，其基本操作步骤如下：

（1）选中数据清单中的任一数据单元格，切换到“数据”选项卡，在“排序和筛选”组中单击“筛选”命令，这时，数据清单中每列的标志右边都会出现一个下拉箭头，如图 4－15 所示。

	A	B	C	D	E	F	G	H
1	代码	名称	最新价	涨跌额	涨跌幅	最低	成交量	名次
2	sh601369	陕鼓动力	21.20	1.93	0.1002	19.55	292785	1
3	sh600663	陆家嘴	20.90	1.90	0.1000	19.60	86739	2
4	sh600499	科达机电	22.77	2.07	0.1000	22.77	6661	2
5	sh600363	联创光电	13.68	1.24	0.0997	12.66	545904	3
6	sh600237	铜峰电子	7.40	0.67	0.0996	6.78	169693	4
7	sh600367	红星发展	12.46	1.07	0.0939	11.55	197784	5
8	sh600980	北矿磁材	15.69	1.07	0.0732	14.20	78143	6
9	sh600552	方兴科技	39.87	1.98	0.0523	38.10	5624	7
10	sh600874	创业环保	7.83	0.38	0.0510	7.60	87003	8
11	sh600658	电子城	11.56	0.56	0.0509	10.97	158824	8
12	sh601169	北京银行	13.67	0.18	0.0133	13.55	183884	9

图 4－15

（2）单击“成交量”字段右边的下拉箭头，将显示其下拉列表，选中“数字筛选”后，将出现一弹出菜单。这里可以对数据进行多种方式的筛选，有等于、大于、介于、前 10 项、高于平均值、低于平均值和自定义筛选等，可以选择一个作为数据筛选的条件，如图 4－16 所示。

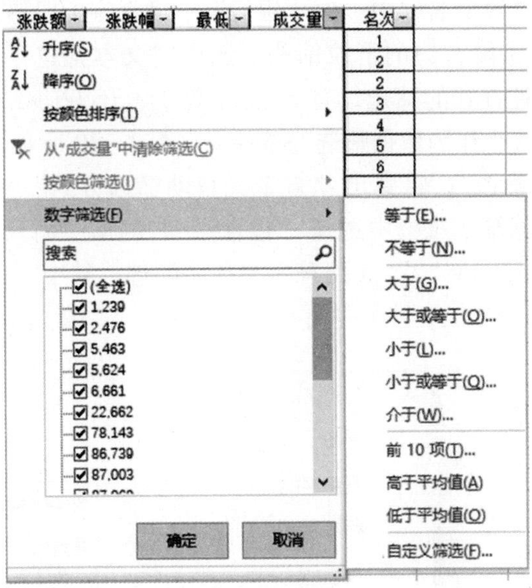

图 4－16

（3）在“数字筛选”弹出菜单中，单击“前 10 项”，将出现“自动筛选前 10 个”对话框，如图 4－17 所示。可以根据需要设置按最大值或最小值进行筛选，以及筛选哪几项。这里设置筛选最大的前 5 项，筛选结果如图 4－18 所示。

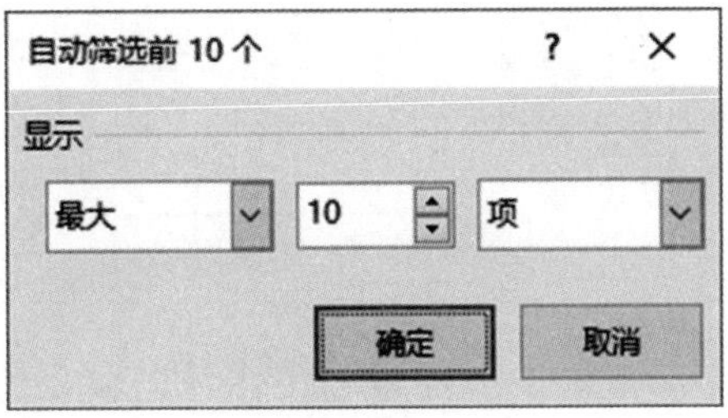

图 4－17

	A	B	C	D	E	F	G	H
1	代码	名称	最新价	涨跌额	涨跌幅	最低	成交量	名次
2	sh601369	陕鼓动力	21.20	1.93	0.1002	19.55	292785	1
5	sh600363	联创光电	13.68	1.24	0.0997	12.66	545904	3
7	sh600367	红星发展	12.46	1.07	0.0939	11.55	197784	5
14	sh600016	民生银行	6.79	0.07	0.0104	6.75	432590	11
15	sh601988	中国银行	4.09	0.04	0.0099	4.05	243555	12

图 4 -18

从工作表中可以看到，满足条件的结果所在行号被标识成蓝色。同样地，如果要按涨跌幅、最新价等字段来进行筛选，也可以按同样的步骤进行。需注意的是：如果只设置一个筛选条件，则应先取消先前设置的筛选条件，可通过点击对应字段的下拉箭头，选中“全选”前面的复选框即可。

4.3.3 自定义筛选

在使用 Excel 进行数据分析时，有时数据量很大，类别也很多，这时需要自定义条件进行筛选。例如，要筛选股票名称中包含“银行”这两个字的股票，具体操作步骤如下：

（1）单击“名称”字段右边的下拉箭头，选中“文本筛选”后，将出现弹出菜单。这里可以对数据进行多种方式的筛选，有等于/不等于、开头是/结尾是、包含/不包含及自定义筛选，可以选择一个作为数据筛选的条件，如图 4 -19 所示。

（2）单击“自定义筛选”，将弹出“自定义自动筛选方式”对话框，如图 4 -20 所示。在第一行左侧的运算符下拉框中选择“包含”，右侧框中输入“银行”，也可以输入“=”号，然后利用“*”和“?”通配符实现条件筛选。其中?代表单个字符，*代表任意多个字符。

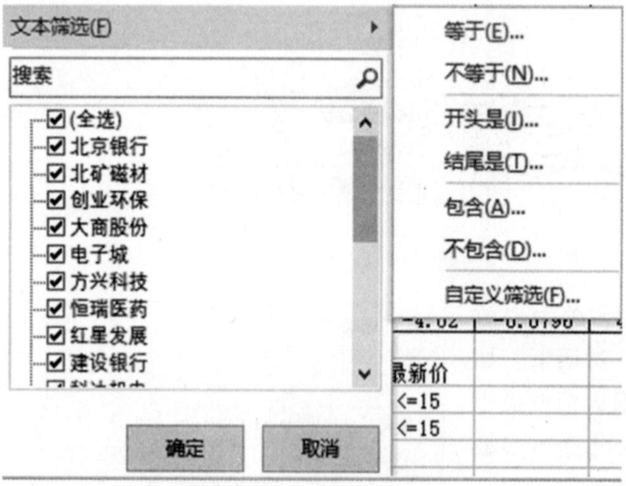

图 4 -19

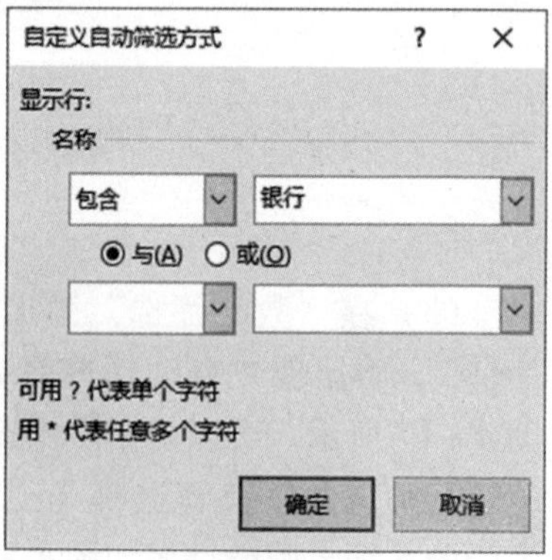

图 4 -20

（3）设置完成后，单击“确定”按钮，筛选结果如图 4 -21 所示。

	A	B	C	D	E	F	G	H
1	代码	名称	最新价	涨跌额	涨跌幅	最低	成交量	名次
12	sh601169	北京银行	13.67	0.18	0.0133	13.55	183884	9
14	sh600016	民生银行	6.79	0.07	0.0104	6.75	432590	11
15	sh601988	中国银行	4.09	0.04	0.0099	4.05	243555	12
17	sh601939	建设银行	5.17	0.04	0.0078	5.14	188328	14

图 4－21

利用自定义筛选功能可以实现更为复杂的筛选。例如，要筛选股票名称包含“银行”两个字，并且成交量大于 200 000 的股票，具体操作步骤如下：

（1）单击“名称”字段右边的下拉箭头，选中“文本筛选”弹出菜单中的“自定义筛选”。

（2）在“自定义自动筛选方式”对话框中，第一行左侧的运算符下拉框中选择“包含”运算符，在右侧的框中输入“银行”，然后单击“确定”按钮，到目前为止，操作步骤和前面的相同。

（3）单击“成交量”字段右边的下拉箭头，选中“数字筛选”弹出菜单中的“自定义筛选”。

（4）在弹出的“自定义自动筛选方式”对话框中，第一行左侧的运算符下拉框中选择“大于或等于”运算符，在右边的框中输入“200000”，设置完成后的对话框如图 4－22所示。

（5）设置完成后，单击“确定”按钮，最后的筛选结果如图 4－23 所示。

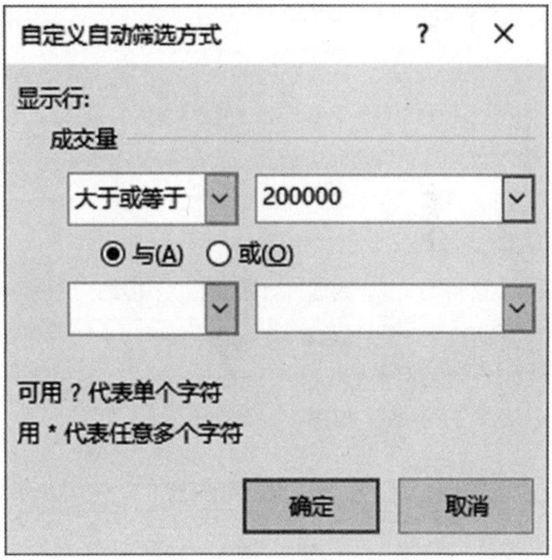

图 4－22

	A	B	C	D	E	K	L	M
1	代码	名称	最新价	涨跌额	涨跌幅	最低	成交量	名次
14	sh600016	民生银行	6.79	0.07	0.0104	6.75	432590	11
15	sh601988	中国银行	4.09	0.04	0.0099	4.05	243555	12

图 4－23

4.3.4 高级筛选

从上两节介绍的自动筛选和自定义筛选可以看出，自定义筛选相对自动筛选而言，虽然能够实现较为复杂的筛选，但同时最多只能使用两个运算符，这点可从图 4－20 所示的“自定义自动筛选方式”对话框中看到。若要实现更为复杂的筛选，例如，要筛选涨跌幅为 5%～10% 且最新价为 5～15 元的股票，或者涨跌幅为 －2%～2% 且最新价为 5～15 元的股票，自动筛选则不能实现，这时需要使用高级筛选功能。具体操作步骤如下：

（1）设置条件区域。一般选择在数据清单的下方建立条件区域。条件区域的第一行设置条件的字段名，下面设置相关的条件。每个条件由关系运算符和相应的值构成，同一行的条件相互间的关系是“与”的关系，不同行的条件之间的关系是“或”的关系，设置后的条件区域如图4－24所示。

23	涨跌幅	涨跌幅	最新价	最新价
24	>=-2	<=2	>=5	<=15
25	>=5	<=10	>=5	<=15

图4－24

（2）选择数据清单中的任一单元格，切换到“数据”选项卡，在“排序和筛选”组中，单击“筛选”右侧的“高级”按钮，将弹出“高级筛选”对话框，如图4－25和图4－26所示。显示筛选结果的方式有两种：“在原有区域显示筛选结果”和“将筛选结果复制到其他位置”，这里采用默认方式，即在原有区域显示。另外指定列表区域和条件区域。

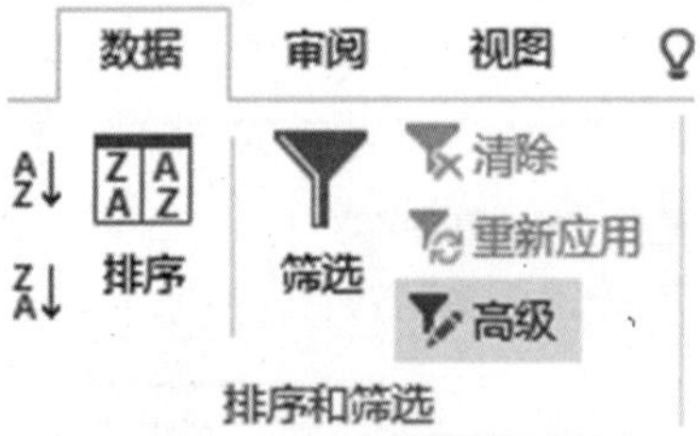

图4－25

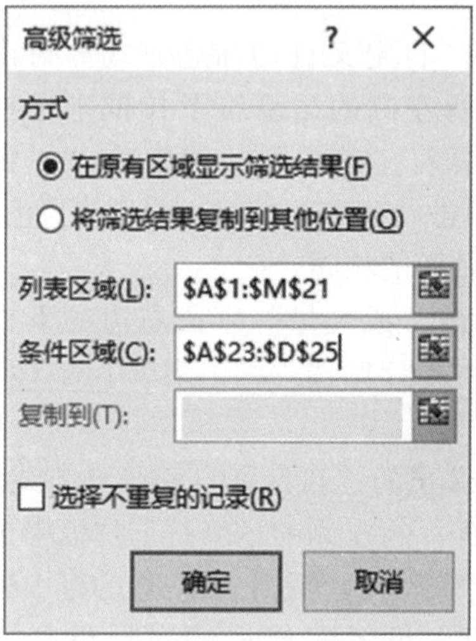

图4－26

（3）设置完成后，单击“确定”按钮，筛选结果如图4－27所示。

	A	B	C	D	E	K	L	M
1	代码	名称	最新价	涨跌额	涨跌幅	最低	成交量	名次
5	sh600363	联创光电	13.68	1.24	0.0997	12.66	545904	3
6	sh600237	铜峰电子	7.40	0.67	0.0996	6.78	169693	4
7	sh600367	红星发展	12.46	1.07	0.0939	11.55	197784	5
10	sh600658	电子城	11.56	0.56	0.0510	10.97	158824	8
11	sh600874	创业环保	7.83	0.38	0.0510	7.60	87003	8
12	sh601169	北京银行	13.67	0.18	0.0133	13.55	183884	9
14	sh600016	民生银行	6.79	0.07	0.0104	6.75	432590	11
17	sh601939	建设银行	5.17	0.04	0.0078	5.14	188328	14
20	sh600895	张江高科	12.18	-0.35	-0.0279	12.10	188052	17
22								
23	涨跌幅	涨跌幅	最新价	最新价				
24	>=-2	<=2	>=5	<=15				
25	>=5	<=10	>=5	<=15				

图4－27

4.4 股票分析图表

由于受到通货膨胀、银行利率、汇率、宏观经济因素、社会环境、企业经营状况等因素的影响，股票的买卖过程中不可避免地存在风险。如何在数百上千的股票中挑选有发展潜力的股票，在股市中争做赢家？这时可以利用股票分析技术来分析股票市场价格的发展趋势。Excel 提供了多种专用于股票市场分析的图表，最常用的图表有 *K* 线图、移动平均线和 *KD* 线等。通过分析股票图表可以清楚地观察股票在一定时期内的涨跌和变化趋势，根据摸索出来有一定事实的规律，大致可以判断未来的股市行情。

4.4.1 *K* 线图

K 线图，18 世纪起源于日本，它被当时的日本商人用来记录米市的行情和价格波动。由于这种方法绘制出来的图表形状类似于一根根蜡烛，因此又被称作“蜡烛图”，加上又有黑白之分，因而也叫“阴阳线”。*K* 线图是研究股市行情最常用的工具，它能够全面地分析市场的真正变化，既可以看到股价趋势的强弱、买卖双方力量平衡的变化，同时也能够较准确地预测后市走向。

1. *K* 线图的基本画法

以时间为横坐标，价格为纵坐标，将每日的 *K* 线连续绘出即成 *K* 线图。若是以每个分析周期的开盘价、最高价、最低价和收盘价绘制而成，则为典型的“单日 *K* 线图”。在 *K* 线图中，矩形有阳线和阴线之分，一般情况下用红色矩形表示阳线，黑色矩形表示阴线。目前很多软件都可以用彩色实体来表示阴线和阳线，在国内股票和期货市场中，往往使用红色表示阳线，绿色表示阴线。但同时应注意的是，在欧美股票以及外汇市场中，采用的习惯恰好和国内相反，在这些市场上，通常用绿色代表阳线，红色代表阴线。

2. 基本概念

在 *K* 线图中，常用一个带上影线和下影线的矩形来表示股票的变动情况。矩形，即阳线和阴线，我们也可以称为实体。最高价和最低价分别与实体之间用一根较细的线连接起来。最高价和实体之间的细线称为上影线，最低价和实体之间的细线称为下影线。对于阳线，矩形的底部表示股票的开盘价，顶部表示收盘价，矩形的高度即为该日股票的上涨幅度。而对于阴线正好相反，底部表示股票的收盘价，顶部表示开盘价，表明股票在该日是下跌的，矩形的高度即为该股票的下跌幅度。如果开盘价正好等于收盘价，则用十字线来表示。

上述的 *K* 线图是日 *K* 线图，按同样的方法，如果用一分钟股票的价格来绘制 *K* 线图，就称为 1 分 *K* 线图。如果用一个月的数据绘制 *K* 线图，就称为 1 月 *K* 线图。在一些财经网站或专业的图表软件中，可以看到 5 分 *K* 线图、10 分 *K* 线图、30 分 *K* 线图等不同周期的 *K* 线图，周期的多少可以根据需要灵活选择。

3. *K* 线图的作用和基本形态

K 线图最基本的作用就是观察股票的变动趋势，寻找最佳的“买卖点”，这往往不是一件简单的事，必须对股票进行一段较长时间的认真观察，至少需要经历一个较完整的“牛熊市”，才能对股票的发展趋势作出较准确的判断。“波浪理论”是大多数人比较推崇的理论，市场上也有很多书籍讲述如何看股票，大家从中应该会有所领悟。

下面介绍几种常见的 *K* 线形态：

（1）大阳线：是指较长的阳线，并且开盘价几乎为全日最低价，之后价格一直上涨至最高价收盘，这表明市场涨势未尽，属于强势形态，投资者可考虑增仓。

（2）大阴线：是指较长的阴线，开盘价几乎为全日最高价，之后价格一直下跌至最低价收盘，这表明市场处于跌势之中，很危险。

（3）下影阳线：指的是没有上影线的阳线，股票价格在该日一度下跌，但由于受到买家势力的支持，价格又回升向上，收盘价等于最高价，属于跌势形态。

（4）下影阴线：没有上影线的阴线，股票价格在该日一度下跌，但由于受到买家势力的支持，价格又回升向上，虽然收盘价仍然低于开盘价，也可视为强势。但若出现在高价区时，则表明价格有回调趋势，应注意及时将股票卖出。

（5）上影阳线：没有下影线的阴线，价格冲高回落，涨势受阻，虽然收盘价仍高于开盘价，但上方有阻力，可视为弱势。

（6）上影阴线：没有下影线的阴线，收盘价等于最低价，属于跌势形态，通常表示未来仍然有下跌的空间。

（7）倒十字线：股票价格冲高后在高位处遇到强大阻力，最终被迫在开盘价附近收盘。虽有上攻愿望，但市场有调整要求，属于弱势形态。

（8）下十字线：开盘后股票价格大幅度下跌，但在低位处获得支撑，买家积极主动，最终在最高价附近收盘，属强势形态。应注意的是，当长下影线出现在低价区时，常常是重要的反转信号。

（9）十字线：表明买卖双方势均力敌，走势平稳。

（10）一字线：四个价格合而为一，该*K*线图反映出市场成交清淡，后市一般没什么变化。但若出现在涨停（跌停）处，表明买卖双方力量悬殊太大，短期难以逆转。

4．利用Excel绘制*K*线图

在Excel中，一共有4种类型的*K*线图，即股价图：“盘高－盘低－收盘图”“开盘－盘高－盘低－收盘图”“成交量－盘高－盘低－收盘图”和“成交量－开盘－盘高－盘低－收盘图”。需要注意的是：*K*线图数据在Excel工作表中的组织方式非常重要，例如，要创建“成交量－开盘－盘高－盘低－收盘图”，所有数据都不可缺并且应根据顺序输入列标题来排列数据。

这里使用图4－28中万科A2020年第二季度的历史交易数据，下面是绘制出“成交量－开盘－盘高－盘低－收盘图”*K*线图的具体操作步骤。

（1）选中数据所在的单元格区域，这里选择A3:F17单元格区域。

（2）切换到“插入”选项卡，在“图表”组中点击“其他图表”，在其下拉列表中选中“所有图表类型”，将弹出“插入图表”对话框，如图4－29所示。选中股价图中第4种图表“成交量－开盘－盘高－盘低－收盘图”。

（3）选择完成后，单击“确定”按钮，绘制出的*K*线图如图4－30所示。

（4）修饰*K*线图。选中下边的系列，单击键盘的Delete键将其删除；右击成交量对应的坐标轴，在弹出菜单中选择“设置坐标轴格式”，将出现“设置坐标轴格式”对话框，将最小值设为200 000；同样，将右边股票价格对应坐标轴的最小值设为25.00；时间坐标轴的主要刻度单位设置为7天。最后将图表标题改为“万科A历史交易数据股价图”，字体大小为12，修饰后的图表如图4－31所示。

注意：在该*K*线图中有两个纵坐标，分别用于标识成交量和股票价格。

从该 K 线图中，可以看到股票每日的最高价、最低价、开盘价、收盘价、涨跌幅及成交量等信息，该图较为全面地反映了股价的变动情况。另外，K 线图还能清楚地反映出买卖双方力量的强弱。在实际中，往往会结合多种 K 线图以及股票的成交量进行全面分析，这样才能够更全面、准确地根据股市的变动情况判断股票的未来走势。

	A	B	C	D	E	F
1	万科A2020年第二季度历史交易数据					
2	日期	成交量	开盘价	最高价	最低价	收盘价
3	2020/6/30	714384	26.10	26.25	25.88	26.14
4	2020/6/29	893959	26.10	26.25	25.71	25.92
5	2020/6/24	1426040	25.69	26.45	25.67	26.40
6	2020/6/23	643002	25.67	25.68	25.49	25.55
7	2020/6/22	701394	25.88	25.94	25.66	25.69
8	2020/6/19	797460	25.95	25.99	25.72	25.95
9	2020/6/18	733262	25.73	26.05	25.72	25.89
10	2020/6/17	454634	25.75	25.84	25.62	25.68
11	2020/6/16	577040	25.88	25.98	25.70	25.82
12	2020/6/15	693732	25.50	26.12	25.50	25.60
13	2020/6/12	578495	25.54	25.93	25.45	25.71
14	2020/6/11	650468	26.11	26.21	25.82	25.90
15	2020/6/10	829018	26.39	26.41	25.98	26.18
16	2020/6/9	730994	26.60	26.85	26.34	26.44
17	2020/6/8	709041	26.59	26.85	26.42	26.60
18	2020/6/5	649401	26.65	26.72	26.19	26.41
19	2020/6/4	724556	27.02	27.13	26.31	26.73
20	2020/6/3	927492	27.40	27.96	26.83	26.84
21	2020/6/2	1020845	26.37	27.26	26.30	27.24

图 4－28

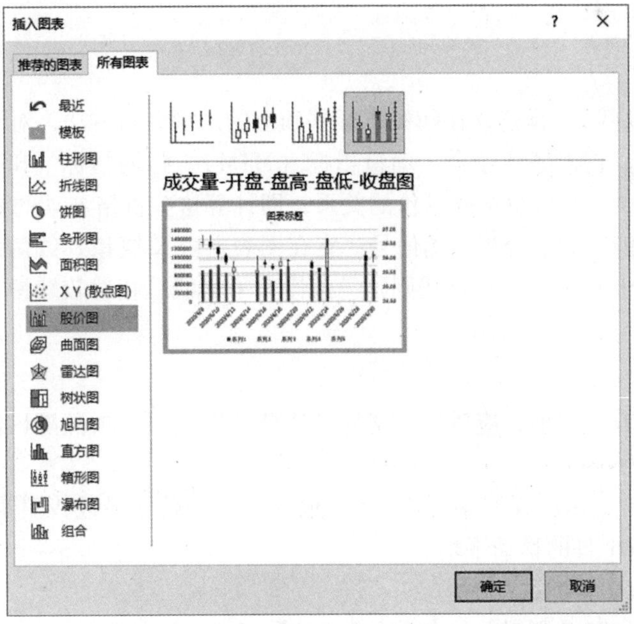

图 4－29

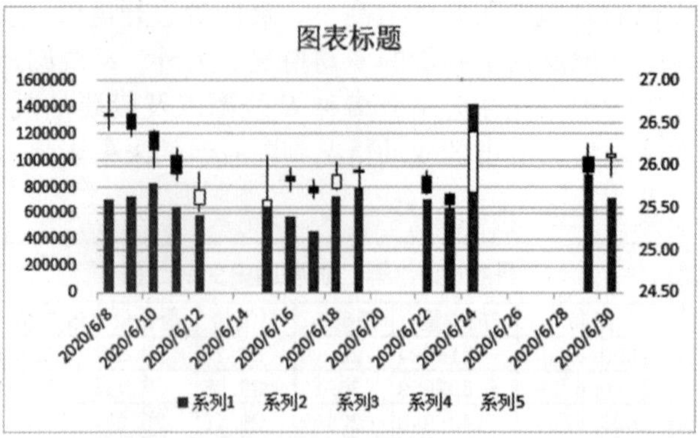

图 4－30

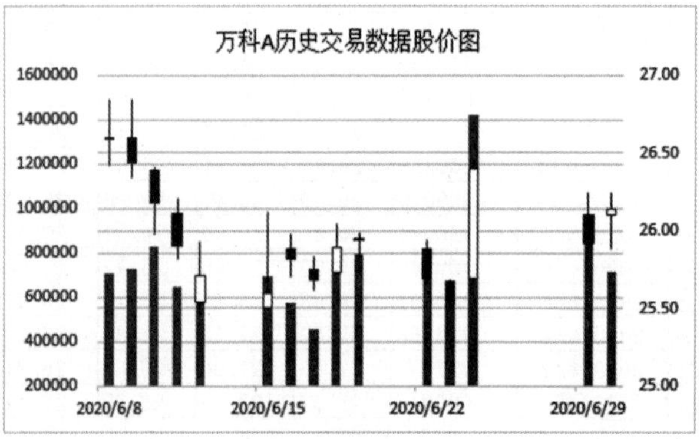

图 4－31

4.4.2 *KD* 线

随机指数（*KD* 线），是建立在随机指标基础上的图形分析方法，对于短线投资，是一项必不可少的工具。它很好地综合了动量指标（MTM）、强弱指标（RSI）和移动平均线的优点，研究最高价、最低价与收盘价的关系，即计算这些价格波动的真实波幅，反映价格走势的强弱，更能准确地分析买卖信号。它在图表上由 *K* 线和 *D* 线两条线组成，*K* 线是一条快速平均线，十分敏感，而 *D* 线则是一条慢速平均线，相对较缓慢，因此 *KD* 线又称为快慢平均线。

1. 计算方法

在计算 *K* 值和 *D* 值之前，应对每一交易日计算 *RSV* 值（未成熟随机值，Row Stochastic Value），计算公式为：

RSV =（收盘价 - 最近 *N* 日最低价）/（最近 *N* 日最高价 - 最近 *N* 日最低价）* 100

K 线：*RSV* 的 *D*1 日的移动平均。

D 线：*K* 值的 *D*2 日的移动平均。

其中，*N*、*D*1、*D*2 为天数，一般取值为 9、3、3。

2. 指标判断

根据 *KD* 线判断股市的走势，主要有以下判断指标：

（1）*KD* 值一般在 0 ~ 100 之间波动，经验告诉我们：*KD* 值在 50 所在的区域经常出现，这一片区域称为多空均衡区，50 为多空均衡线。如果处在多方市场，50 是回档的支持线；如果处于空方市场，50 是反弹的压力线。当 *K* 值或 *D* 值大于 50 时，表明市场处于多头态势，是一个买入信号；反之，则是一个空头市场，股价在短期内将大跌小涨，是一个卖出信号。

（2）*D* 线由下转为上为买入信号，由上转下为卖出信号。

（3）*K* 线为快速平均线，当 *K* 值大于 90，说明当前股价涨势过快，股价很快便会下跌，是超买，为卖出信号；当 *K* 值在 10 以下时，说明由于股价长期处于低谷，或跌势过快，股价会反转或反弹，是超卖，为买进信号。

（4）*D* 线是一条慢速平均线，当 *D* 值大于 80，是超买，为卖出信号；当 *D* 值小于 20，是超卖，为买进信号。将 *K*、*D* 一起做评判，当两线同时走到超买、超卖，则可认为是一个强烈的买卖信号。

（5）*K* 线向上超过 *D* 线为买进信号；*K* 线向下跌破 *D* 线为卖出信号。

（6）当 *K* 值和 *D* 值同在 20 至 80 之间时，可比较同一日的 *K* 值与 *D* 值孰大孰小。如果 *D* 值经常位于 *K* 值之上，则显示目前是下跌趋势，最好不要轻易入市；而当 *K* 值大于 *D* 值，*K* 线超越 *D* 线时，则说明可以考虑买入。

（7）*K* 线和 *D* 线的交叉发生在 70 以上或 30 以下才有效。

（8）*KD* 线不适用于发行量小、交易不活跃的股票。

（9）用 *KD* 线分析大盘和热门大盘股有很高的准确性。

3. 评价

KD 线是一种短期、敏感的指标，分析比较全面，但是计算方法比较烦琐，比强弱指数复杂。在使用过程中，常有 *J* 线指标，*J* 值的计算利用了 *K* 值和 *D* 值，计算公式为：$J=3K-2D$。当 *J* 值大于 100 时为超买，小于 10 时为超卖。

4. 利用 Excel 绘制 *KD* 线

仍以万科 A2020 年的历史交易数据为例，制作 9 日 *KD* 线的具体操作步骤如下：

（1）首先，在 G1、H1 和 I1 单元格中分别输入“RSV”“K”和“D”。

（2）选中 G10 单元格，在公式编辑栏中输入公式，计算出 9 日的 *RSV*：“=（F10 - MIN（E2:E10））/(MAX（D2:D10）- MIN（E2:E10））”。并利用 Excel 的自动填充功能快速填充区域 G11:G82。

（3）在 H10 和 I10 单元格中，输入第一个 *K* 值和 *D* 值的公式：=G10。

（4）选中 H11 单元格，在公式编辑栏中输入公式：“=（2 * H10 + G11）/3”，计算出第二个 *K* 值，并利用 Excel 的自动填充功能快速填充区域 H12:H82。

（5）选中 I11 单元格，在公式编辑栏中输入公式：“=（2 * I10 + H11）/3”，计算出第二个 *D* 值，并填充相应区域 I12:I82。计算出所需要的数据，结果如图 4 - 32 所示。为了便于观察数据，这里隐藏了第 2 ~ 9 行的数据。

	A	B	C	D	E	F	G	H	I
1	日期	成交量	开盘价	最高价	最低价	收盘价	RSV	K	D
10	2020/6/16	577040	25.88	25.98	25.70	25.82	0.677	0.677	0.677
11	2020/6/15	693732	25.50	26.12	25.50	25.60	0.448	0.601	0.652
12	2020/6/12	578495	25.54	25.93	25.45	25.71	0.948	0.716	0.673
13	2020/6/11	650468	26.11	26.21	25.82	25.90	0.063	0.498	0.615
14	2020/6/10	829018	26.39	26.41	25.98	26.18	0.208	0.402	0.544
15	2020/6/9	730994	26.60	26.85	26.34	26.44	0.479	0.428	0.505
16	2020/6/8	709041	26.59	26.85	26.42	26.60	0.417	0.424	0.478
17	2020/6/5	649401	26.65	26.72	26.19	26.41	0.198	0.349	0.435
18	2020/6/4	724556	27.02	27.13	26.31	26.73	0.344	0.347	0.406
19	2020/6/3	927492	27.40	27.96	26.83	26.84	0.115	0.270	0.360
20	2020/6/2	1020845	26.37	27.26	26.30	27.24	0.260	0.266	0.329
21	2020/6/1	779004	25.98	26.50	25.98	26.40	0.592	0.375	0.344
22	2020/5/29	520784	26.12	26.12	25.70	25.70	0.760	0.503	0.397
23	2020/5/28	709769	25.88	26.56	25.88	26.14	0.707	0.571	0.455
24	2020/5/27	555244	25.83	26.10	25.70	25.90	0.821	0.655	0.522
25	2020/5/26	552782	25.58	25.86	25.44	25.83	0.686	0.665	0.570
26	2020/5/25	512761	25.23	25.59	24.96	25.46	0.762	0.697	0.612
27	2020/5/22	534242	25.51	25.54	25.14	25.16	0.554	0.649	0.625
28	2020/5/21	410363	25.69	25.74	25.50	25.58	0.713	0.671	0.640
29	2020/5/20	1105354	26.12	26.13	25.57	25.61	0.271	0.537	0.606
30	2020/5/19	680787	26.48	26.50	26.03	26.13	0.000	0.358	0.523
31	2020/5/18	1385653	25.83	26.38	25.80	26.21	0.195	0.304	0.450
32	2020/5/15	460156	25.61	25.70	25.41	25.49	0.088	0.232	0.377
33	2020/5/14	705512	25.81	25.83	25.45	25.49	0.155	0.206	0.320
34	2020/5/13	628099	25.81	25.93	25.63	25.93	0.167	0.193	0.278
35	2020/5/12	776058	26.34	26.38	25.83	25.93	0.067	0.151	0.236
36	2020/5/11	795067	26.20	26.48	26.09	26.41	0.270	0.190	0.221
37	2020/5/8	913214	26.17	26.37	25.91	26.26	0.406	0.262	0.235

图 4－32

（6）选中制作 *KD* 线所需数据所在的区域 A、H 和 I 列，切换到“插入”选项卡，在“图表”组中选择“折线图－二维折线图”。绘制出移动平均线后作一定的修饰，将纵坐标轴的最小刻度设为 0.100，横坐标的主要刻度单位设为 7 天，完成后的图表如图 4－33 所示。

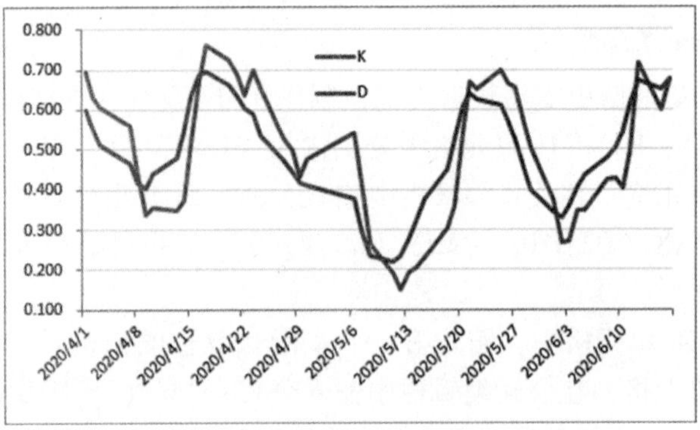

图 4－33

根据前面介绍的指标判断方法，从上面的 *KD* 线图我们可看出，在 4 月 8 日，当 *D* 值从小于 *K* 值变成大于 *K* 值时，即 *K* 线从上方向下穿越 *D* 线，形成 *K* 线在 *D* 线下方时，表明是卖出时机。在4月15日，K值从小于D值变成大于D值时，即K线从下方向上穿越D线，形成K线在D线上方时，表明是买进时机。

4.5 股票收益计算器

在股票的买卖过程中，除了涉及股票的买卖价格外，还要考虑各种税费，如印花税、手续费、通信费等，有些情况下还有送股、派息和分红等，这就使得计算股票的收益相当麻烦。利用Excel的功能可以制作股票收益计算器，将相关的参数设置好，就可以很容易完成这项工作。

4.5.1 计算器的建立

图4－34是一个股票收益计算器，其中，手续费和通信费在各证券公司并不完全相同，可以根据实际情况输入相应的数据，但是手续费最低收取标准是5元，不到5元都按5元计算。至于通信费，是按每笔交易计算的，目前的收费情况是，上海和深圳本地交易收取1元，其他地区收取5元。只需输入买卖股票的成交价格、成交数量、送股、配股、派息，以及所需税费等数据信息，利用该计算器即可立即计算出相应的收益。

	A	B	C	D
1	股票收益计算器			
2	印花税:	0.10%		
3	手续费:	0.30%		
4	通信费:	￥4.00		
5	类型	成交数量	成交价格	总金额
6	买入:	2400	21.82	52368
7	送股:	300		
8	配股:	200	12	2400
9	派息:	2900	0.8	2320
10	卖出:	2900	23.35	67715
11	总收益:	￥14,778.67		

图4－34

在该计算器中，总收益的计算公式为：

=D10＊(1－B2－B3)－D6＊(1＋B2＋B3)－D8＋D9－(SIGN(D6)＋SIGN(D10))＊B4

其中，D10＊(1－B2－B3)为卖出股票的收益，D6＊(1＋B2＋B3)为买入股票的成本，D8为配股的支出，D9为派息的收益，最后一项(SIGN(D6)＋SIGN(D10))＊B4为通信费，SIGN函数为符号函数，用于返回数字的正负号，当数字为正时返回1，为零时返回0，为负时返回－1。

4.5.2 收益汇总

本节利用Excel提供的数据透视表功能建立股票的明细账和汇总账，这对于经常买入和卖出各种股票的用户来说，管理和分析收益核算非常方便。

建立明细账和汇总账的具体操作步骤如下：

（1）首先建立一个工作表，在工作表中输入投入股市的资金及每次买卖的明细数据。图4－35所示即为一个明细账，其中，首次投入金额为50万元，每一行是一次交易的数据。这里需注意的是：若为买入股票或配股，则相应的金额应为负值，否则将得到有误的结果。另外，将存入金额所对应的股票代码设置为“000000”。

	A	B	C	D	E	F	G	H
1	日期	类型	股票代码	股票名称	成交价格	成交数量	金额	总金额
2	2018/11/18	存入	000000				500000	500000
3	2018/11/22	买入	000001	深发展A	10.95	16700	-182865	317135
4	2018/11/22	买入	601857	中国石油	11.53	5500	-63415	253720
5	2018/11/26	送股	000001	深发展A		500		253720
6	2018/11/26	买入	000002	万科A	6.85	15000	-102750	150970
7	2018/11/28	配股	601857	中国石油	3.88	1200	-4656	146314
8	2018/12/1	送股	601857	中国石油		300		146314
9	2018/12/9	卖出	601857	中国石油	11.88	7000	83160	229474
10	2018/12/10	卖出	000001	深发展A	11.32	17200	194704	424178
11	2019/2/28	存入	000000				200000	624178
12	2019/2/1	派息	000002	万科A	0.25		3750	627928
13	2019/4/2	买入	601857	中国石油	11.57	20000	-231400	392778
14	2019/4/2	买入	600000	浦发银行	21.82	18000	-392760	18
15	2019/4/3	卖出	600000	浦发银行	22.35	18000	402300	402318

图4－35

（2）选择数据清单中的任意一个单元格，单击“插入”选项卡，单击“数据透视表”下拉按钮，执行“数据透视表”命令，将弹出如图4－36所示的“创建数据透视表”对话框。

（3）在“请选择要分析的数据”选区中，默认已经选定了前面所选单元格所在的数据区域，也可以重新选择数据区域，单击右边的折叠按钮，选择完数据区域后单击展开按钮即可。在“选择放置数据透视表的位置”选区中，可以选择在新工作表中或现有工作表中放置数据透视表，这里选择“新工作表”，然后单击“确定”按钮。

（4）单击确定后，在当前工作表的右边将出现“数据透视表字段”框。在字段复选框中选中“类型”“股票代码”和“总金额”三项，其中“总金额”作为求和项，“股票代码”作为行标签，按股票分类，“类型”作为列标签，按类型进行分类汇总，该字段默认是在行标签区域内，拖动该字段到列标签区域内即可，如图4－37所示。

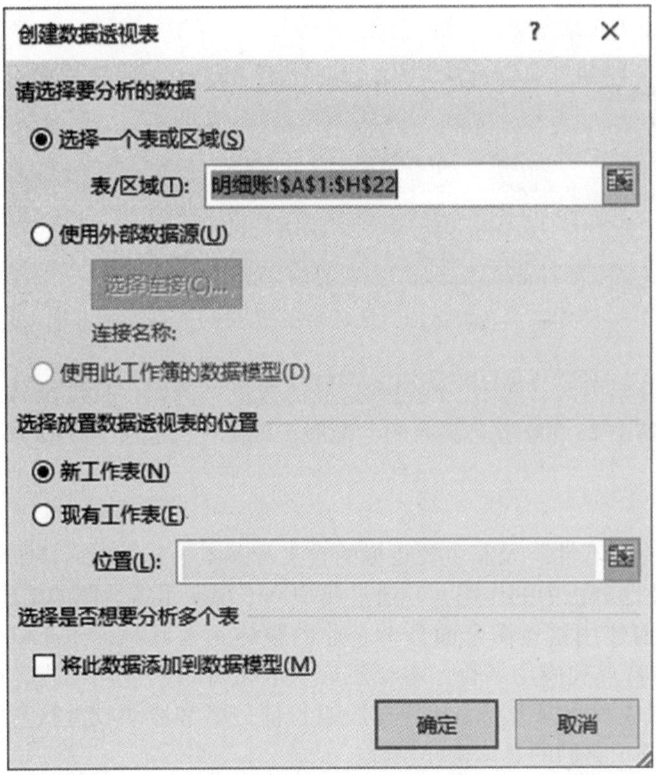

图 4－36

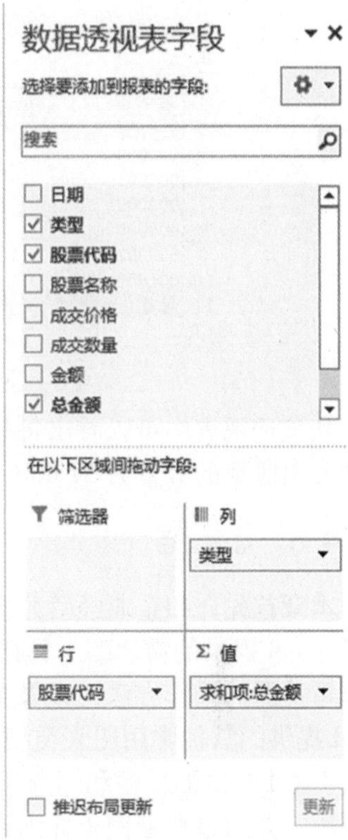

图 4－37

（5）建立好的数据透视表如图 4－38 所示。

	A	B	C	D	E	F	G	H
1								
2								
3	求和项:总金额	列标签						
4	行标签	存入	买入	卖出	派息	配股	送股	总计
5	000000	1124178						1124178
6	000001		397266	966744			253720	1617730
7	000002		150970	210481	627928			989379
8	600000		18	402318				402336
9	600002		294568	405976		293848		994392
10	601857		646498	1014440		146314	146314	1953566
11	总计	1124178	1489320	2999959	627928	440162	400034	7081581

图 4－38

由该数据透视表可以看出，每一行的总计项反映相应股票的汇总情况，如股票 000002，总共买入的金额为 150 970，卖出金额总计 210 481，派息为 627 928，总计盈利金额为 989 379。每一列为各类操作对应的相关金额汇总，如股票 600002 和 601857 有配股，其他股票则没有。

（6）在数据透视表字段列表中，选中成交数量前面的复选框，并取消金额前面的复选框。同时将成交数量作为求和项，这时的数据透视表如图 4－39 所示。

	A	B	C	D	E	F	G	H
1								
2								
3	求和项：成交数量	列标签						
4	行标签	存入	买入	卖出	派息	配股	送股	总计
5	000000							
6	000001		36200	36700			500	73400
7	000002		15000	15000				30000
8	600000		18000	18000				36000
9	600002		25000	25600		600		51200
10	601857		25500	27000		1200	300	54000
11	总计		119700	122300		1800	800	244600

图 4－39

从该透视表中可以看出每只股票买入、卖出、配股和送股的数量，例如，股票601857总共卖出股票的数量为27 000，其中25 500股是买入的，配股1 200股，送股300股。

4.6 小 结

本章首先介绍企业经营分析的“五性”及其主要指标的含义和基本公式。然后详细讲解了Excel提供的雷达图工具在经营分析中的作用，并通过典型例子说明了雷达图的结构、制作雷达图的操作方法，以及如何使用雷达图全面分析企业的整体运营状态，还介绍了Excel提供的其他常用图表类型的特点和应用场合。本章最后从股市分析的应用出发，介绍了Excel提供的排序和筛选、图表和数据透视表功能在股市行情分析和股票收益核算中的作用，并通过典型例子详细讲解了它们的具体操作步骤。

通过本章的学习，读者应该掌握如下内容：

（1）了解企业的经营比率分析及其主要指标的基本含义和公式，掌握计算企业的各项经营比率的方法。

（2）理解雷达图在企业经营分析中的作用，重点掌握制作雷达图的基本操作方法，并能熟练运用雷达图对企业的运营状态进行判断和分析。

（3）理解Excel中其他常用图表的特点及其应用场合，并熟练掌握其制作过程。

（4）掌握数据排序和三种数据筛选在股票分析中的具体操作应用。

（5）重点掌握制作*K*线图和*KD*线的具体操作步骤，并能够根据曲线分析股票的变动趋势。

（6）能够根据实际数据情况建立股票收益计算器，熟练掌握如何利用数据透视表功能建立股票的明细账和汇总账。

在操作应用过程中，读者应该注意以下几个方面：

（1）在计算经营比率时，指标比值等于本企业实际指标值与同行业标准值的比值数据。计算出某项指标比值后，应使用相对地址来自动填充其他指标比值。

（2）在筛选过程中，如果只设置一个筛选条件，则应先取消先前设置的筛选条件，可通过点击对应字段的下拉箭头，选中“全选”前面的复选框即可。

（3）在创建*K*线图时，应注意所有数据都不可缺并且应根据顺序输入列标题来排列。

（4）“成交量－开盘－盘高－盘低－收盘图”*K*线图中有两个纵坐标，分别用于标识成交量和股票价格。

（5）创建股票的明细表时，若为买入股票或配股，则相应的金额应为负值，否则将得到有误的结果。

5 统计基础及 Excel 应用

概率分布是现实应用建模和分析的重要工具，掌握几种常用的离散型和连续型概率分布是学好统计学的理论基础。在统计学中，抽样是一种推论统计方法，它是指从目标总体中抽取一部分个体作为样本，通过观察样本的某一或某些属性，依据所获得的数据对总体的数量特征得出具有一定可靠性的估计判断，从而达到对总体的认识。为了使统计和分析更加直观，Excel 提供了描述统计、直方图和排位等统计分析工具。本章的主要内容如下：

（1）二项分布、超几何分布、泊松分布、正态分布和 t 分布等概率分布。

（2）抽样的基本概念、随机数的产生、RAND( ) 函数、模拟中心极限作用和随机走动。

（3）常用的 Excel 统计分析工具。

5.1 概率分布计算

概率分布在对现实应用建模和分析时十分有用。有时，理论分布与收集到的某过程的历史数据十分贴近；有时，可以对某过程的基本特性先做判断，然后不需要收集数据就可以选出合适的理论分布。在这两种情况下，均可用数学公式描述的理论分布来回答现实过程中所表现出来的问题，也可以从分布中生成一些随机数来模拟现实过程的行为。

区分连续概率分布与不连续概率分布是十分重要的。不连续分布是用不连续的结果，通常是用几个不同的整数值来描述一个随机过程。即通常可以沿着指定给每个值的概率值的集（概率的“团”）列出一些可能的结果。其中一例是一个推销员打 6 个电话，每个电话可能是成功或失败，我们想描述不确定的总的成功次数。这一随机过程的可能结果为 0，1，2，3，4，5 和 6，此不连续概率分布就是这 7 个值及其概率的列表。此处所讨论的二项分布是一个不连续分布的示例。

连续概率分布用连续值的结果，即一定范围内的实数来描述随机过程。因为从理论上讲，任意两实数之间有无穷多个实数，所以任一特定值的概率均为零。对于连续概率分布，必须把概率和一定范围的值相联系，而不是单个特定的值。连续分布概率通常用概率密度函数描述，指定范围内的值对应的密度函数下的区域叫概率。其中一例就是从生产线上下来的标定为 1 磅的罐头的不确定的重量。尽管受测量仪器的精度限制，可能的重量实际上是一无限的数字，所以用连续分布较合适。下面讨论的正态分布就是连续分布的一例。

5.1.1 二项分布

二项分布（binomial distribution）是一种具有广泛用途的离散型随机变量的概率分布，它是由伯努利始创的，所以又叫伯努利分布。二项分布是指统计变量中只有性质不同的两个群体的概率分布。所谓两个群体是按两种不同性质划分的统计变量，是二项试验的结果。即各个变量都可归为两个不同性质中的一个，两个观测值是对立的。因而两项分布又可说是两个对立事件的概率分布。

二项分布用符号 $b(x,n,p)$ 表示，表示在 n 次试验中有 x 次成功，成功的概率为 p。

二项分布的概率函数可写作：

$$b(x,n,p) = \frac{n!}{x!(n-x)!}p^x q^{n-x}$$

式中 $x = 0,1,2,3,\cdots,n$，为正整数；$q = 1 - p$。

二项分布中含有两个参数 n 与 p，当它们的值已知时，便可计算出分布列中各概率的值。

1. 二项分布概率

二项分布用于对一个由指定数目的试验组成的不确定过程建立模型。过程的每一次实验只有两种可能的结果，通常以成功或失败标记（是或否，1或0等）。每次试验成功的概率是一个常数且独立于其他实验结果。二项分布描述在一指定数量的试验中成功的总次数。指定一个用二项分布描述的特定过程只需要两个值，一个是实验次数（n），另一个是每次单独实验时成功的概率（P）。

【例5.1】一个推销员打6个电话，每一个电话可能是成功或失败，成功的概率为0.3。二项分布适于描述成功的总数，假设该推销员在6次电话中既没变得更好也没有变得更差，既没有更努力，也没有不努力，概率0.3也许是一个纯主观的判断，或者是基于许多类似电话中推销员的表现。

这里，二项分布的两个参数是 $n=6$ 和 $p=0.3$。下面各步骤描述了如何得到不连续的概率分布、累积概率及分布图表：

（1）初始化（见图5-1）：

A1：n　B1：10　D1：< < = = = =试验次数

A2：p　B2：0.5　D2：< < = = = =成功概率

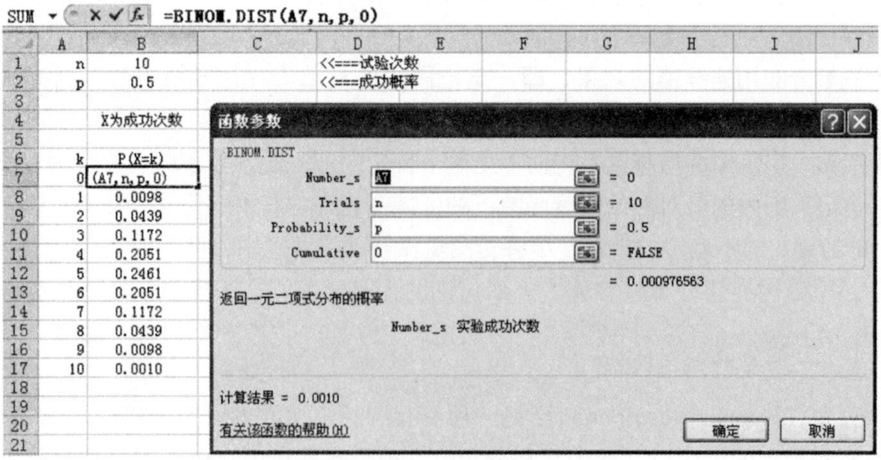

图5-1　二项概率

B4：x 为成功次数

A6：k　B6：$P(X = k)$

A7：A17 为 0，1，2，3，4，5，6，7，8，9，10。

（2）指定名称。选择 B1 单元格，在“公式”选项卡中单击“定义名称”，将弹出“新建名称”对话框，在名称中输入 n，引用位置为 B1 单元格，即指定 $n = 10$。同理，指定 $p = 0.5$。

（3）计算概率。在 B7 单元格中给出公式：= BINOM. DIST(A7 ,n,p,0)，或在函数向导中填入相应的数值。

（4）拷贝公式。选取 B7 单元格，单击并向下拖动 B7 单元格右下角的填充柄到 B17。

2. 累积二项概率

图 5 – 2 显示了单项概率 $P(X = k)$ 和四种累积概率：小于或等于、严格小于、严格大于、大于或等于。例如，图 5 – 3 B8 单元格显示了 6 个电话中准确的成功一次的概率是 $P(X = 1) = 0.0098$。C9 单元格显示了 6 个电话中成功两次或小于两次的概率是 $P(X <= 2) = 0.0547$。F10 单元格显示了 6 个电话中成功 3 次或 3 次以上的概率 是 $P(X >= 3) = 0.9453$。X 只有单项的概率和小于等于的累积概率是可以直接用 Excel 的 BINOM. DIST 函数求出的（BINOMDIST是 BINOM. DIST 的兼容格式）。图 5 – 3 用于计算其他概率的方法如图5 – 2中的逐行的公式栏所示。用“Ctrl +`”（也可用公式面板的“显示公式”菜单）进行如图5 – 2和图 5 – 3 的互换（参见附录 A）。

	A	B	C	D	E	F
1	n	10		<<===试验次数		
2	p	0.5		<<===成功概率		
3						
4		X为成功次数				
5						
6	k	P(X=k)	P(X<=k)	P(X<k)	P(X>k)	P(X>=k)
7	0	=BINOM.DIST(A7,n,p,0)	=BINOM.DIST(A7,n,p,1)	=C7-B7	=1-C7	=1-C7+B7
8	1	=BINOM.DIST(A8,n,p,0)	=BINOM.DIST(A8,n,p,1)	=C8-B8	=1-C8	=1-C8+B8
9	2	=BINOM.DIST(A9,n,p,0)	=BINOM.DIST(A9,n,p,1)	=C9-B9	=1-C9	=1-C9+B9
10	3	=BINOM.DIST(A10,n,p,0)	=BINOM.DIST(A10,n,p,1)	=C10-B10	=1-C10	=1-C10+B10
11	4	=BINOM.DIST(A11,n,p,0)	=BINOM.DIST(A11,n,p,1)	=C11-B11	=1-C11	=1-C11+B11
12	5	=BINOM.DIST(A12,n,p,0)	=BINOM.DIST(A12,n,p,1)	=C12-B12	=1-C12	=1-C12+B12
13	6	=BINOM.DIST(A13,n,p,0)	=BINOM.DIST(A13,n,p,1)	=C13-B13	=1-C13	=1-C13+B13
14	7	=BINOM.DIST(A14,n,p,0)	=BINOM.DIST(A14,n,p,1)	=C14-B14	=1-C14	=1-C14+B14
15	8	=BINOM.DIST(A15,n,p,0)	=BINOM.DIST(A15,n,p,1)	=C15-B15	=1-C15	=1-C15+B15
16	9	=BINOM.DIST(A16,n,p,0)	=BINOM.DIST(A16,n,p,1)	=C16-B16	=1-C16	=1-C16+B16
17	10	=BINOM.DIST(A17,n,p,0)	=BINOM.DIST(A17,n,p,1)	=C17-B17	=1-C17	=1-C17+B17

图 5 – 2　二项分布公式

	A	B	C	D	E	F
1	n	10		<<===试验次数		
2	p	0.5		<<===成功概率		
3						
4		X为成功次数				
5						
6	k	P(X=k)	P(X<=k)	P(X<k)	P(X>k)	P(X>=k)
7	0	0.0010	0.0010	0.0000	0.9990	1.0000
8	1	0.0098	0.0107	0.0010	0.9893	0.9990
9	2	0.0439	0.0547	0.0107	0.9453	0.9893
10	3	0.1172	0.1719	0.0547	0.8281	0.9453
11	4	0.2051	0.3770	0.1719	0.6230	0.8281
12	5	0.2461	0.6230	0.3770	0.3770	0.6230
13	6	0.2051	0.8281	0.6230	0.1719	0.3770
14	7	0.1172	0.9453	0.8281	0.0547	0.1719
15	8	0.0439	0.9893	0.9453	0.0107	0.0547
16	9	0.0098	0.9990	0.9893	0.0010	0.0107
17	10	0.0010	1.0000	0.9990	0.0000	0.0010

图 5-3　二项分布

3. 二项分布图表

下面分步骤讲述如何得到一不连续分布概率的图表。

（1）选取 A7:B17 单元格区域，切换到“插入”选项卡。

（2）单击“图表”组中的柱形图，然后选择二维柱形图中的簇状柱形图。

（3）图表在工作表上以嵌入式图表出现，可对该图表进行修饰。

（4）修饰图表。右键单击“图表”，在弹出的快捷菜单中单击“选择数据”，图例项删除系列 1，并将水平轴标签指定为数据区域 A7:A17。对图表标题键入“二项分布概率 n=10，p=6”，字体大小为 11，不加粗；对 X 轴标题键入“成功数”，对 Y 轴标题键入“概率”，字体大小为 10。效果如图 5-4 所示。

	k	P(X=k)
5		
6	k	P(X=k)
7	0	0.0010
8	1	0.0098
9	2	0.0439
10	3	0.1172
11	4	0.2051
12	5	0.2461
13	6	0.2051
14	7	0.1172
15	8	0.0439
16	9	0.0098
17	10	0.0010
18		

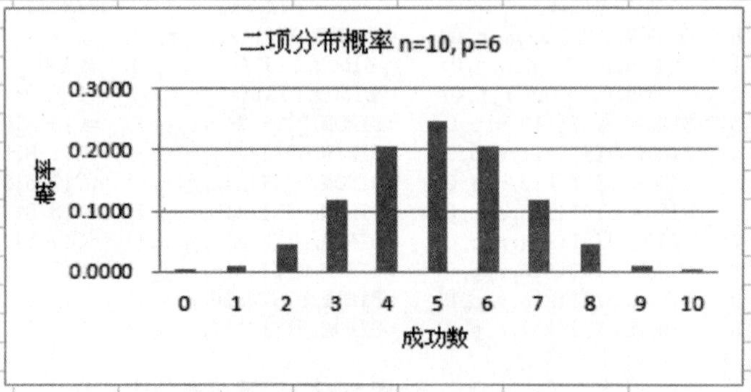

图 5-4　二项分布图

4. 二项分布表的产生

在实际中经常需要查二项分布表（每本统计书中都附有），下面介绍 Excel 产生二项分布表的方法：

（1）设试验次数 $n=10$。

（2）在 A2:A12 单元格区域中输入成功次数：0,1,2,3,4,5,6,7,8,9,10。

（3）在 B1:J1 单元格区域中输入成功概率：0.1,0.2,0.3,0.4,0.5,0.6,0.7,0.8,0.9。

（4）在 B2 单元格输入公式：=BINOM.DIST($A2,10,B$1,1)。

（5）选取 B2 单元格，单击向右和向下拖动 B2 单元格右下角的填充柄到 J12。如图 5-5所示。

B2　=BINOM.DIST($A2,10,B$1,1)

	A	B	C	D	E	F	G	H	I	J
1	n=10	0.1	0.2	0.3	0.4	0.5	0.6	0.7	0.8	0.9
2	0	0.3487	0.1074	0.0282	0.0060	0.0010	0.0001	0.0000	0.0000	0.0000
3	1	0.7361	0.3758	0.1493	0.0464	0.0107	0.0017	0.0001	0.0000	0.0000
4	2	0.9298	0.6778	0.3828	0.1673	0.0547	0.0123	0.0016	0.0001	0.0000
5	3	0.9872	0.8791	0.6496	0.3823	0.1719	0.0548	0.0106	0.0009	0.0000
6	4	0.9984	0.9672	0.8497	0.6331	0.3770	0.1662	0.0473	0.0064	0.0001
7	5	0.9999	0.9936	0.9527	0.8338	0.6230	0.3669	0.1503	0.0328	0.0016
8	6	1.0000	0.9991	0.9894	0.9452	0.8281	0.6177	0.3504	0.1209	0.0128
9	7	1.0000	0.9999	0.9984	0.9877	0.9453	0.8327	0.6172	0.3222	0.0702
10	8	1.0000	1.0000	0.9999	0.9983	0.9893	0.9536	0.8507	0.6242	0.2639
11	9	1.0000	1.0000	1.0000	0.9999	0.9990	0.9940	0.9718	0.8926	0.6513
12	10	1.0000	1.0000	1.0000	1.0000	1.0000	1.0000	1.0000	1.0000	1.0000

图 5-5　二项分布表

5. 二项分布的逆向

CRITBINOM 是累积二项分布的逆向，其语法为：

CRITBINOM(n,p,a)

其中，n 是试验的次数，p 是每次试验成功的概率，a 是一个累积概率。CRITBINOM 返回大于或等于 a 的累积二项分布 $P(X<=x)$ 的区间最小值 x。

5.1.2　超几何分布

超几何分布是统计学上一种离散概率分布。它描述了从有限个物件中抽出 n 个物件，并成功抽出指定种类物件的次数（不归还）。

例如，有 N 个样本，其中 m 个是不及格的。超几何分布描述了在该 N 个样本中抽出 n 个，其中 k 个是不及格的概率：

$$f(k;N,m,n)=\frac{\binom{m}{k}\binom{N-m}{n-k}}{\binom{N}{n}}$$

上式可如此理解：$\binom{N}{n}$表示所有在 N 个样本中抽出 n 个的方法数目。$\binom{m}{k}$表示在 m 个样本中抽出 k 个的方法数目。剩下来的样本都是及格的，而及格的样本有 $N-m$ 个，剩下的抽法便有$\binom{N-m}{n-k}$种。

若 $n=1$，超几何分布还原为伯努利分布。

若 n 接近∞，超几何分布可视为二项分布。

HYPGEOMDIST 返回超几何分布的单项概率，其语法为：

HYPGEOMDIST(x,M,k,N)

其中，x 是在抽样中成功的次数，M 是抽样的大小，k 是总数中成功的次数，N 是总数的大小。

例如，20 个产品中有 5 个不合格，若从中随机取 8 个，试求其中不合格的概率分布。

（1）指定名称：选择 B1 单元格，在“公式”选项卡中单击“定义名称”，将弹出“新建名称”对话框，在名称中输入 N，引用位置为 B1 单元格，即指定 $N=20$。同理，指定 $M=5$，$k=8$。

（2）计算概率：在 B7 单元格中给出公式：=HYPGEOMDIST(A7,M,k,N)，或在函数向导中填入相应的数值。

（3）拷贝公式：选取 B7 单元格，单击向下拖动 B7 单元格右下角的填充柄到 B12。

（4）绘制概率图。超几何分布概率图如图 5－6 所示。

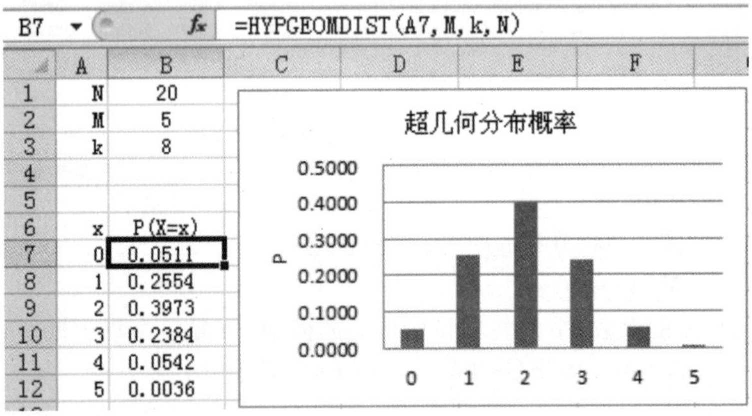

图 5－6　超几何分布概率图

5.1.3　泊松分布

泊松分布(Poisson distribution)，是一种在统计与概率学里常见的离散概率分布(discrete probability distribution)，由法国数学家西莫恩·德尼·泊松（Siméon－Denis Poisson）在 1838 年发表。泊松分布的概率质量函数为：

$$P(X=k)=\frac{e^{-\lambda}\lambda^{k}}{k!}$$

泊松分布的参数 λ 是单位时间（或单位面积）内随机事件的平均发生率。

泊松分布适用于描述单位时间内随机事件发生的次数。如某一服务设施在一定时间内到达的人数、电话交换机接到呼叫的次数、汽车站台的候客人数、机器出现的故障数、自然灾害发生的次数等。

1. POISSON 是泊松分布，其语法为：

POISSON(x,mean,cumulative)

其中，x 是在一定时间区间内事件发生的不确定次数，*mean* 是该时间段内该事件的期望发生次数，*cumulative* 是确定 Poisson 返回一累积概率 $P(X<=x)$ 或一单项概率 $P(X=x)$ 的逻辑值。

2. 泊松分布表

在实际中经常需要查泊松分布表，下面介绍 Excel 产生泊松分布表的方法：

（1）在 A2:A21 单元格区域中输入不确定次数：0.1,0.2,0.3,0.4,0.5,0.6,0.7,0.8,0.9,1,…,2。

（2）在 B1:K1 单元格区域中输入期望发生数：0,1,2,3,4,5,6,7,8,9。

（3）在 B2 单元格中给出公式：=POISSON(B$1,$A2,1)，选取 B2 单元格，单击向右和向下拖动 B2 单元格右下角的填充柄到 K21，如图 5-7 所示。

B2 =POISSON(B$1,$A2,1)

	A	B	C	D	E	F	G	H	I	J	K
1	x	0	1	2	3	4	5	6	7	8	9
2	0.1	0.9048	0.9953	0.9998	1.0000	1.0000	1.0000	1.0000	1.0000	1.0000	1.0000
3	0.2	0.8187	0.9825	0.9989	0.9999	1.0000	1.0000	1.0000	1.0000	1.0000	1.0000
4	0.3	0.7408	0.9631	0.9964	0.9997	1.0000	1.0000	1.0000	1.0000	1.0000	1.0000
5	0.4	0.6703	0.9384	0.9921	0.9992	0.9999	1.0000	1.0000	1.0000	1.0000	1.0000
6	0.5	0.6065	0.9098	0.9856	0.9982	0.9998	1.0000	1.0000	1.0000	1.0000	1.0000
7	0.6	0.5488	0.8781	0.9769	0.9966	0.9996	1.0000	1.0000	1.0000	1.0000	1.0000
8	0.7	0.4966	0.8442	0.9659	0.9942	0.9992	0.9999	1.0000	1.0000	1.0000	1.0000
9	0.8	0.4493	0.8088	0.9526	0.9909	0.9986	0.9998	1.0000	1.0000	1.0000	1.0000
10	0.9	0.4066	0.7725	0.9371	0.9865	0.9977	0.9997	1.0000	1.0000	1.0000	1.0000
11	1	0.3679	0.7358	0.9197	0.9810	0.9963	0.9994	0.9999	1.0000	1.0000	1.0000
12	1.1	0.3329	0.6990	0.9004	0.9743	0.9946	0.9990	0.9999	1.0000	1.0000	1.0000
13	1.2	0.3012	0.6626	0.8795	0.9662	0.9923	0.9985	0.9997	1.0000	1.0000	1.0000
14	1.3	0.2725	0.6268	0.8571	0.9569	0.9893	0.9978	0.9996	0.9999	1.0000	1.0000
15	1.4	0.2466	0.5918	0.8335	0.9463	0.9857	0.9968	0.9994	0.9999	1.0000	1.0000
16	1.5	0.2231	0.5578	0.8088	0.9344	0.9814	0.9955	0.9991	0.9998	1.0000	1.0000
17	1.6	0.2019	0.5249	0.7834	0.9212	0.9763	0.9940	0.9987	0.9997	1.0000	1.0000
18	1.7	0.1827	0.4932	0.7572	0.9068	0.9704	0.9920	0.9981	0.9996	0.9999	1.0000
19	1.8	0.1653	0.4628	0.7306	0.8913	0.9636	0.9896	0.9974	0.9994	0.9999	1.0000
20	1.9	0.1496	0.4337	0.7037	0.8747	0.9559	0.9868	0.9966	0.9992	0.9998	1.0000
21	2	0.1353	0.4060	0.6767	0.8571	0.9473	0.9834	0.9955	0.9989	0.9998	1.0000

图 5-7　泊松分布表

5.1.4　正态分布

正态分布(Normal distribution)又名高斯分布(Gaussian distribution)，是一个在数学、物理及工程等领域都非常重要的概率分布，在统计学的许多方面有着重大的影响力。

若随机变量 X 服从一个数学期望为 μ、标准方差为 σ^2 的高斯分布，记为：

$$X \sim N(\mu,\sigma^2)$$

则其概率密度函数为：

$$f(x)=\frac{1}{\sigma\sqrt{2\pi}}e^{-\frac{(x-\mu)^2}{2\sigma^2}}$$

正态分布的期望值 μ 决定了其位置，其标准差 σ 决定了分布的幅度。因其曲线呈钟形，因此人们又经常称之为钟形曲线。我们通常所说的标准正态分布是 $\mu=0$，$\sigma=1$ 的正态分布。

正态分布在模拟现实世界过程和描述一随机抽样平均值的不确定度时有广泛的用途。

正态分布密度函数是一个铃铛形的曲线。整个曲线下的面积为 1，曲线下的各部分面积即为概率。确定一正态分布需要两个值：平均值和标准偏差。

Excel 的正态分布函数的语法为：

NORMDIST(x,mean,standard-dev,cumulative)

如果 *cumulative* 变元为 0 或 FALSE，该函数返回正态概率密度函数的高度。尽管高度不解释为概率，但它对于绘出正态分布的铃铛形曲线十分有用。

下面分步骤描述如何绘出正态分布密度函数：

（1）如图 5－8 所示，在工作表的 A1 与 B1 单元中格输入标记 u 和 f（u）。

（2）要在 A 列中输入 u 值，可从比平均值低 4 倍的标准偏差开始，增量为标准偏差的十分之一。在 A2 单元格中输入－4，A3 单元格输入－3.9，选取 A2:A3 单元格区域，单击选择区右下角的填充柄并向下拖动到 A82 单元格。

（3）在 B2 单元格中输入公式：＝NORMDIST(A2,0,1,0)。

（4）选取 B2 单元格，双击右下角的填充柄（将鼠标指针移近填充柄直到它变为一小＋字线，然后双击）。因为 A2:A82 单元格区域中已有值，这一快捷方法将把 B2 单元格中的公式拷贝至 B82。结果显示如图 5－8 中的 A 列和 B 列所示。

（5）选取 A2:B82，切换到“插入”选项卡，单击“图表”组中的面积图，然后单击二维面积图中的面积图按钮。

（6）在工作表上出现嵌入式图表，如图 5－8 所示。

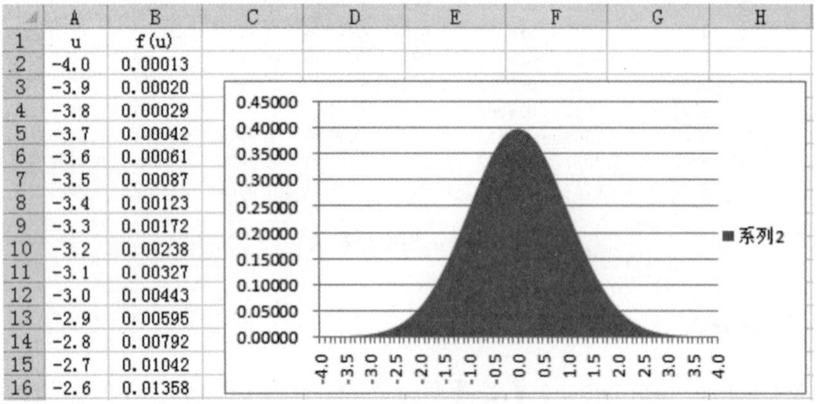

图 5－8　正态分布图

NORMDIST 函数通常用于累积变元等于 TRUE 时，此时，函数返回正常随机变量小于或等于 x 的左尾数累积概率。

在下面的工作表中，x 的值、平均值及标准偏差在单独的单元中，NORMDIST 变元就是一些单元的引用。这一工作表可用来回答正态分布的任何概率问题。作为另一种选择，用户可键入变元的值，在工作表的一个单元格中使用 NORMDIST 函数本身。

（1）如图 5－9 所示，在 B2:B5 键入标记，C2:C5 用于用户的输入值。

（2）在 C7:C9 单元格区域中输入 NORMDIST 函数。

（3）类似地，如图 5－9 所示，在 C12 单元格输入 NORM.INV 函数。该函数返回一个与左尾数概率相对应的 x 值。

	A	B	C
1	正态分布	统计量	公式
2	均值	Mean	
3	标准差	Std	
4	取值	x_1	
5		x_2	
6	概率		
7	左尾	P(X<=x_1)	=NORM.DIST(x_1,Mean,Std,1)
8	右尾	P(X>=x_2)	=1-NORM.DIST(x_2,Mean,Std,1)
9	区间	P(x_1<=X<=x_2)	=NORM.DIST(x_2,Mean,Std,1)-NORM.DIST(x_1,Mean,Std,1)
10			
11	分位数		
12	左尾概率	P	
13	分位数	Xp	=NORM.INV(P,Mean,Std)

图 5-9　正态分布概率及分位数计算公式

【例 5.2】一个集设计、制造和销售女式外套于一体的公司需要了解关于顾客尺寸的信息。中国妇女身高的一般分布为平均身高 162 厘米，标准偏差 10.5 厘米。假设顾客身高的分布与此相似，那么身高在 150 到 170 厘米之间的顾客占多少比例呢？第 90% 的分布点的身高是多少？

图 5-10 显示身高在 150 到 170 厘米之间的顾客约占 65%。

	A	B	C
1	正态分布	统计量	公式
2	均值	Mean	162
3	标准差	Std	10.5
4	取值	x_1	150
5		x_2	170
6	概率		
7	左尾	P(X<=x_1)	0.1265
8	右尾	P(X>=x_2)	0.2231
9	区间	P(x_1<=X<=x_2)	0.6504
10			
11	分位数		
12	左尾概率	P	0.9
13	分位数	Xp	175.46

图 5-10　正态分布概率及分位数计算结果

1. 百分位点

百分之一、十分之一和四分之一是百分位点或分位数的几种特殊情况。百分位点指在给定分布概率值时，小于该点的值的累积分布概率等于指定的分布概率值。

图 5-10 说明了 90% 的人的身高低于 175.46 厘米。

2. 正态分布表的产生

正态分布是实际中用得最多的分布，下面介绍 Excel 产生标准正态分布表的方法：

（1）在 A2:A22 单元格区域中输入带一位小数的 u 值：0.0,0.1,0.2,0.3,…,2.0。

（2）在 B1:K1 单元格区域中输入 u 值的第二位小数：0.00,0.01,0.02,…,0.09。

（3）在 B2 单元格中输入公式：=NORMDIST($A2+B$1)，选取 B2 单元，向右和向下拖动 B2 单元格右下角的填充柄到 K22，如图 5-11 所示。

B2 =NORMSDIST($A2+B$1)

	A	B	C	D	E	F	G	H	I	J	K
1	u	0.00	0.01	0.02	0.03	0.04	0.05	0.06	0.07	0.08	0.09
2	0.0	0.5000	0.5040	0.5080	0.5120	0.5160	0.5199	0.5239	0.5279	0.5319	0.5359
3	0.1	0.5398	0.5438	0.5478	0.5517	0.5557	0.5596	0.5636	0.5675	0.5714	0.5753
4	0.2	0.5793	0.5832	0.5871	0.5910	0.5948	0.5987	0.6026	0.6064	0.6103	0.6141
5	0.3	0.6179	0.6217	0.6255	0.6293	0.6331	0.6368	0.6406	0.6443	0.6480	0.6517
6	0.4	0.6554	0.6591	0.6628	0.6664	0.6700	0.6736	0.6772	0.6808	0.6844	0.6879
7	0.5	0.6915	0.6950	0.6985	0.7019	0.7054	0.7088	0.7123	0.7157	0.7190	0.7224
8	0.6	0.7257	0.7291	0.7324	0.7357	0.7389	0.7422	0.7454	0.7486	0.7517	0.7549
9	0.7	0.7580	0.7611	0.7642	0.7673	0.7704	0.7734	0.7764	0.7794	0.7823	0.7852
10	0.8	0.7881	0.7910	0.7939	0.7967	0.7995	0.8023	0.8051	0.8078	0.8106	0.8133
11	0.9	0.8159	0.8186	0.8212	0.8238	0.8264	0.8289	0.8315	0.8340	0.8365	0.8389
12	1.0	0.8413	0.8438	0.8461	0.8485	0.8508	0.8531	0.8554	0.8577	0.8599	0.8621
13	1.1	0.8643	0.8665	0.8686	0.8708	0.8729	0.8749	0.8770	0.8790	0.8810	0.8830
14	1.2	0.8849	0.8869	0.8888	0.8907	0.8925	0.8944	0.8962	0.8980	0.8997	0.9015
15	1.3	0.9032	0.9049	0.9066	0.9082	0.9099	0.9115	0.9131	0.9147	0.9162	0.9177
16	1.4	0.9192	0.9207	0.9222	0.9236	0.9251	0.9265	0.9279	0.9292	0.9306	0.9319
17	1.5	0.9332	0.9345	0.9357	0.9370	0.9382	0.9394	0.9406	0.9418	0.9429	0.9441
18	1.6	0.9452	0.9463	0.9474	0.9484	0.9495	0.9505	0.9515	0.9525	0.9535	0.9545
19	1.7	0.9554	0.9564	0.9573	0.9582	0.9591	0.9599	0.9608	0.9616	0.9625	0.9633
20	1.8	0.9641	0.9649	0.9656	0.9664	0.9671	0.9678	0.9686	0.9693	0.9699	0.9706
21	1.9	0.9713	0.9719	0.9726	0.9732	0.9738	0.9744	0.9750	0.9756	0.9761	0.9767
22	2.0	0.9772	0.9778	0.9783	0.9788	0.9793	0.9798	0.9803	0.9808	0.9812	0.9817

图 5－11　标准正态分布表

5.1.5　*t* 分布

1. *t* 分布函数

Student 的 t 分布对于统计推断很重要。TDIST 返回密度函数尾部的概率；其语法为：

TDIST(x,df,tails)

其中，x 为要计算分布的数值，*df* 是代表自由度的整数，*tails* 指定要返回的尾部分布的数字。如果 *tails* =1，TDIST 返回右尾部的概率，如果 *tails* =2，TDIST 返回右尾部分布概率的两倍。x 的值必须为非负值。

例如，左尾部概率 $P(t<t_1)$ 由下面公式计算而来：

=IF(t1<0,TDIST(abs(t1),df,1),1－TDIST(t1,df,1))

其中，*df* 为一自由度整数，t_1 是一值或某一值的引用。同样，右尾部概率 $P(t>=t_2)$ 由下面公式计算：

=IF(t2<0,1－TDIST(abs(t2),df,1),TDIST(t2,df,1))

在 0 左右对称分布范围 内的概率 $P(-t_0<t<t_0)$ 用下面公 式来计算：

=1－TDIST(t0,df,2)

其中，t_0 是一正数或一正数的引用。

TINV 返回 Student 的 t 分布的分位数，其语法为：

TINV(P,df)

其中，P 为右尾部概率的两倍或两个尾部概率的和，*df* 是自由度的值，TINV 通常返回 t 的一个正值。

值 Max 对应于左尾部累积概率 P，例如，$(t<t_1)=P$，用下面公式来计算

=IF(P<0.5,－TINV(2*P,df),TINV(2*(1－P),df))

df 是自由度的整数值，P 是 0 和 1 之间的一个值，或是某个位的引用。

2. t 分布表的产生

在进行小样本推断时，t 是最有用的分布，下面介绍 Excel 产生 t 分布表的方法：

（1）在 A2:A21 单元格区域中输入自由度 *df*:1,2,3,4,5,…,20,…

（2）在 B1:J1 单元格区域中输入概率:0.001,0.01,0.025,…,0.99,…

（3）在 B2 单元格中输入公式：=TINV(B$1,$A2),选取 B2 单元格，向右和向下拖动 B2 单元格右下角的填充柄到 J21，如图 5-12 所示。

B2　fx　=TINV(B$1,$A2)

	A	B	C	D	E	F	G	H	I	J
1	df\a	0.001	0.01	0.025	0.05	0.1	0.5	0.95	0.975	0.99
2	1	636.6192	63.6567	25.4517	12.7062	6.3138	1.0000	0.0787	0.0393	0.0157
3	2	31.5991	9.9248	6.2053	4.3027	2.9200	0.8165	0.0708	0.0354	0.0141
4	3	12.9240	5.8409	4.1765	3.1824	2.3534	0.7649	0.0681	0.0340	0.0136
5	4	8.6103	4.6041	3.4954	2.7764	2.1318	0.7407	0.0667	0.0333	0.0133
6	5	6.8688	4.0321	3.1634	2.5706	2.0150	0.7267	0.0659	0.0329	0.0132
7	6	5.9588	3.7074	2.9687	2.4469	1.9432	0.7176	0.0654	0.0327	0.0131
8	7	5.4079	3.4995	2.8412	2.3646	1.8946	0.7111	0.0650	0.0325	0.0130
9	8	5.0413	3.3554	2.7515	2.3060	1.8595	0.7064	0.0647	0.0323	0.0129
10	9	4.7809	3.2498	2.6850	2.2622	1.8331	0.7027	0.0645	0.0322	0.0129
11	10	4.5869	3.1693	2.6338	2.2281	1.8125	0.6998	0.0643	0.0321	0.0129
12	11	4.4370	3.1058	2.5931	2.2010	1.7959	0.6974	0.0642	0.0321	0.0128
13	12	4.3178	3.0545	2.5600	2.1788	1.7823	0.6955	0.0640	0.0320	0.0128
14	13	4.2208	3.0123	2.5326	2.1604	1.7709	0.6938	0.0639	0.0319	0.0128
15	14	4.1405	2.9768	2.5096	2.1448	1.7613	0.6924	0.0638	0.0319	0.0128
16	15	4.0728	2.9467	2.4899	2.1314	1.7531	0.6912	0.0638	0.0319	0.0127
17	16	4.0150	2.9208	2.4729	2.1199	1.7459	0.6901	0.0637	0.0318	0.0127
18	17	3.9651	2.8982	2.4581	2.1098	1.7396	0.6892	0.0636	0.0318	0.0127
19	18	3.9216	2.8784	2.4450	2.1009	1.7341	0.6884	0.0636	0.0318	0.0127
20	19	3.8834	2.8609	2.4334	2.0930	1.7291	0.6876	0.0635	0.0318	0.0127
21	20	3.8495	2.8453	2.4231	2.0860	1.7247	0.6870	0.0635	0.0317	0.0127

图 5-12　t 分布表

除了正态分布和 t 分布，Excel 包含了许多用于其他连续分布的函数，可利用 Help 并键入函数名查询。

5.2　抽样与模拟比较

这一节讲述从有归还的总体中抽样的和从 6 种概率分布中产生随机值的分析工具。RAND()函数可用来进行无归还抽样的逐步描述并从各种分布中产生随机数的模拟中心极限律及随机走动等。

5.2.1　分析工具：抽样

在统计学中，抽样（Sampling）是一种推论统计方法，它是指从目标总体（Population，或称为母体）中随机抽取一部分个体作为样本（Sample），通过观察样本的某一或某些属性，依据所获得的数据对总体的数量特征得出具有一定可靠性的估计判断，从而达到对总体的认识。简单的抽样方法主要有两种：

（1）简单随机抽样，也叫纯随机抽样。从总体 N 个单位中随机地抽取 n 个单位作为样本，使得每一个样本都有相同的概率被抽中。特点是：每个样本单位被抽中的概率相等，样本的每个单位完全独立，彼此间无一定的关联性和排斥性。简单随机抽样是其他各种抽样形式的基础。通常只是在总体单位之间差异程度较小和数目较少时，才采用这种方法。

（2）系统抽样，也称等距抽样或周期抽样。将总体中的所有单位按一定顺序排列，在规定的范围内随机地抽取一个单位作为初始单位，然后按事先规定好的规则确定其他样本单位。先从数字 1 到 k 之间随机抽取一个数字 r 作为初始单位，以后依次取 $r+k$，$r+2k$，…，$r+nk$ 单位。这种方法操作简便，可提高估计的精度。

1. 有放回的抽样

抽样分析工具是从用户指定的总体值中选择随机样本，进行有归还抽样。图 5－13 所示为从 100 个产品中得到的 10 个样本。

下面分步骤描述如何使用 Excel 的抽样工具：

（1）将产品编号输入 A2:A101 单元格区域中。

（2）切换到“数据”选项卡，在“分析”组中单击“数据分析”按钮，将弹出“抽样”对话框，如图 5－13 所示。

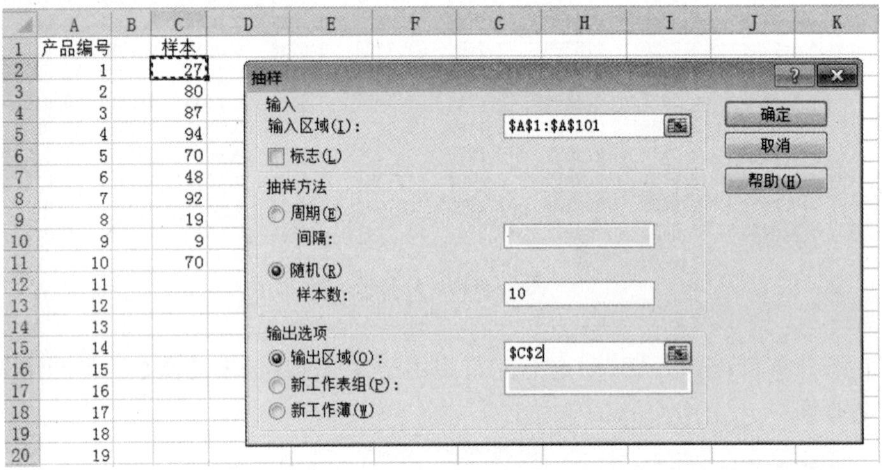

图 5－13　有放回的抽样

1）输入：

输入区域：A1:A101

选择标志

2）抽样方法：

选择随机，在样本数对话框中输入:10

3）输出选项：

输出区域：C2

（3）单击“确定”按钮，得出结果。

10 个随机抽样值就出现在 C2:C11 单元中，如图 5－13 所示。当然，由于抽样是随机的，不同的人操作可能得到不同的结果。应该注意这一抽样是带放回的，也就是说，在第一个抽样值选出后，这一值又被送回总数，在下一次抽样中，所有的总体值被抽取的概率相等。特定的样如图 5－13 所示，个体 70 被抽取了两次。

2. 无放回的抽样

许多时候应选择有单一值的样本以便在一个抽样值中，同一总体的值不能包含 1 以上。下面各步骤描述了如何进行无放回抽样：

（1）将产品编号输入 A2:A101 单元格区域中。

（2）在 B2 单元格输入公式：＝RAND( )，拷贝 B2 单元格公式到 B3:B101，由于任何操作（如下面的排序）随机数都会发生改变，所以需要固定当前随机数：

1）选取含有 RAND 函数的单元格区域（B2:B101），单击鼠标右键，从快捷菜单中选择“拷贝”命令。

2）在 RAND 单元仍被选中的情况下，再次单击鼠标右键，从快捷菜单中选择“选择性粘贴”命令，在“选择性粘贴”对话框中选择“粘贴”：数值，“运算”：无，如图 5－14所示。

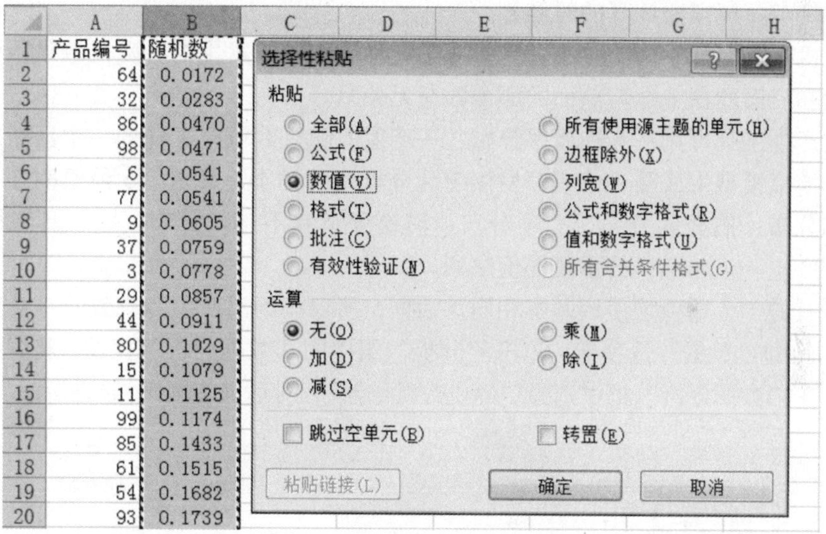

图 5－14

（3）选取编号和随机数（A2:B101），切换到“数据”选项卡，在“排序和筛查”组中单击“排序”按钮。在排序对话框中，单击主要关键词下拉列表框并选择“随机数”，次序选择“升序”，然后单击“确定”，结果如图 5－15 所示。

对于含有 10 个不带归还清单的随机样本，在排序的列表中选取前 10 个清单，这样，64,32,86,98,6,77,9,37,3 和 29 被选中作为随机样本。这个一般的方法可用于含有一总体值列表的情况，每一总体值与一随机数相关联，用随机数作为主关键字排序，并选取排序列表中的前 n 个值为随机样本。

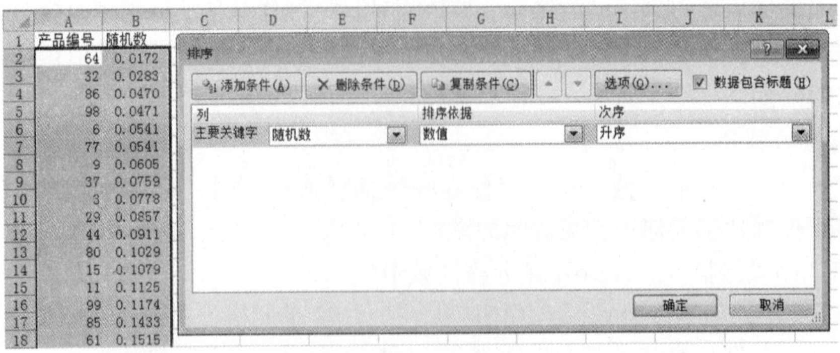

图 5-15　无放回的抽样

5.2.2　分析工具：随机数产生

随机数是专门的随机试验的结果。在统计学的不同技术中需要使用随机数，如在从统计总体中抽取有代表性样本的时候，或者在将实验动物分配到不同的试验组的过程中，或者在进行蒙特卡罗模拟法计算的时候等。

产生随机数有多种不同的方法，这些方法被称为随机数发生器。随机数最重要的特性是它的产生和后面的那个数与前面的那个数毫无关系。

随机数产生工具可用从6种概率分布之一产生的随机数填充工作的一个区域。这一工具可能对于模拟模型生成输入值或开发供统计分析用的样本有用处。6种概率分布是均匀分布、正态分布、伯努利分布、二项分布、泊松分布和不连续分布。这工具有第七个选项，它用于产生一个非随机的重复的值序列。

由于所有的7个选项均使用基本相同对话框，所以先给出产生随机数的一般步骤：

(1) 切换到“数据”选项卡，单击“分析”组中的“数据分析”按钮，将弹出“数据分析”框，在“数据分析”框中选择“随机数发生器”，对话框如图5-16所示。

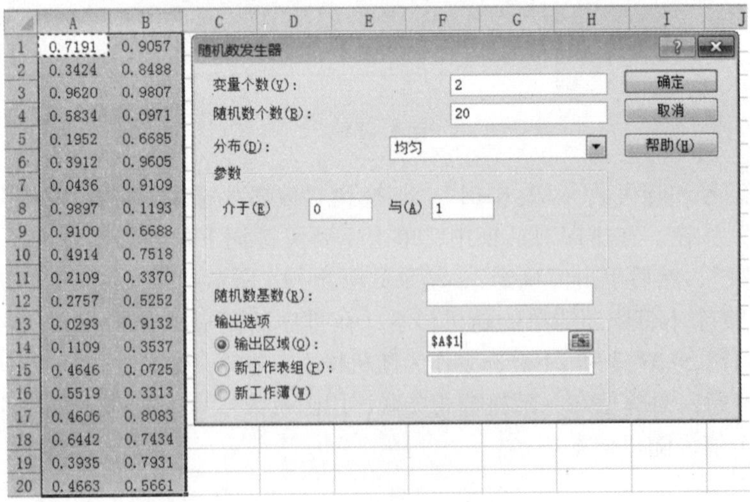

图 5-16　随机数发生器

(2) 变量个数：在此指定输出表中数值列的数目。

随机数个数：在此输入每一列中数据点的数目。

(3) 分布：在此单击选定用于创建随机数的分布类型。

1) 均匀分布：以下限和上限来表征。其变量是通过对区域中的所有数值进行等概率抽取而得到的。普遍的应用是在范围 0 ~ 1 之间的均匀分布。

2) 正态分布：以平均值和标准偏差来表征。普遍的应用是均值为 0，标准偏差为 1 的标准正态分布。

3) 伯努利分布：以给定的试验中成功的概率来表征。伯努利随机变量的值为 0 或 1。如果变量小于等于成功的概率，则伯努利随机变量的值为 1；否则，随机变量的值为 0。

4) 二项分布：以一系列试验中成功的概率来表征。例如，可以按照“试验次数”编辑框中指定的个数生成一系列伯努利随机变量，每一组中所有变量（针对各个变量的每一个随机数进行的指定次数试验产生的结果）之和为一个二项式随机变量。

5) 泊松分布：以值来表征，等于均值。泊松分布经常用于表示单位时间内事件发生的次数，例如，汽车到达收费停车场的平均速率。

6) 模式分布：以上界和下界、步长、数值重复率及序列重复率来表征。

7) 离散分布：以数值及其发生概率来表征。在本对话框中给定的输入区域必须包含两列，左边一列为待生成的数值，右边一列为相应的发生概率。所有给定数值的概率之和必须为 1。

(4) 参数：在此输入数值，或用来表征当前选定的分布类型的数字。

(5) 随机数基数：计算机产生的随机数是伪随机数，序列中每一随机数都依赖于前面的随机数。在此输入用来构造随机数的可选数值。以后再次使用同一数值可生成相同的随机系列。

(6) 输出选项。

输出区域：在此输入对输出表左上角单元格的引用。

新工作表组：单击此选项，可在当前工作簿中插入新工作表。

新工作簿：单击此选项，可创建一新工作簿，并在新工作簿的新工作表中粘贴计算结果。

(7) 单击“确定”按钮，得出结果。

1. 均匀分布

这一选项产生的随机数均匀地分布于指定的低值和高值之间。也就是说，在低值和高值之间的所有实数均有一样的可能，如果指定低值为 0，高值为 1，那么所产生的随机数与 Excel 的 RAND( ) 函数产生的相似。

(1) 切换到“数据”选项卡，单击“分析”组中的“数据分析”按钮，将弹出“数据分析”框，在“数据分析”框中选择“随机数发生器”。

(2) 变量个数：2

随机数个数：20

(3) 分布：均匀

(4) 参数：介于 0 与 1

（5）输出选项 - 输出区域：A1

（6）单击“确定”按钮，得结果见图 5 - 16。

2. 正态分布

这一选项从具有指定均值和标准偏差的正态分布中产生随机数。正态密度函数是一铃铛形曲线，从理论上讲，这些值的范围在负无穷到正无穷之间。要产生标准正态值（像许多统计表格中出现的那些值），应指定均值为 0 且标准偏差为 1。随机数基数特征在此选项内不能正确生效，指定同样的初值可产生不同的正态随机数。

（1）切换到“数据”选项卡，单击“分析”组中的“数据分析”按钮，将弹出“数据分析”框，在“数据分析”框中选择“随机数发生器”。

（2）变量个数：1

随机数个数：20

（3）分布：正态

（4）参数：平均值 = 0

标准偏差 = 1

（5）输出选项 - 输出区域：A1

（6）单击“确定”按钮，得结果见图 5 - 17。

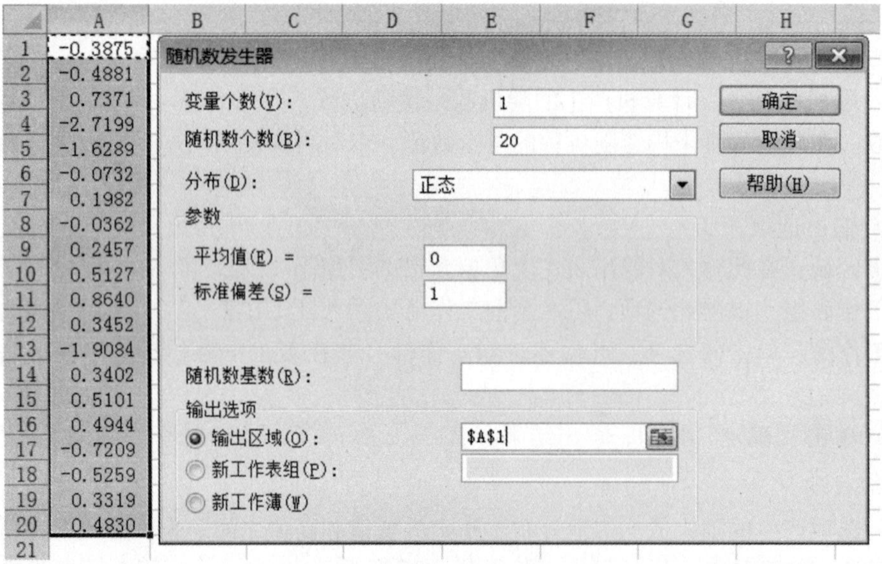

图 5 - 17　正态随机数的产生

3. 伯努利（二点）分布

伯努利随机变量的可能值是 0 或 1，这一分布在描述只有两种可能结果（例如，成功或失败）的随机过程的结果时很有用。得到 1 的概率通常称为成功的概率。Excel 称之为 *P* 值。如果指定 0.3 为 *P* 值，在输出范围的单元中约有 30% 的单元包含 1，70% 的单元包含 0。

4. 二项分布

二项分布变量是指定数字的伯努利随机变量的总和，其中每一伯努利变量具有相同的成功概率（P 值），Excel 称伯努利随机变量数为“试验次数”，其中每一试验的结果是成功或失败，二项分布随机变量计数不确定的成功次数，其可能的值是介于 0 和试验次数之间的整数，包括两端。

5. 泊松分布

泊松随机变量是计算在指定区间内事件发生的次数。例如，泊松分布可用来生成由机器生产的 100 米长电线中缺陷个数的模型或生成在某个收费站 1 小时内到达车辆数的模型。这一分布由 λ 指定即每单元区间间隔内的平均发生次数（Excel 联机帮助错误地将 λ 值描述为等于 $1/\lambda$ 均值，实际上，λ 等于平均值）。

6. 不连续分布

不连续分布由一系列可能值及其相关的概率来确定。在使用此选项前，应把值及其相关的概率输入在工作单相邻的两列中，值在左边，概率在右边。图 5－18 为一示例，月销售额的可能值为 5 000，6 000 和 7 000，其概率依次为 0.5，0.4 和 0.1。这十二个输出值在统计上是独立的，这一示例假设没有重复季节模式。

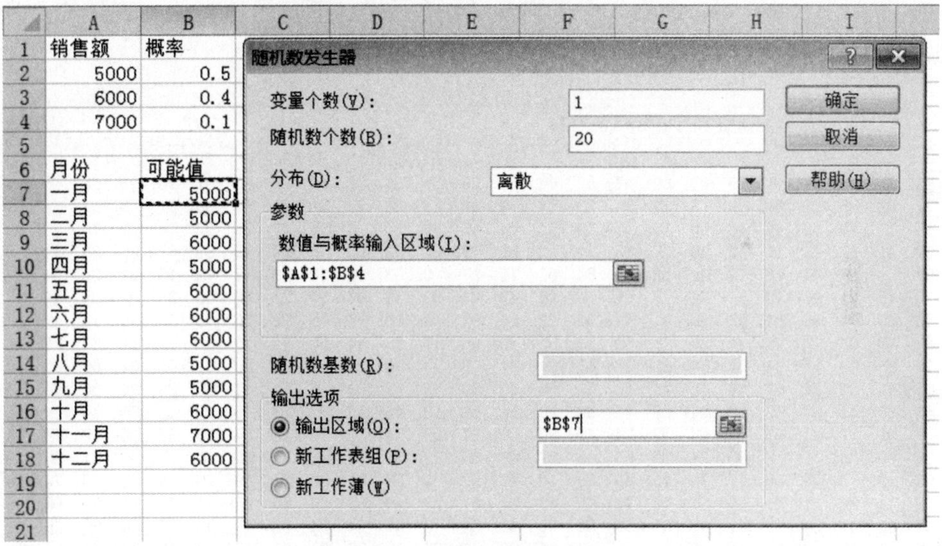

图 5－18　离散随机数的产生

对于不连续分布，可输入“随机数基数”值一次，但在同一次 Excel 操作中不能改变它，也就是说，如果输入了一个初值，要想生成一个不同的随机值序列，就必须退出并重新启动 Excel。

5.2.3　用 RAND( ) 函数生成随机数

1. 用 RAND( ) 函数生成常见随机数

(1) 均匀随机数：要在一个工作表中动态地生成 $[a,b]$ 区间均匀的随机数，可用公

式 = a + (b − a) * RAND( )，如要产生[a, b]区间的整型随机数，可用公式 = RANDBETWEEN(a，b)。

(2) 正态随机数：要在工作表中动态地生成正态分布值，可用公式 = NORMINV(RAND( ),Mean,Std)，其中 Mean 和 Std 是均值和标准差，取值为数值或数值的引用。例如，要生成标准正态分布值，可用公式 = NORMINV(RAND( ),0,1)。

(3) 伯努利随机数：要在工作表中动态地生成 Bernoulli 随机值，可用公式 = CRITBINOM(1,p,RAND( ))，其中，p 是成功的概率，是一数值或数值的引用。

(4) 二项式随机数：要在工作表中动态地生成二项分布随机数，可用公式 = CRITBINOM(n,p,RAND( ))。其中，n 为试验次数，p 是成功的概率，是一数值或数值的引用。

(5) 离散随机数：要在工作表中从一不连续分布中动态生成随机数，可用 RAND( ) 和一包含数值及其相关累积概率的查询表来生成。

2. 随机数字表的产生

在实际中经常需要用随机数字表（每本统计书中都附有）进行抽样，下面介绍 Excel 产生随机数字表的方法：

(1) 在 A1 单元格中输入公式：= RANDBETWEEN(0, 99)（每次产生一个 0 ~ 99 间的两位随机数）。

(2) 选取 A1 单元格，向右和向下拖动 A1 单元格右下角的填充柄一直填充到所需位置，如图 5 − 19 所示。

A1　fx　=RANDBETWEEN(0,99)

	A	B	C	D	E	F	G	H	I	J	K	L	M	N	O	P	Q	R	S	T	U	V	W	X	Y	Z
1	23	36	22	47	31	25	88	60	47	62	66	60	26	81	36	72	13	55	20	91	90	93	26	56	11	70
2	72	92	35	62	59	59	2	27	54	23	14	9	38	23	30	32	98	22	51	95	51	5	67	49	69	3
3	95	87	45	32	49	43	90	18	7	59	21	4	45	87	97	6	56	17	29	99	78	98	70	98	44	77
4	52	41	37	45	11	12	90	17	85	24	2	88	73	62	22	56	75	59	73	89	87	25	20	44	48	10
5	92	1	37	44	37	2	42	92	69	66	56	15	27	0	63	30	52	36	43	75	13	31	34	96	84	38
6	70	45	71	60	49	51	52	7	65	9	26	49	71	93	30	97	34	24	86	48	35	2	39	49	47	89
7	40	60	74	95	64	97	58	87	44	81	82	16	97	73	69	97	16	25	30	90	30	96	19	47	87	45
8	97	99	87	6	46	24	87	75	64	93	55	76	58	67	40	57	62	71	1	62	95	11	67	51	46	33
9	97	25	79	57	4	37	66	92	12	85	64	11	78	39	30	27	87	74	62	51	85	62	60	20	10	89
10	65	61	30	58	69	43	62	12	48	79	56	80	50	52	43	89	9	84	12	55	89	36	36	46	65	64
11	63	90	43	97	52	69	64	55	76	99	90	52	69	10	49	13	82	68	19	25	46	76	44	4	25	25
12	7	31	7	31	53	23	43	39	74	26	20	28	67	96	74	19	72	12	34	19	35	84	99	14	3	86
13	22	99	5	62	3	80	27	30	63	66	87	86	35	23	31	55	35	58	22	6	43	96	51	35	39	69
14	59	69	3	26	68	17	74	15	60	90	10	43	93	1	28	54	36	74	89	49	64	21	79	76	45	36
15	19	71	26	21	71	80	50	79	71	45	85	27	61	27	49	66	29	59	48	30	21	71	37	80	46	78
16	47	85	47	34	76	11	43	67	37	32	90	48	84	6	47	24	34	32	49	35	35	0	59	26	91	47
17	68	3	17	59	95	19	3	93	1	43	46	32	28	97	63	99	84	69	65	40	13	44	16	20	86	31
18	0	62	86	57	24	75	48	97	14	3	15	38	97	38	15	88	97	94	77	5	45	74	97	56	48	27
19	50	28	75	93	0	39	82	79	90	66	6	51	34	9	86	17	4	62	86	31	63	32	97	9	50	42
20	22	9	24	70	94	85	49	54	93	53	80	47	3	39	99	39	79	48	13	9	67	44	75	19	87	44

图 5 − 19　随机数字表

5.2.4　模拟中心极限作用

下面各步骤描述如何动态模拟中心极限作用。在本例中，一车间想生产 20 厘米直径的钢管，在生产中有变化，名义上直径 20 厘米的钢管实际长度在 19.5 到 20.5 厘米之间均匀变化。在规则间隔中，随机抽样了 5 根钢管，然后测量了它们的直径，记录下了平均度。经过 500 次抽样后，作出了样本平均值的分布图，尽管总体值是均匀分布的且样本尺寸（$n=5$）也较小，但是平均直径的分布趋向于正态分布。

（1）在 A3 和 A4 单元格中分别输入 1 和 2，选取 A3 和 A4 单元格，单击右下角的填充柄并拖动至 A502 单元格。

（2）在 B3 单元格中输入公式：=19.5+RAND()，RAND()的值均匀分布于 0 和 1 之间，所以公式的结果在 19.5 和 20.5 之间。

（3）选取 B3 单元格，单击右下角的填充柄并拖动到 F3。

（4）在 H3 单元格中，输入公式：=AVERAGE(B3:F3)，如图 5-20 所示。

B3　fx　=19.5+RAND()

	A	B	C	D	E	F	G	H
1	样本编号			样本值				样本均值
2		1	2	3	4	5		
3	1	19.86	19.50	19.68	20.36	19.62		19.81
4	2							
5	3							
6	4							
7	5							
8	6							
9	7							
10	8							

图 5-20

（5）选取 B3:H3 单元格区域，单击鼠标右键，从快捷菜单中选择“拷贝”，选取 B4 单元格，用屏幕右边的滚动条向下滚动直到看见 H502 单元格。按住 Shift 键，单击 H502 单元格，在 B4:H502 单元格区域被选取的情况下，单击鼠标右键，从快捷菜单中选择“粘贴选项”中的粘贴公式，模拟出 500 个样本的平均值，如图 5-21 所示。

H3　fx　=AVERAGE(B3:F3)

	A	B	C	D	E	F	G	H
1	样本编号			样本值				样本均值
2		1	2	3	4	5		
3	1	19.92	19.98	20.12	20.33	19.97		20.06
4	2	19.83	20.09	19.96	19.51	20.12		19.90
5	3	19.88	20.20	19.91	19.77	20.00		19.95
6	4	20.28	20.18	19.84	20.09	20.39		20.16
7	5	19.96	19.73	20.28	19.70	19.77		19.89
8	6	19.85	20.42	19.77	20.10	19.65		19.96
9	7	20.18	20.06	19.95	19.66	20.26		20.02
10	8	19.58	19.95	20.36	19.72	20.00		19.92
11	9	20.44	19.82	19.58	19.71	20.38		19.99
12	10	19.82	19.71	20.20	20.24	20.17		20.03
13	11	20.03	20.29	20.49	20.04	19.79		20.13
498	496	20.01	19.96	20.19	20.00	20.26		20.08
499	497	20.30	19.75	19.81	20.22	19.62		19.94
500	498	20.04	20.26	19.51	19.79	20.02		19.92
501	499	20.36	19.81	20.13	20.04	19.70		20.01
502	500	19.57	20.27	19.75	19.67	19.64		19.78

图 5-21　随机样本和均值

（6）如图 5-22 所示，在 J2 和 K2 单元格中输入标记“区间”和“频数”，在 J3 单元格中输入 19.50，J4 单元格中输入 19.55，选取 J3:J4 单元格，单击 J4 单元格右下角的填充柄并向下拖动至 J23 单元格。

（7）选取 K3:K23 单元格区域，键入公式：=FREQUENCY(H3:H502,J3:J23)，但不要按 Enter 键，而是先调整输入的公式，按住 Shift 和 Ctrl 键，然后按 Enter 键。如果输入正确，公式出现在由曲线框围起来的公式栏中。频率出现在 K3:K23 单元格区域中。

（8）要做直方图，选取 J3:K23 单元格区域，切换到“插入”选项卡，单击“图表”组中的二维柱形图，并对图表做一定的修饰，绘制出的直方图如图 5－22 所示。

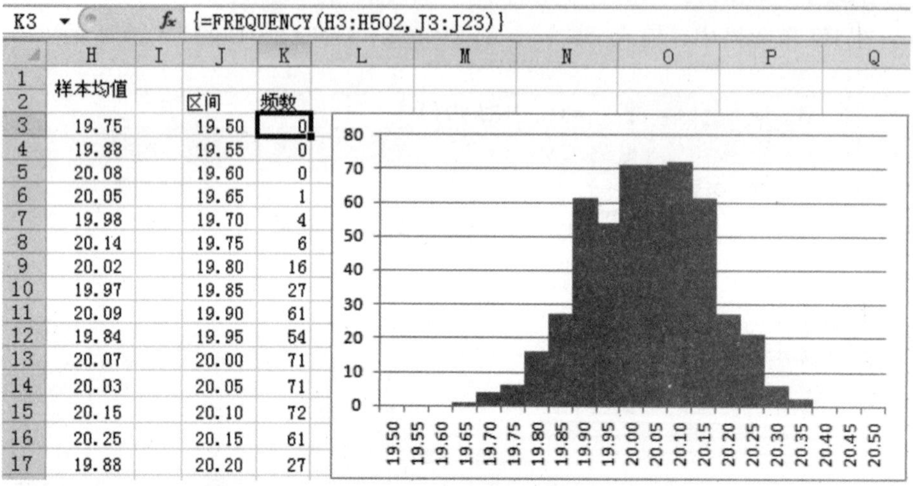

图 5－22　频数分布及直方图

（9）要在每次按 F9 键时帮助比较相似的模拟，可激活图表，先选取 *Y* 轴，双击之，然后单击“刻度”，清除“最大值”的“自动”复选框并在“最大值”文本框中键入 100，然后单击“确定”。

有些模拟结果不像图 5－22 所示的特定样本结果那样是对称的和堆形的，就可用1 000 个含有 5 个值的样本取代 500 个，以便得到较平滑的结果。在每一样本中用 5 个以上值，就可得到近似正态分布的结果。

5.2.5　模拟随机走动

随机走动是从具有特定平均值和标准偏差的稳定过程中得到的独立结果的累积值，稳定过程的平均值为 0，累积值为一纯随机走动；否则，随机走动有一非零漂动。稳定过程的结果决定了累积值从一个阶段到另一个阶段的变化。随机走动可用于模型化股票价格和其他曲线变化现象。

稳定过程为随机走动过程提供构造块。本书示例使用均匀分布于 －0.5 到 ＋0.5 之间的值来模拟每阶段的变化。这一稳定过程的平均值为 0，标准偏差等于 1/12 的平方根（大约为 0.29），如果单个输出代表日常结算，随机走动就是一累积利润或损失的模型。

下面分步骤描述如何建立如图 5－23 所示的模拟随机走动：

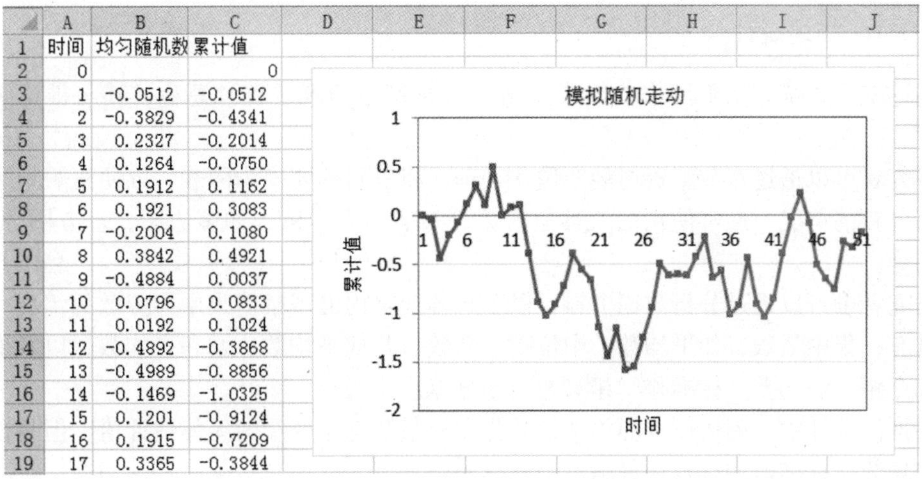

	A	B	C
1	时间	均匀随机数	累计值
2	0		0
3	1	-0.0512	-0.0512
4	2	-0.3829	-0.4341
5	3	0.2327	-0.2014
6	4	0.1264	-0.0750
7	5	0.1912	0.1162
8	6	0.1921	0.3083
9	7	-0.2004	0.1080
10	8	0.3842	0.4921
11	9	-0.4884	0.0037
12	10	0.0796	0.0833
13	11	0.0192	0.1024
14	12	-0.4892	-0.3868
15	13	-0.4989	-0.8856
16	14	-0.1469	-1.0325
17	15	0.1201	-0.9124
18	16	0.1915	-0.7209
19	17	0.3365	-0.3844

图 5-23　模拟随机走动

1．产生随机数

（1）在 A2 单元格输入 0，在 A3 单元格输入 1，选取 A2:A3 单元格区域，单击 A3 单元格右下角的填充柄并向下拖动至 A52。

（2）在 B3 单元格中输入公式：=RAND( )-0.5，选取 B3 单元格，单击填充柄并向下拖动至 B52 单元格。按 F9 键重新计算工作表并确认 B 列中的随机值在 -0.5 到 +0.5 之间。

（3）在 C2 单元格输入值 0，选取 C3 单元格并输入公式：=C2+B3，选取 C3 单元格，单击填充柄并向下拖动至 C52。

2．产生图形

（1）选中 C2:C52 单元格区域，切换到"插入"选项卡，单击"图表"组-"折线图"中的二维折线图。绘制出的图表以嵌入图表形式出现在工作表中。

（2）修饰图表。将折线图表标题设为"模拟随机走动"，*X* 轴标题键入"时间"，*Y* 轴标题键入"累计值"。将 *X* 轴标签间隔单位指定为 5，数据标记类型设为内置，大小为 3。要得到另外 50 个阶段的随机走动的折线图表，按 F9 键。

尽管变化为稳定的过程，但累积值并不是非常稳定的，如果用户重复地计算该工作表，可看到变化很宽的随机走动图。要模型化某个特定的应用过程，其他过程（正态，二项等）可能更适于特定的稳定过程。

5.3　Excel 中的统计分析工具

Excel 用三个有用的数据分析工具来描述单变量数据。描述统计分析工具提供了中心趋近、变化量和非对称性等的测量方法；直方图分析工具提供了概率分布表、累积频率和直方图表；排位与百分比排位分析工具生成带权值和百分比的原始数据的升序排列表。

这些工具适用于不带时间维的数据，如果数据是通过时间聚集的，要先测试数据的时序曲线来检测模式，如果时序曲线是随机的，那么可以用单变量工具来总结这些数据。

关于数据分析工具的安装请参照附录 A，其对话框如图 5-24 所示。

5.3.1 描述统计

描述统计是统计学中用来描绘或总结观察量基本情况的统计总称，其与推论统计相对应。

研究者可以透过对数据资料的图像化处理，将资料摘要变为图表，以便直观地了解整体资料分布的情况。通常使用的工具是频数分布表与图示法，如多边图、直方图、饼图、散点图等。

研究者也可以透过分析数据资料，以了解各变量内的观察值集中与分散的情况。运用的工具有：集中量数，如平均数、中位数、众数、几何平均数、调和平均数；以及变异量数，如全距、平均差、标准差、相对差、四分差。

在推论统计中，测量样本的集中量数与变异量数都是变量的无偏估计值，但是以平均数、变异数、标准差的有效性最高。

数据的次数分配情况，往往会呈现正态分布。为了表示测量数据与正态分布偏离的情况，使用畸变、峰度这两种统计数据。

为了解个别观察值在整体中所占的位置，需要将观察值转换为相对量数，如百分等级、标准分数、四分位数等。

【例 5.3】某轴的标准尺寸为 50mm，允许范围在 50.000mm 至 50.035mm 之间，现从所加工的轴中随机抽取 100 根，测定其与 50 之差，结果如下：（单位：μm）

23	16	14	20	27	19	17	17	16	17	14	9	11	14	11	17	13	19
17	20	20	16	16	11	24	21	27	5	17	20	16	17	16	16	14	22
13	14	26	19	20	16	15	9	17	8	19	14	8	19	22	21	0	9
3	20	14	6	11	12	20	9	12	20	10	16	10	19	13	15	14	13
25	14	9	16	8	16	7	8	5	13	9	16	19	14	29	18	14	18
12	10	26	17	8	16	27	7	15	13								

下面分步骤描述如何使用 Excel 的描述统计工具：

（1）切换到“数据”选项卡，单击“分析”组中的“数据分析”按钮，将弹出“数据分析”框，如图 5－24 所示。在“分析工具”框中选择“描述统计”，对话框如图 5－25 所示。

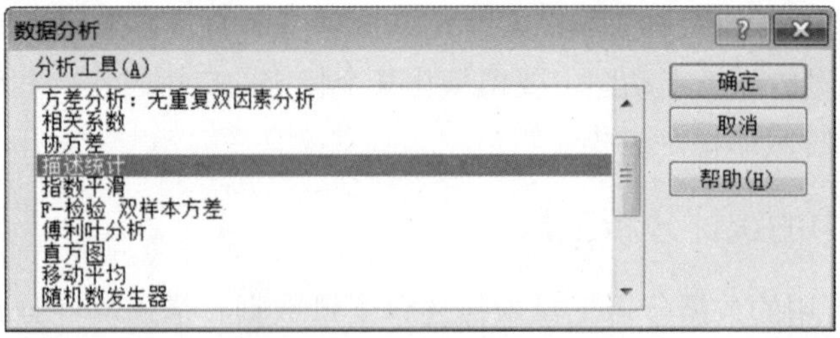

图 5－24 数据分析对话框

1）输入：

输入区域：A1:A101

分组方式：逐列

选定“标志位于第一行”

2）输出选项：

输出区域：C1

汇总统计：这一功能是使用“描述统计”分析工具的主要原因，所以必须选择它。每组数据集的总结统计输出区域中的两列。

平均数置信度：选取查看置信区间的半宽并在“%”框中输入想得到的置信度。本例中需要 95% 置信区间的半宽。

第 K 大值：如果用户想知道数据集中的第 K 大值可选此复选框，并在第 K 大值框中输入一个数值，本例需要第 4 大值。

第 K 小值：选此框可得数据集的第 K 小值并在第 K 小值框中输入一数字，本例需要第 4 小值。

（2）单击“确定”按钮，Excel 将计算出结果并显示在输出区域中，如图 5－26 所示。

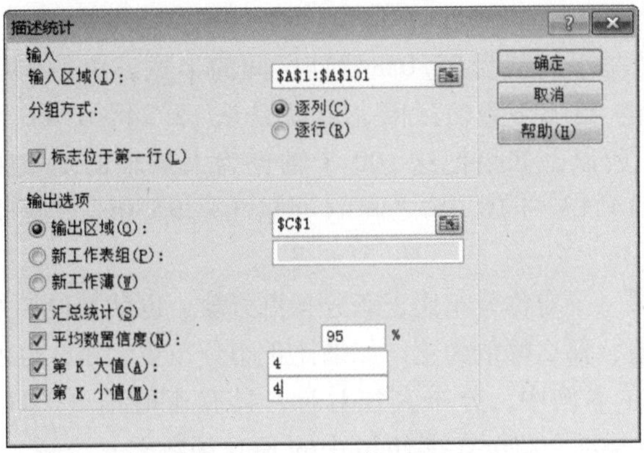

图 5－25　描述统计对话框

	A	B	C	D
1	X		X	
2	23			
3	16		平均	15.24
4	14		标准误差	0.56
5	20		中位数	16.00
6	27		众数	16.00
7	19		标准差	5.59
8	17		方差	31.30
9	17		峰度	0.11
10	16		偏度	0.04
11	17		区域	29.00
12	14		最小值	0.00
13	9		最大值	29.00
14	11		求和	1524.00
15	14		观测数	100.00
16	11		最大(4)	27.00
17	17		最小(4)	5.00
18	13		置信度(95.0%)	1.11

图 5－26　描述统计的输出结果

解释描述统计：

输出表包含三种集中趋势的衡量标准：平均值、中间值和众数。轴的尺寸与 50mm 之差的平均值是 15.24（单位为 μm，下略）。中值是中间排列的值，这里为 16。这样，大约有一半的轴的尺寸大于 16，大约一半少于 16。如果将 100 个值排序，1 到 100 分配给排序后的值，那么中间值是 16，排在第 50 位与 51 位之间。有 49 个值在它下面，49 个值在它上面［在一组有奇数个值 n 的数据集中，中间值排在第 $(n+1)/2$ 位。在有偶数个值时，中间值是排列于第 $n/2$ 位与第 $n/2+1$ 位这两个值的中间的值］。

模式是出现频率最高的值，这里是 16。实际上，值 16 出现了 12 次。当有 2 个或更多的值重复出现次数相同时（多众数），Excel 报出在数据中最先出现的那个值。

在一些数据集中，每个值可能都只出现一次，这时每个值都是众数，Excel 将报告

“#N/A”。这种情况发生时，先生成一个频率分布再报告出带有最高频率的值的范围，这一结果被称为模态间隔（Modal interval）。

输出表包含了几种变化的衡量标准。区域（29）等于最大值（29）减去最小值（0）。在一些数据集中这一范围可能会引起变化的衡量标准的错误，因为它只基于两个极限值，可能不具有代表性。

样本标准偏差（5.59）是在数据分析中使用最广的变化衡量标准。对数据集中的每个值求出它对平均值偏差，对每个偏差求平方，然后将偏差的平方求和。总和除以 Count 减 1（也就是 $n-1$），得到样本方差（31.30），标准差等于这一方差值的平方根。

在本例中，标准差与原始值有同样的单位或量纲：μm。方差以平方单位表示：平方微米。输出表中的标准偏差和方差是样本标准差和样本方差，是以 $n-1$ 为分母求出的。要求总体标准差和总体方差，以 n 作为分母，用 STDDEVP 和 VARP 函数。

输出表中最大（4）和最小（4）值是第 4 大（27）和第 4 小（5）轴的尺寸值，要在数据组的全体值中得到相似的结果，可用 Rank and Percentile 分析工具。这些值大约对应于 100 个数的数据集的第 75 个百分位（3/4 处）和第 25 个百分位（1/4 处）。在四分点的第三和第一点的插值可由 QUARTILE 工作表函数 =QUARHLE(A2:A101,3)和 =QUARTILE(A2:A101,1)分别得到。

平均值（15.24）的标准误差等于样本标准偏差除以样本大小的平方根。标准误差是平均值的不确定度的衡量标准，用于统计结论（置信区间和假设检验）。

置信度（95.0%）（1.11）显示的值是平均值为 95.0% 置信区间的半宽。由平均值减去半宽到平均值加上半宽即为平均值的 95.0% 置信区间，也就是从 15.24 - 1.11 到 15.24 + 1.11，或约 14.13 到 16.35mm。所以，如果把这 100 个轴作为大量轴的随机抽样，可以这样说，未知总数的平均值在 14.13 与 16.35 之间的可能性是 95.0%（这也是求置信区间的一种方法）。

峰度衡量了对称分布的峰值程度。如果一个对称分布比正态分布更分散，也就是说如果与相应的正态分布相比，在尾部有更多的值，那么峰值为正；如果比正态分布更尖锐，也就是在尾部的数值较少，那么峰值为负。在本例中，分布大致对称，具有正峰值（0.11）（Excel用对平均值偏差的四次幂来求峰值，详细介绍可查找 Help 中的 Kurt 函数）。

偏度指一个分布中对称分布的偏移程度。如果在正方向有一些极值，我们就说分布是向正方向移动，或称向右移。如果在负方向有一些极值，那么分布向负方向移动，或称向左移。否则，分布是对称的或大致对称。在本例中，偏度为 0.04，所以分布大致对称（Excel 用对平均值偏差的三次方来求偏度值，详细介绍可查找 Help 中的 SKEW 函数）。

5.3.2 直方图

直方图分析工具是确定用户数据的一个频率分布表并提供一个直方图。除了单个频率外，也可在结果中选择累积频率。

1. 指定接收区域直方图

在应用此工具前，用户应先决定分布区间。否则，Excel 将用一个大约等于数据集中某数值的平方根作区间，在数据集的最大值与最小值之间用等宽间隔。如果用户自己定义区间，可用 2，5 或 10 的倍数，这样易于分析。

要决定区间，首先用描述统计分析工具确定数据集中的最小值和最大值。另外，也可在工作表中输入 MIN 函数和 MAX 函数，用这两个极值帮助确定用户直方图区间的极限。通常，直方图多用 5 到 15 个间隔。

对于轴的尺寸数据，最小值是 0，最大值是 29。一个紧凑的直方图可从区间 0 开始，区间宽度用 3，最后一区间为 30 结束，需要 11 个区间。这里所用的方法是在两端加了一个空区间，在低端是区间“0 或小于 0”，高端是区间“大于 30”。

Excel 将每个区间的最大值称作界限（bin），这里第一个界限为 0，这个区间包含所有是 0 或小于 0 的值。直方图工具自动在用户指定的界限中加一区间标记“其他”。本例中最后一个界限是 30，最后一个区间包含所有大于 30 的值。

参考图 5－26，利用下面这些步骤可得到频率分布和直方图：

（1）为了方便，将原始数据拷贝到新工作表“指定频数直方图”中。

（2）在 B1 单元格中输入 Bin 作为一标记，在 B2 单元格中输入 0，B3 单元格中输入 3，选取 B2:B3，向下拖动所选区域右下角的“＋”到 B12 单元格。

（3）按下列步骤使用“直方图”分析工具：

1）切换到“数据”选项卡，单击“分析”组中的“数据分析”按钮，将弹出“数据分析”框，在分析工具框中选择“直方图”，弹出的对话框如图 5－27 所示。

①输入：

输入区域：A1:A101

接收区域：B1:B12（这些区间断点或界限必须按升序排列）

选择标志

②输出选项：

输出区域：C1

选择图表输出

2）单击“确定”按钮，Excel 将计算出结果显示在输出区域中。

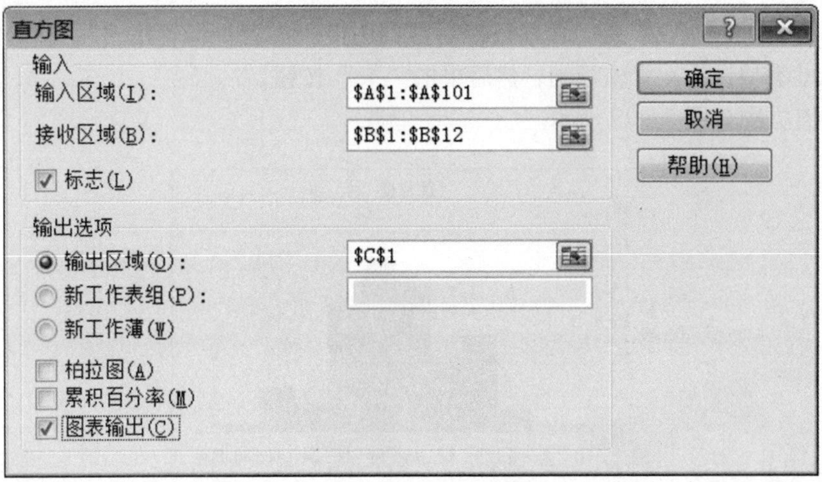

图 5－27　数据分析工具之直方图对话框

Excel 将把频率分布和直方图放在工作表中，如图 5－28 所示，输出表的 C 和 D 列中包括开始指定的界限。这些界限实际上是每一区间的上限，也就是说，界限实际上是边界。

例如，与界限值 12 相连的区间（C6 单元格）包括了严格大于 12（前一界限值）并小于或等于 15 的尺寸，在这一数据集中有 10 个这样的尺寸，因此，对于界限值 12 的频率是 10（D4 单元格）。

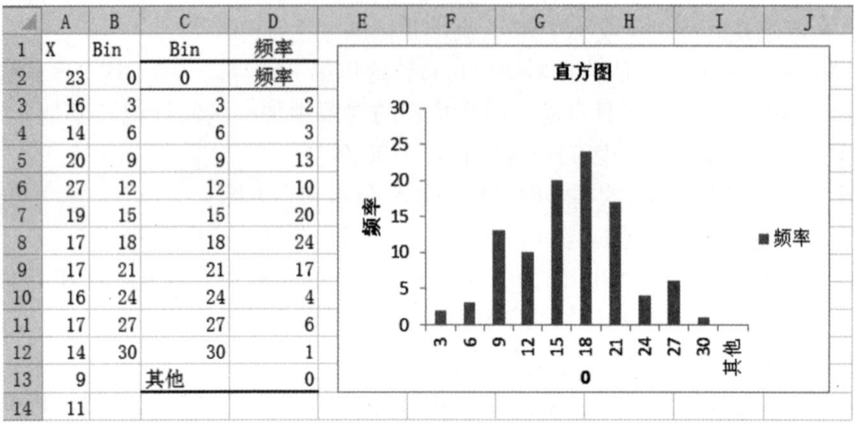

	A	B	C	D
1	X	Bin	Bin	频率
2	23	0	0	频率
3	16	3	3	2
4	14	6	6	3
5	20	9	9	13
6	27	12	12	10
7	19	15	15	20
8	17	18	18	24
9	17	21	21	17
10	16	24	24	4
11	17	27	27	6
12	14	30	30	1
13	9		其他	0
14	11			

图 5－28　频数分布与直方图

为了使图表更像传统的直方图和更易于理解，可双击图表并对它做如下修改：

（1）图例：因为只有一个系列的数据显示在图表中，所以不需要图例。单击图例（位于图表右侧的“频率”）并按 Delete 键。

（2）条宽：在传统的直方图中，柱形是彼此相连接而不是分开的。选择某个柱形，单击鼠标右键，选择“设置数据系列格式”，并单击“系列选项”标签，将分类间距从 150% 改为 0，然后单击“×”按钮。

（3）数据系列边框：在“设置数据系列格式”对话框中，单击“边框颜色”标签，将边框颜色设置为实线，颜色为黑色。

（4）*X* 轴标志：选取 *X* 轴，单击鼠标右键，选择“设置坐标轴格式”，在坐标轴选项中，将坐标轴类型设为文本坐标轴，然后单击“×”按钮。

最后的直方图如图 5－29 所示。

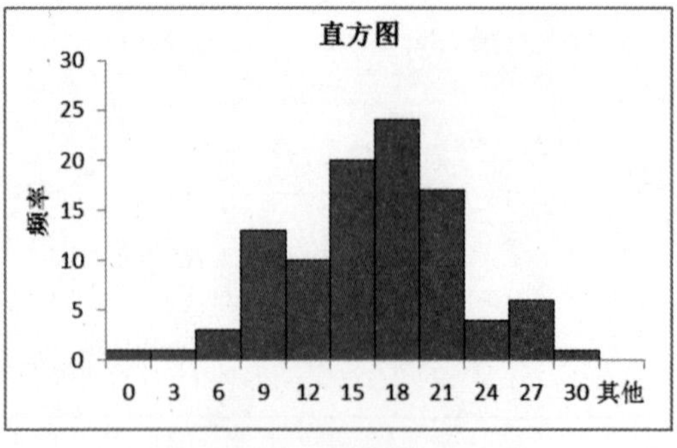

图 5－29　修改后的直方图

2. 不指定接收区域直方图

在进行探索性分析时，为了方便，通常不指定接收区域作直方图，步骤如下：

（1）切换到“数据”选项卡，单击“分析”组中的“数据分析”按钮，将弹出“数据分析”框，在分析工具框中选择“直方图”。

1）输入：

输入区域：A1:A101

接收区域：（该处为空）

选择标志

2）输出选项：

输出区域：B1

选择图表输出和累积百分率

（2）单击“确定”按钮，得出结果。

（3）按前面方法对直方图进行进一步修饰即得图 5 – 30。

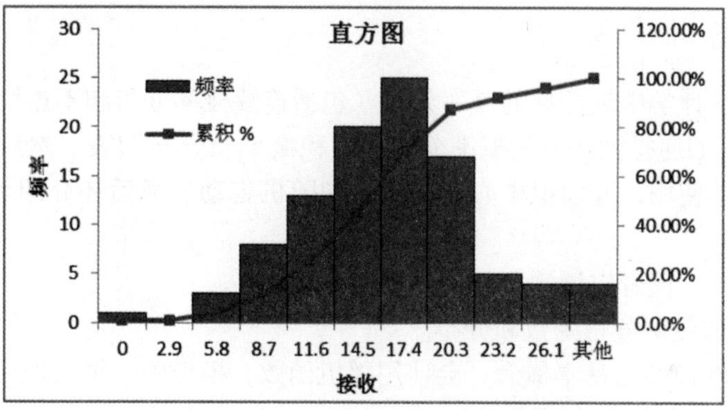

图 5 – 30　进一步修饰后的直方图

5.3.3　排位与百分比排位

排位与百分比排位分析工具产生一表格，用于显示数据集中每个值的位置排列顺序和百分比排列顺序，图 5 – 31 是排位与百分比排位对话框，图 5 – 32 是它的排位与百分比排位输出结果。

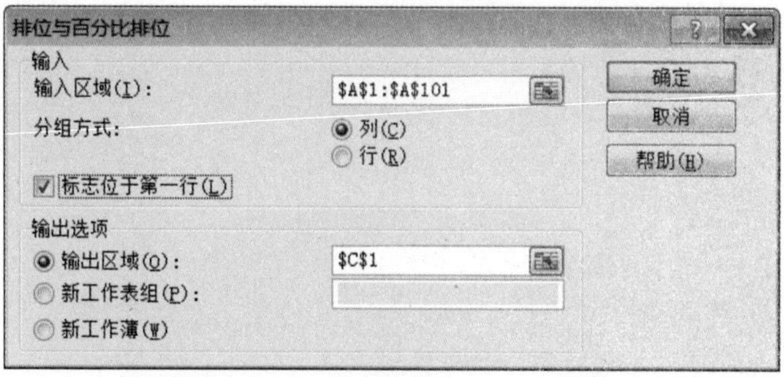

图 5 – 31　排位与百分比排位对话框

	A	B	C	D	E	F	G
1	X		点	X	排位	百分比	
2	23		87	29	1	100.00%	
3	16		5	27	2	96.90%	
4	14		27	27	2	96.90%	
5	20		97	27	2	96.90%	
6	27		39	26	5	94.90%	<<===95%分位数
7	19		93	26	5	94.90%	
8	17		73	25	7	93.90%	
9	17		25	24	8	92.90%	
10	16		1	23	9	91.90%	
11	17		36	22	10	89.80%	
12	14		51	22	10	89.80%	
13	9		26	21	12	87.80%	
14	11		52	21	12	87.80%	

图 5－32　排位与百分比排位输出结果

F 列的百分比值指定数据集中最大值（值为：29，排在第 1，在原数据中的位置为 87）为第 100 个百分比，最小值为第 0 个百分比，中间值的百分比依次为 $1/(n-1)$，n 为观察例数。图 5－32 G6 单元格所示说明第 95% 的百分位点大概在此位置，约为 26。

5.4　小　结

本章首先介绍统计学中最常见的概率分布（包括连续概率分布和不连续概率分布）的概念以及在 Excel 中如何得到相应的概率分布、累积概率及分布图表。然后介绍抽样的基本概念和随机函数的使用，并模拟中心极限作用和随机走动。最后还介绍了 Excel 中的统计分析工具。

通过本章的学习，读者应该掌握如下内容：

（1）了解常见的概率分布函数和分布。

（2）理解抽样和模拟的基本概念，会使用随机函数、模拟中心极限作用和随机走动。

（3）掌握 Excel 中的统计分析工具。

6 统计推断及 Excel 应用

统计推断的问题可以分为两大类，一类是估计问题，一类是假设检验问题。本章在介绍参数估计和假设检验的基本概念基础上，将详细介绍单样本均值推断、两样本均值推断和多样本均值推断相关知识。本章的主要内容如下：

（1）单样本均值推断。

（2）两样本均值推断。

（3）多样本均值推断。

（4）χ^2 的拟合优度检验。

6.1 单样本均值推断

本章介绍用于单个总体平均值的基本统计推理方法。这些方法适用于由单个变量的值组成的简单随机样本。例如，可用某种品牌轮胎的一个随机样本建立该品牌的所有轮胎平均公里寿命的置信区间，或者用于检验所有轮胎平均寿命不低于 20 000 公里的假设。

6.1.1 正态分布与 t 分布

如果总体中的值有正态分布且知道总体值的标准偏差，那么该样本平均值为正态分布。然而，由于中心极限定律，正态分布经常用于描述当样本大小很大时样本平均值的不确信度，即使总体分布不是正态分布，或总体的标准偏差是未知的。一般标准所指的“大”为 30 或更多。

如果总体中的值为正态分布，总体值的标准偏差是未知的且必须用样本来估算，那么标准化了的样本平均值为 t 分布。t 分布经常用于分析小样本，即使此时总体分布的形状是未知的。可用直方图或其他方法来检验样本数据是否呈正态分布。只要总体不是极度变曲的或极度非正态分布的，那么 t 分布一般可视为平均值抽样分布的一种可行的近似。

6.1.2 参数估计

参数估计是指用样本指标（称为统计量）估计总体指标（称为参数）。如用样本均数估计总体均数及用样本率估计总体率。

参数估计的分类有点估计（point estimation）和区间估计（interval estimation）两种。

（1）点估计：是依据样本估计总体分布中所含的未知参数或未知参数的函数。通常它们是总体的某个特征值，如数学期望、方差和相关系数等。点估计问题就是要构造一个只依赖于样本的量，作为未知参数或未知参数的函数的估计值。例如，设一批产品的废品率为 θ。为估计 θ，从这批产品中随机地抽出 n 个作检查，以 X 记其中的废品个数，用 X/n

估计 θ，这就是一个点估计。

构造点估计常用的方法是：

1）估计法。用样本矩估计总体矩，如用样本均值估计总体均值。

2）最大似然估计法。1912 年由英国统计学家 R. A. 费希尔提出，利用样本分布密度构造似然函数来求出参数的最大似然估计。

本节内容就是通过样本数据对总体参数进行估计，即

样本均值 $\bar{x}\longrightarrow$总体均值 μ

样本方差 $s^2\longrightarrow$总体方差 σ^2

样本标准差 $s\longrightarrow$总体标准差 σ

样本比例 $p\longrightarrow$总体比例 P

（2）区间估计：是依据抽取的样本，根据一定的正确度与精确度的要求，构造出适当的区间，作为总体分布的未知参数或参数的函数的真值所在范围的估计。例如，人们常说的有百分之多少的把握保证某值在某个范围内，这是区间估计最简单的应用。1934 年统计学家 J. 奈曼创立了一种严格的区间估计理论。求置信区间常用的三种方法包括：①利用已知的抽样分布。②利用区间估计与假设检验的联系。③利用大样本理论。

区间估计是通过统计推断找到包括样本统计量在内（有时是以统计量为中心）的一个区间，该区间被认为很可能包含总体参数。

样本均值($\bar{x}$) 落在$(\bar{x}-\frac{\sigma}{\sqrt{n}},\bar{x}+\frac{\sigma}{\sqrt{n}})$ 范围内的概率为 68. 27%；

样本均值($\bar{x}$) 落在$(\bar{x}-2\frac{\sigma}{\sqrt{n}},\bar{x}+2\frac{\sigma}{\sqrt{n}})$ 范围内的概率为 95. 45%；

样本均值($\bar{x}$) 落在$(\bar{x}-3\frac{\sigma}{\sqrt{n}},\bar{x}+3\frac{\sigma}{\sqrt{n}})$ 范围内的概率为 99. 37%。

对样本均值进行标准化：$u=\frac{\bar{x}-\mu}{\sigma/\sqrt{n}}$。

将它对应的概率称为置信水平（confidence level），将 $(\bar{x}-\mu)\leqslant\pm u\sigma/\sqrt{n}$ 表示的区间范围称为置信区间（confidence interval）。

例如，以 90% 的置信度（$u=1.65$）推断总体参数 μ 的置信区间为：

$$(\bar{x}-1.65\frac{\sigma}{\sqrt{n}},\bar{x}+1.65\frac{\sigma}{\sqrt{n}})$$

以 95% 的置信度（$u=1.96$）推断总体参数 μ 的置信区间为：

$$(\bar{x}-1.96\frac{\sigma}{\sqrt{n}},\bar{x}+1.96\frac{\sigma}{\sqrt{n}})$$

以 99% 的置信度（$u=2.58$）推断总体参数 μ 的置信区间为：

$$(\bar{x}-2.58\frac{\sigma}{\sqrt{n}},\bar{x}+2.58\frac{\sigma}{\sqrt{n}})$$

以同样的原理和方法可以估计总体比例 P。

虽然总体比例 P 不服从正态分布，但我们知道，其样本均值（样本比例的均值）就

等于样本比例，即 $E(p)=P$ 服从正态分布。

因此可以得到对总体比例 P 的估计：

以 95% 的置信度（$u=1.96$）推断总体比例 P 的置信区间为：

$$\left(p-1.96\sqrt{\frac{p(1-p)}{n}},p+1.96\sqrt{\frac{p(1-p)}{n}}\right)$$

1. 大样本——使用正态分布的置信区间

图 6－1 所示工作表可用于使用正态分布的平均值的置信区间。如果样本数据已用“描述统计”总结了，在 B4、B5 和 B6 单元格中键入样本大小值 *n*、样本平均值 *Mean* 和标准偏差 *Std*，或者键入“描述统计”输出表中这些值所在位置的单元引用。如果没有使用“描述统计”，可在同一工作表中键入数据，选取数据范围，从“插入”菜单中选择“名称定义”，定义名称为 Data，并用 Count，Average，Stdev 函数来确定总结方法。在这两种情况下，都要在 C8 单元格中输入置信水平值。

下面各步骤描述了如何建立此工作表（有些单元可能显示#NAME？或其他消息，直到定义了名称并输入数据值为止）。

（1）如图 6－1 所示，在 A 列中输入说明，B 列输入标记。

（2）要在 C 列中使用 B 列中的名称，选择 B4 单元格，在“公式”选项卡中单击“定义名称”，将弹出“新建名称”对话框，在名称中输入 *n*，引用位置为 C4 单元格，即指定 *n*＝COUNT(Data)。同理，为 B5:B6 和 B11:B13 指定名称。

（3）输入 C 列所示的公式。

（4）图 6－1 和图 6－2 是通过“显示公式”按钮进行的交换。

	A	B	C
1	大样本已知均值标准差	置信区间	
2			
3	样本值		
4	例数	n	=COUNT(Data)
5	均值	Mean	=AVERAGE(Data)
6	标准差	Std	=STDEV(Data)
7			
8	置信度	a	0.95
9			
10	统计量		
11	标准误	Se	=Std/SQRT(n)
12	z值	z	=NORMSINV(0.5+a/2)
13	区间半径	zSe	=z*Se
14	置信区间		
15	下限	CL	=Mean-zSe
16	上限	CU	=Mean+zSe

图 6－1　正态置信区间的标记和公式

【例 6.1】面向儿童节目的电视赞助商想了解儿童花在看电视上的时间，因为电视节目的类型及数量和商业均依赖于这些信息，于是对全国儿童每周花在电视上的时间做了一次调查来估计平均小时数。从以前的数据可知道总体标准偏差为 8 小时，在目前的 100 个儿童的样本中，样本平均值为 27.5 小时，求全国儿童看电视所花平均小时数的 95% 的置信区间。

因为数据已经总结过了，所以可直接在工作表单元中输入样本例数 n、样本均值、样本标准差和置信度，如图 6-2 所示。

	A	B	C
1	大样本已知均值标准差	置信区间	
2			
3	样本值		
4	例数	n	100
5	均值	Mean	27.500
6	标准差	Std	8.000
7			
8	置信度	a	0.950
9			
10	统计量		
11	标准误	Se	0.800
12	z值	z	1.960
13	区间半径	zSe	1.568
14	置信区间		
15	下限	CL	25.932
16	上限	CU	29.068

图 6-2　正态分布置信区间

主观概率解释：在此样本的基础上，每周所花看电视的时间在 25.93 和 29.07 小时之间的全国儿童占 95%。

相对频率解释：如果从该总体中重复选取大小为 100 的随机样本，并对每一样本建立一置信区间，约有 95% 的置信区间含有真正的总体平均值。

2. 小样本——使用 t 分布的置信区间

下面的工作表使用 t 分布确定平均值的置信区间。如果有原始数据，可用第 4 章所述的“描述统计”分析工具来确定半宽。要使用该工作表的原始数据，可先定义名称为 Data 并用公式确定图 6-3 所示 C4:C6 单元格区域的总结方法。如果样本数据已被总结过了，在 C4:C6 单元格区域中直接输入样本例数 n，样本均值和标准差，并在 C8 单元格中输入置信度。

下面各步骤描述了如何建立此工作表：

（1）如图 6-3 所示，在 A 列中输入说明，B 列输入标记。

（2）要在 C 列中使用 B 列中的名称，选择 B4 单元格，在“公式”选项卡中单击“定义名称”，将弹出“新建名称”对话框，在名称中输入 n，引用位置为 C4 单元格，即指定 n=COUNT(D4:D11)。同理，为 B5:B14 指定名称。

（3）输入 C 列所示的公式。

（4）图 6-3 和图 6-4 是通过“显示公式”按钮进行的交换。

【例 6.2】一个大船队的船主想知道他下一年运营的花费，其中一个主要花费是汽油的购买。因为汽油费用很高，船主近期让他的舰队改用丙烷。为了估计丙烷的平均消耗量，他随机抽查了 8 支舰，并求出了每加仑所能行驶的里程数，结果为：28.1，33.6，42.1，37.5，27.6，36.8，39.0 和 29.4。求在 95% 置信度下舰队所有舰只的平均的丙烷里程数，假设里程数按正态分布。

（1）在 D3 单元格输入标记 Data。

（2）在 D4:D11 单元格区域输入 8 个样本值。

	A	B	C	D
1	小样本未知均值标准差		置信区间	
2				
3	样本值			Data
4	例数	n	=COUNT(D4:D11)	28.1
5	均值	Mean	=AVERAGE(D4:D11)	33.6
6	标准差	Std	=STDEV(D4:D11)	42.1
7				37.5
8	置信度	a	0.95	27.6
9				36.8
10	统计量			39
11	标准误	Se	=Std/SQRT(n)	29.4
12	自由度	df	=n-1	
13	t值	t	=TINV(1-a, df)	
14	区间半径	tSe	=t*Se	
15	置信区间			
16	下限	CL	=Mean-zSe	
17	上限	CU	=Mean+zSe	
18				

图 6－3　*t* 分布置信区间的标记和公式

	A	B	C	D	E
1	小样本未知均值标准差		置信区间		
2					
3	样本值			Data	
4	例数	n	8	28.1	
5	均值	Mean	34.26	33.6	
6	标准差	Std	5.44	42.1	
7				37.5	
8	置信度	a	0.95	27.6	
9				36.8	
10	统计量			39	
11	标准误	Se	1.924	29.4	
12	自由度	df	7.000		
13	t值	t	2.365		
14	区间半径	tSe	4.549		
15	置信区间				
16	下限	CL	29.714		
17	上限	CU	38.811		

图 6－4　小样本可信区间

（3）选取 D4:D11 单元格区域，在“公式”选项卡中单击“定义名称”。

主观概率解释：基于此样本，舰队中所有舰只的丙烷里程数在 29.71 到 38.81 里每加仑之间的概率是 95%。

相对频率解释：如果从总体中重复选取大小为 8 的样本 100 个，并为每一样本构造一置信区间，约有 95% 的置信区间含有真正的总体平均值。

6.1.3　假设检验

假设检验是用来判断样本与样本、样本与总体的差异是由抽样误差引起的还是本质差别造成的统计推断方法。其基本原理是先对总体的特征作出某种假设，然后通过抽样研究的统计推理，对此假设应该被拒绝还是被接受作出推断。

一般地说，对总体某项或某几项作出假设，然后根据样本对假设作出接受或拒绝的判断，这种方法称为假设检验。

假设检验使用了一种类似于“反证法”的推理方法，它的特点是：

（1）先假设总体某项假设成立，计算其会导致什么结果。若导致不合理现象，则拒绝原先的假设。若并不导致不合理的现象，则不能拒绝原先假设，从而接受原先假设。

（2）它又不同于一般的反证法。所谓不合理现象产生，并非指形式逻辑上的绝对矛盾，而是基于小概率原理：概率很小的事件在一次试验中几乎是不可能发生的，若发生了，就是不合理的。至于怎样才算是“小概率”呢？通常可将概率不超过 0.05 的事件称为“小概率”事件，也可视具体情形而取 0.1 或 0.01 等。在假设检验中常记这个概率为 α，称为显著性水平。而把原先设定的假设成为原假设，记作 H0。把与 H0 相反的假设称为备择假设，它是原假设被拒绝时应接受的假设，记作 H1。例如，要调查每月费用平均值是否明显小于 70 元，零假设是：H0：$Mean=70$，备择假设是：H1：$Mean<70$。如果零假设为真，将形成预期的样本结果分布，然后用特定的样本结果与抽样分布相比较。如果样本的结果在零假设为真时，那么就不能拒绝零假设，也不能得出备择假设为真的结论。相反，如果零假设为真时样本的结果不可能发生，那么可以拒绝零假设，也可以得出备择假设为真的结论。

1. *左尾、右尾或双尾检验*

有三种假设检验，它们取决于备择假设中指定的方向。如果备择假设为 H1：$Mean<70$，则必须观测一个样本平均值明显小于 70 来反对零假设并得出总体平均值确实小于 70 的结论。这种检验为左尾检验，因为产生拒绝零假设的样本平均值出现在抽样分布的左侧。

如果要证明钢棒的断裂强度大于 500 千克（H1：$Mean>500$），那么用右尾检验比较合适。在此情况下，我们必须观测到样本平均值明显大于 500 时才能拒绝零假设。

如果要检查双向而不是单向，那就需要用双尾检验。例如，保险公司想确定每年对客户赔款的真实平均值是否与先前所定的 32 000 元不同。在此情况下，零假设指定为“无变化”或“无区别”。如 H0：$Mean=32\,000$，备择假设为 H1：$Mean\neq 32\,000$。当看到一样本平均值大于或小于 32 000 时都可拒绝零假设。

2. *判决法和报告法*

有两种方法可用来总结假设检验的结果。用判决法时，判决制定者必须指定一个显著水平，典型的显著水平有 10%，5%，1%。这一值为左尾概率、右尾概率或抽样分布的双尾概率的和，它决定了拒绝零假设的样本平均值的范围。实际上，显著水平指明了判决制定者认为什么是“靠近”零假设，什么是“远离”零假设。一个较小的显著水平（如 1%，5%）需要样本平均值必须远离假设的总体的平均值以拒绝零假设。使用这种方法的最终结果是判定拒绝或不拒绝零假设。

另一总结假设检验结果的方法是报告一个 P 值（概率值）。用这种报告法时，不需要指定显著水平或做拒绝零假设的判断，而只是简单地报告在零假设为真时获得观测到的样本结果或更极端的样本结果的可能性。在左尾或右尾检验中，报告单尾概率，在双尾检验中，报告在每个方向上出现差别（在观测的样本平均值和假设总体平均值之间）的概率。小的 P 值和更极端的样本结果相联系。也就是说，样本的平均值与假设总体的平均值有明显的区别。

3. 大样本——使用正态分布的假设检验

（1）已知均值、标准差。

图 6－5 所示的工作表可用于正态分布平均值的左尾、右尾和双尾假设检验。检验结果包括基于 α 判决法和 P 值报告法。输入样本例数、样本均值和标准差作为值、公式或引用，指定假设的平均值 *Mean* 和显著性水平 α 作为值。

	A	B	C
1	大样本已知均值标准差	假设检验	
2			
3	样本值		
4	例数	n	=COUNT(Data)
5	均值	Mean	=AVERAGE(Data)
6	检验假设		
7	检验假设	HoMean	
8	检验水平	a	
9	标准差	Std	
10	统计量		
11	标准误	Se	=Std/SQRT(n)
12	z值	z	=(Mean-Homea)/Se
13	检验		
14	左尾检验		
15	P值	p	=NORMSDIST(z)
16	右尾检验		
17	P值	p	=1-NORMSDIST(z)
18	双尾检验		
19	P值	p	=IF(z>0,2*(1-NORMSDIST(z)),2*NORMSDIST(z))

图 6－5　正态假设检验的标记和公式

下面各步骤描述了如何建立该工作表：

1）打开一新工作表并输入 B 列所示标记。

2）要在 C 列中使用 B 列中的名称，选择 B4 单元格，在“公式”选项卡中单击“定义名称”，将弹出“新建名称”对话框，在名称中输入 n，引用位置为 C4 单元格，即指定 n = COUNT（Data）。同理，为 B5：B12 指定名称。

3）输入 C 列所示的公式（按图所示键入公式或通过单击适当的已命名的单元插入函数来建立公式）。

4）要得到图 6－5 的 C 列所示的外观，按“显示公式”按钮进行交换。

【例 6.3】商店经理想为商店的持信用卡的顾客建一新的付款系统，经过详细的经济分析，她判定如果新系统每月平均利润低于 70 元的话就不能有效地使用资金。于是随机抽取了 200 个月的利润，其平均月利润为 66 元。如果 $\alpha=0.05$，有无充分的证据说明新系统不是一个节省资金的系统？假设总体的标准差为 30 元。

因为经理想知道平均月利润是否小于 70 元，所以备择假设为 H1：*Mean* <70，零假设为 H0：*Mean* >70 或简单地为 H0：*Mean* = 70。由于数据已经总结过了，可直接在工作表单元中输入样本例数 n、样本均值、总体的标准差、假设总体均值和显著水平，如图 6－6 所示。

	A	B	C
1	大样本已知均值标准差	Z检验	
2			
3	样本值		
4	例数	n	200
5	均值	Mean	66
6	检验假设		
7	检验假设	HoMean	70
8	检验水平	a	0.05
9	标准差	Std	30
10	统计量		
11	标准误	Se	2.1213
12	z值	z	-1.8856
13	检验		
14	左尾检验		
15	P值	p	0.0297
16	右尾检验		
17	P值	p	0.9703
18	双尾检验		
19	P值	p	0.0593

图6－6　正态假设检验

【例6.4】指定了显著水平为5%，求结论，所以用判决法比较合适。这里包含了 *P* 值的解释。

判决法解释：计算出的 *Z* 统计 = －1.886，以标准误的形式样本说明了平均值和假设平均值之间的区别，它小于临界值 *Z* = －1.65，是左尾5%的概率所对应的值。所以，有充分理由拒绝零假设而得出如下结论：平均每月的利润小于70元，新系统不是一个有效利用资金的系统。

报告法解释：得到 *Z* 小于－1.886的概率是0.029 7。如果零假设为真（每月平均利润为70元），得到样本平均值为66元或小于它的概率约为3%。

（2）已知原始数据。

已知原始数据的正态假设检验公式及正态假设检验如图6－7和图6－8所示。

	A	B	C	D
1	X	大样本已知均值标准差	Z检验	
2	23			
3	16	样本值		
4	14	例数	n	=COUNT(A2:A101)
5	20	均值	Mean	=AVERAGE(A2:A101)
6	27	检验假设		
7	19	检验假设	HoMean	0
8	17	检验水平	a	0.05
9	17	标准差	Std	=STDEV(A2:A101)
10	16	统计量		
11	17	标准误	Se	=Std/SQRT(n)
12	14	z值	z	=(Mean-HoMean)/Se
13	9	检验		
14	11	左尾检验		
15	14	P值	p	=NORMSDIST(z)
16	11	右尾检验		
17	17	P值	p	=1-NORMSDIST(z)
18	13	双尾检验		
19	19	P值	p	=IF(z>0,2*(1-NORMSDIST(z)),2*NORMSDIST(z))

图6－7　已知原始数据的正态假设检验公式

	A	B	C	D
1	X	大样本已知均值标准差	Z检验	
2	23			
3	16	样本值		
4	14	例数	n	100
5	20	均值	Mean	15.24
6	27	检验假设		
7	19	检验假设	HoMean	0
8	17	检验水平	a	0.05
9	17	标准差	Std	5.5942
10	16	统计量		
11	17	标准误	Se	0.5594
12	14	z值	z	27.2424
13	9	检验		
14	11	左尾检验		
15	14	P值	p	1.0000
16	11	右尾检验		
17	17	P值	p	0.0000
18	13	双尾检验		
19	19	P值	p	0.0000

图 6－8　已知原始数据的正态假设检验

4. 小样本——使用 t 分布的假设检验

（1）已知均值、标准差。

下面的工作表可用于使用 t 分布平均值的左尾、右尾或双尾假设检验。检验结果包括基于 α 的判决法和 P 值报告法。输入样本例数、样本均值或标准差作为值、公式或引用，并指定假设平均值（H0*Mean*）和显著性水平（α）值。

下面各步骤描述了如何建立该工作表（见图 6－9）：

	A	B	C
1	小样本已知均值标准差	t检验	
2			
3	样本值		
4	例数	n	=COUNT(Data)
5	均值	Mean	=AVERAGE(Data)
6	标准差	Std	=STDEV(Data)
7	检验假设		
8	检验假设	HoMean	
9	检验水平	a	
10	统计量		
11	标准误	Se	=Std/SQRT(n)
12		df	=n-1
13	t值	t	=(Mean-HoMean)/Se
14	检验		
15	左尾检验		
16	P值	p	=IF(t<0, TDIST(ABS(t), df, 1), 1-TDIST(t, df, 1))
17	右尾检验		
18	P值	p	=IF(t>0, TDIST(t, df, 1), 1-TDIST(ABS(t), df, 1))
19	双尾检验		
20	P值	p	=TDIST(ABS(t), df, 2)

图 6－9　t 分布假设检验的标记和公式

1）打开一新工作表，输入 A 列所示标记。

2）要在 C 列的公式使用 B 列中的名称，选择 B4 单元格，在“公式”选项卡中单击“定义名称”，将弹出“新建名称”对话框，在名称中输入 n，引用位置为 C4 单元格，即指定 n = COUNT(Data)。同理，为 B5:B13 指定名称。

【例 6.5】一家保险公司用代理的方式支付其客户赔偿费用，假定每年的平均代理赔偿费用为 32 000 元，如果平均支付费用与计划不同，就需要对计划进行修改。对一个有 36 个代理的样本，上一年的平均支付费用为 27 500 元，标准差为 8 400 元，如果整个公司的平均支付变化与该样本的情况不同，那么可用管理计划来修改赔偿计划。根据这一结果的 P 值，这一样本能充分说明平均值变化了吗？

因为经理想知道平均支付是否发生了变化（不用指出变化的方向），所以备择假设为 H1：$Mean \neq 32\,000$，零假设为 H0：$Mean = 32\,000$。由于数据已经总结过了，可以直接向工作表的单元中输入样本例数 n、样本均值、总体的标准差和假设总体的均值。尽管例 6.5 中未指明显著性水平，但可输入为 0.05（见图 6－10）。

	A	B	C
1	小样本已知均值标准差	t检验	
2			
3	样本值		
4	例数	n	36
5	均值	Mean	27500
6	标准差	Std	8400
7	检验假设		
8	检验假设	HoMean	32000
9	检验水平	a	0.05
10	统计量		
11	标准误	Se	1400
12		df	35
13	t值	t	-3.2143
14	检验		
15	左尾检验		
16	P值	p	0.0014
17	右尾检验		
18	P值	p	0.9986
19	双尾检验		
20	P值	p	0.0028

图 6－10　t 分布假设检验

例 6.5 没有指出一显著性水平，但要求根据 P 值得出结论。所以，用报告法比较合适。对判决法假定 $\alpha = 0.05$ 也做了解释。

判决法解释：计算的 t 统计量 －3.2143 以标准误的形式说明了样本均值与假设均值之间的区别，它小于对应于双尾概率和为 5% 时的临界 t 值 2.724。所以，有足够的理由拒绝在显著性水平为 5%（双尾检验）时的零假设，可得出如下结论：平均支付值不等于 32 000，明确说明平均值改变了。

报告法解释：得到 t 值小于 －3.2143 或大于 ＋3.2143 的概率为 0.002 8。如果零假设为真（所有的支付费用的平均值为 32 000 元），那么得到样本平均值不等于 32 000 元，且在任一方向偏差为 4 500（小于 27 500 或大于 36 500）的概率约为 0.28%。这样，样本来自均值 32 000 的总体的可能性很小，很明显，均值改变了。

（2）已知原始数据。

【例 6.6】一家制造商生产钢棒，为了提高质量，如果某新的生产工艺生产出的钢棒的断裂强度大于现有平均断裂强度标准的话，公司将采用该工艺。当前钢棒的平均断裂强度标准是 500 千克。对新工艺生产的钢棒进行抽样，12 根钢棒的断裂强度如下：502，496，510，508，506，498，512，497，515，503，510 和 506，假设断裂强度的分布比较近似于正态分布，将依据样本数据画图，所画图形能表明平均断裂强度有所提高吗？

图6－11显示了假设检验所需的数据。因为经理想检查断裂强度是否有提高，备择假设为H1：*Mean*＞500，所以用右尾检验比较合适。零假设为H0：*Mean*＜500，或简单地H0：*Mean*＝500。尽管例6.6未指定一显著性水平，在C9单元格中加入了显著性水平为0.05。

	A	B	C	D
1	小样本未知均值标准差	t检验		Data
2				502
3	样本值			496
4	例数	n	=COUNT(D2:D13)	510
5	均值	Mean	=AVERAGE(D2:D13)	508
6	标准差	Std	=STDEV(D2:D13)	506
7	检验假设			498
8	检验假设	HoMean	500	512
9	检验水平	a	0.05	497
10	统计量			515
11	标准误	Se	=Std/SQRT(n)	503
12		df	=n-1	510
13	t值	t	=(Mean-HoMean)/Se	506
14	检验			
15	左尾检验			
16	P值	p	=IF(t<0,TDIST(ABS(t),df,1),1-TDIST(t,df,1))	
17	右尾检验			
18	P值	p	=IF(t>0,TDIST(t,df,1),1-TDIST(ABS(t),df,1))	
19	双尾检验			
20	P值	p	=TDIST(ABS(t),df,2)	

图6－11　小样本t假设检验公式

解释：右尾检验中P值小于5%（见图6－12），说明有充分证据来拒绝零假设。可得出如下结论：新工艺在统计上可带来平均断裂强度的显著提高。

	A	B	C	D	E
1	小样本未知均值标准差	t检验		Data	
2				502	
3	样本值			496	
4	例数	n	12	510	
5	均值	Mean	505.25	508	
6	标准差	Std	6.1515	506	
7	检验假设			498	
8	检验假设	HoMean	500	512	
9	检验水平	a	0.05	497	
10	统计量			515	
11	标准误	Se	1.7758	503	
12		df	11	510	
13	t值	t	2.9564	506	
14	检验				
15	左尾检验				
16	P值	p	0.9935		
17	右尾检验				
18	P值	p	0.0065		
19	双尾检验				
20	P值	p	0.0131		

图6－12　小样本t假设检验结果

（3）将单样本数据看作配对样本。

单样本数据的配对t检验如图6－13所示。

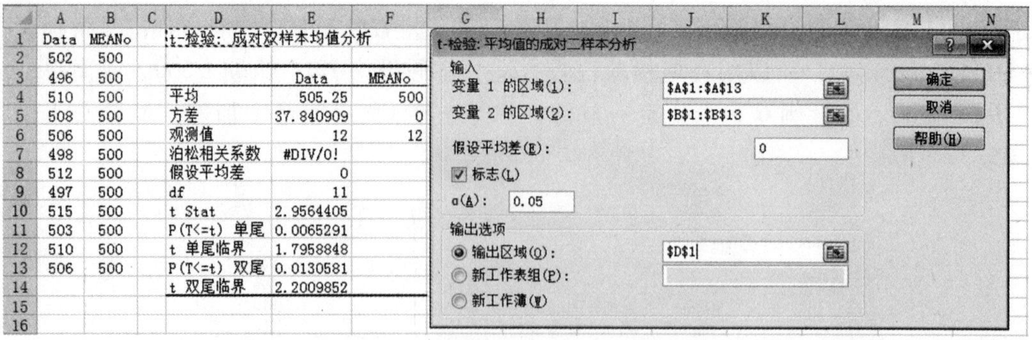

图 6-13 单样本数据的配对 t 检验

6.2 两样本均值推断

本章讲述用于比较两个总体或过程的平均值的三种分析工具，这三种工具利用样本的标准差来估计总体的标准差，所以 t 分布比较适合。如果已知道总体的标准差，那么就可以用 Excel 的用于均值的两样本 z 检验。要了解 z 检验的信息，可从 Excel 的帮助菜单中选择分析工具图标。

用于这些检验的 Excel 分析工具需要输入两组样本数据集，即总体平均值之间假设的不同之处及显著水平。这三种检验方法均需要假定总体值是正态分布的且样本是随机选择的。前两种分析工具适用于独立样本，第三种适用于两样本。

6.2.1 等方差 t 检验

除了假设正态总体分布，独立的随机样本外，这种检验还必须假设总体方差是相等的。

1. 两个正态总体均值检验

设总体 $X_1 \sim N(\mu_1,{\sigma_1}^2)$ 和 $X_2 \sim N(\mu_2,{\sigma_2}^2)$，$X_1$ 与 X_2 相互独立，$\overline{X_1}$ 和 $\overline{X_2}$ 分别是 μ_1 和 μ_2 的估计值，为样本的均值，S_1^2 和 S_2^2 分别估计 σ_1^2 和 σ_2^2，为样本方差，n_1 和 n_2 分别为它们的样本含量，对 μ_1 和 μ_2 的比较同样分两种情况：一是方差已知；一是未知。

（1）方差 σ_1^2 和 σ_2^2 已知。

要具体检验以下假设：

$$H0:\mu_1 = \mu_2 ; H1:\mu_1 \neq \mu_2$$

由概率论知：

$$u = \frac{|(\overline{X_1} - \overline{X_2}) - (\mu_1 - \mu_2)|}{\sqrt{\dfrac{\sigma_1^2}{n_1} + \dfrac{\sigma_2^2}{n_2}}} \sim N(0,1)$$

在 H0 成立时，统计量：

$$u = \frac{|\overline{X}_1 - \overline{X}_2|}{\sqrt{\frac{\sigma_1^2}{n_1} + \frac{\sigma_2^2}{n_2}}} \sim N(0,1)$$

所以在给定了显著性水平 α 后，查 u 分布表得 $u_{\alpha/2}$，使得 $P\{|u| > u_{\alpha/2}\} = \alpha$

这里 $u_{\alpha/2}$ 是标准正态分布的双侧 100α 百分位点，由样本数据算出 u，当 $|u| > u_{\alpha/2}$ 时，$p < \alpha$，拒绝假设 H0；当 $|u| \leqslant u_{\alpha/2}$ 时，$p > \alpha$，接受假设 H0。

【例 6.7】有两台铣床生产同一种型号的套管，平日两台铣床加工的套管内槽深度都服从正态分布 $N(\mu_1, 0.3^2)$ 和 $N(\mu_2, 0.2^2)$，从这两台铣床的产品中分别抽出 10 个和 11 个，测得深度数据（mm）如下：

第一台：15.2，15.1，14.8，14.8，15.5，15.2，15.0，14.5，14.8，15.3

第二台：15.2，14.8，15.0，14.8，15.1，15.2，14.8，15.0，15.0，15.4，15.2

试判断两台产品的深度是否不同（$\alpha = 0.05$）。

下面各步骤描述了如何检验等平均值的假设：

1）切换到“数据”选项卡，单击“分析”组中的“数据分析”按钮，将弹出“数据分析”对话框。在数据分析对话框中，滚动分析工具列表框并选择“z－检验：双样本平均差检验”（见图 6－14），然后单击“确定”按钮，得到如图 6－15 所示的对话框。

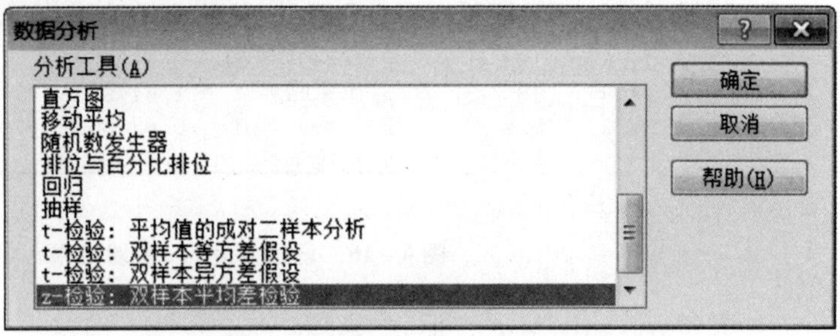

图 6－14　已知方差的 t 检验－z 检验

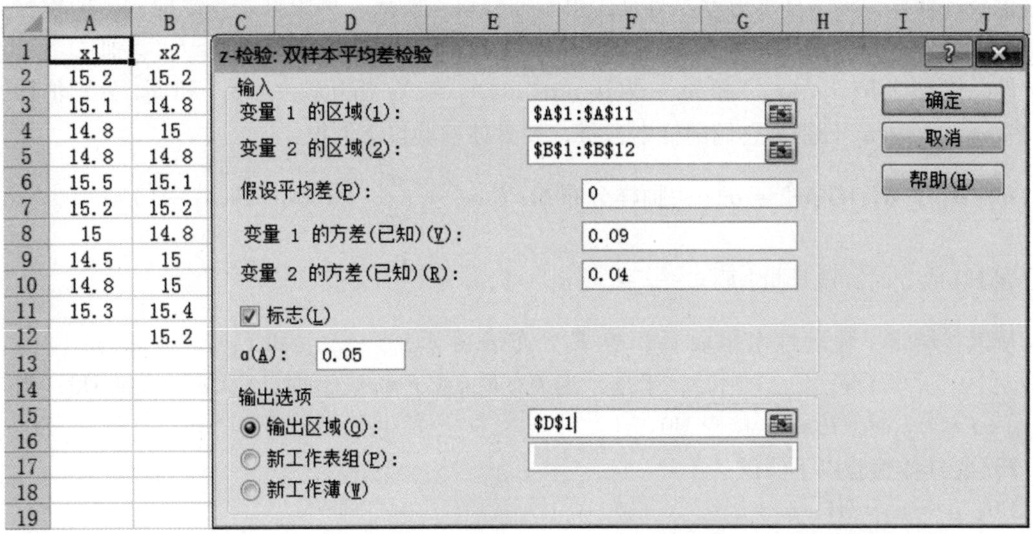

图 6－15　已知方差的 z 检验选项

2）对变量 1 的区域，在工作表上指向含有 $x1$ 标记和数据的单元（单击并拖动），或者键入 A1:A11；对变量 2 的区域，选取新数据（B1:B12）。

3）在假设平均差编辑框中键入 0。

4）在变量 1 的方差编辑框中键入 0.09，在变量 2 的方差编辑框中键入 0.04。

5）复选标志框并在 α（显著性水平）编辑框中输入 0.05。

6）单击“输出区域”单选按钮，选取它的编辑框并在工作表上指向 D1 单元格，然后单击“确定”。结果如图 6－16 所示。

	A	B	C	D	E	F	G
1	x1	x2		z-检验：双样本均值分析			
2	15.2	15.2					
3	15.1	14.8			x1	x2	
4	14.8	15		平均	15.02	15.04545455	
5	14.8	14.8		已知协方差	0.09	0.04	
6	15.5	15.1		观测值	10	11	
7	15.2	15.2		假设平均差	0		
8	15	14.8		z	-0.2264406		
9	14.5	15		P(Z<=z) 单尾	0.41042938		
10	14.8	15		z 单尾临界	1.64485363		
11	15.3	15.4		P(Z<=z) 双尾	0.82085876		
12		15.2		z 双尾临界	1.95996398		
13							

图 6－16　已知方差的 z 检验结果

（2）方差 $\sigma_1^{\ 2}=\sigma_2^{\ 2}=\sigma^2$，但 σ^2 未知。

1）两正态总体方差的假设检验：

两组资料在进行 t 检验时，除要求两组数据均服从正态分布外，还要求两组数据相应的两总体方差相等，即方差齐性（homogeneity of variance）。但即使两总体方差相等，样本方差也会有抽样波动，样本方差不等是否由于抽样误差所致？可用方差齐性检验，即检验两总体方差 σ_1^2 与 σ_2^2 是否相等。此方法为 F 检验。

设总体 $X_1 \sim N(\mu_1,\ \sigma_1^{\ 2})$ 和 $X_2 \sim N(\mu_2,\ \sigma_2^2)$，$X_1$ 与 X_2 相互独立，$S_1^{\ 2}$ 和 $S_2^{\ 2}$ 分别估计 $\sigma_1^{\ 2}$ 和 σ_2^2，n_1 和 n_2 分别为它们的样本含量，要具体检验以下假设：

H0：$\sigma_1^2=\sigma_2^2$；H1：$\sigma_1^2 \neq \sigma_2^2$；由抽样分布知：$F=\dfrac{S_1^{\ 2}/\sigma_1^2}{S_2^{\ 2}/\sigma_2^2} \sim F(n_1-1, n_2-1)$

在 H0 成立时，统计量：$F=\dfrac{S_1^{\ 2}}{S_2^{\ 2}} \sim F(n_1-1, n_2-1)$

所以在给定了显著性水平 α 后，查 F 分布表得 $F_{\alpha/2(n_1-1,n_2-1)}$ 和 $F_{1-\alpha/2(n_1-1,n_2-1)}$［注：$F_{1-\alpha/2(n_1-1,n_2-1)}=1/F_{\alpha/2(n_1-1,n_2-1)}$］，于是，当 $F>F_{\alpha/2}$ 或 $F\leqslant F_{1-\alpha/2}$ 时，$P<\alpha$，拒绝 H0；当 $F_{1-\alpha/2}<F\leqslant F_{\alpha/2}$ 时，$P\geqslant\alpha$，接受 H0。

2）要具体检验以下假设：

H0：$\mu_1=\mu_2$；H1：$\mu_1\neq\mu_2$。

由概率论知：$t=\dfrac{|(\overline{X}_1-\overline{X}_2)-(\mu_1-\mu_2)|}{S_{\overline{X}_1-\overline{X}_2}} \sim t(n_1+n_2-2)$

其中 $S_{\overline{X}_1-\overline{X}_2}=\sqrt{S_c^2\left(\frac{1}{n_1}+\frac{1}{n_2}\right)}$，式中 S_c^2 称为合并方差（pooled variance），即 $S_c^2=\frac{(n_1-1)S_1^2+(n_2-1)S_2^2}{(n_1-1)+(n_2-1)}$，它是 S_1^2 和 S_2^2 分别以各自的自由度为权的加权平均数。$S_{\overline{X}_1-\overline{X}_2}$ 表示两样本均数差数的标准误。

当 H0 成立时，$t=\frac{|\overline{X}_1-\overline{X}_2|}{S_{\overline{X}_1-\overline{X}_2}}\sim t(n_1+n_2-2)$。

所以在给定了显著性水平 α 后，查 t 分布表得 $t_{\alpha/2(n_1+n_2-2)}$，使得 $P\{|t|>t_{\alpha/2}\}=\alpha$。

这里 $t_{\alpha/2}$ 是 t 分布的双侧 100α 百分位点，由样本数据算出 t，当 $|t|>t_{\alpha/2}$ 时，拒绝假设 H0；当 $|t|\leqslant t_{\alpha/2}$ 时，接受假设 H0。

【例 6.8】在例 6.1 的数据中，通常只知道测量值服从正态分布，这时候要判断两台产品的深度是否不同？需进行两步检验：

（i）两台铣床的产品内槽精度（方差）有无显著差别？（F 检验）

1）切换到“数据”选项卡，单击“分析”组中的“数据分析”按钮，将弹出数据分析对话框。在数据分析对话框中，滚动分析工具列表框并选择“F－检验双样本方差”，然后单击“确定”按钮，如图 6－17 所示。结果如图 6－18 所示。

图 6－17　*F* 检验

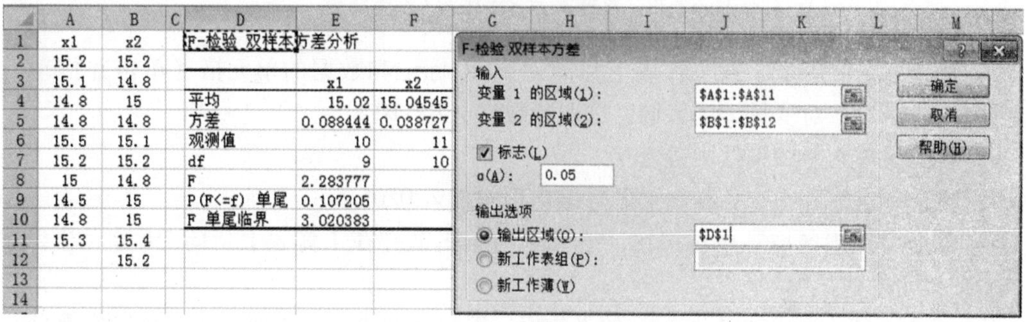

图 6－18　*F* 检验结果

2）对变量 1 的区域，在工作表上指向含有 x1 标记和数据的单元格（单击并拖动），或者键入 A1:A11；对变量 2 的区域，选取新数据（B1:B12）。

3）复选标志框并在 α（显著性水平）编辑框中输入 0.05。

4）单击“输出区域”单选按钮，选取它的编辑框并在工作表上指向 D1 单元格，然后单击“确定”。

说明两台铣床的产品内槽精度（方差）无显著差别。

（ii）两台产品的深度是否不同？

下面各步骤描述了如何检验等平均值的假设：

1）切换到“数据”选项卡，单击“分析”组中的“数据分析”按钮，将弹出数据分析对话框。在数据分析对话框中，滚动分析工具列表框并选择“t－检验：双样本等方差假设”，然后单击“确定”按钮，如图 6－19 所示。结果如图 6－20 所示。

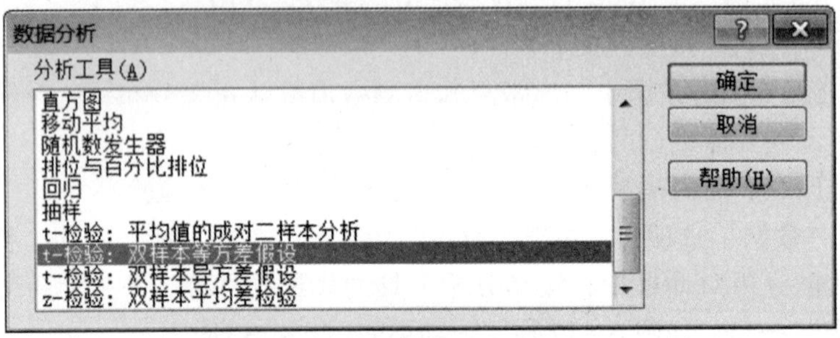

图 6－19　双样本等方差检验 t 检验

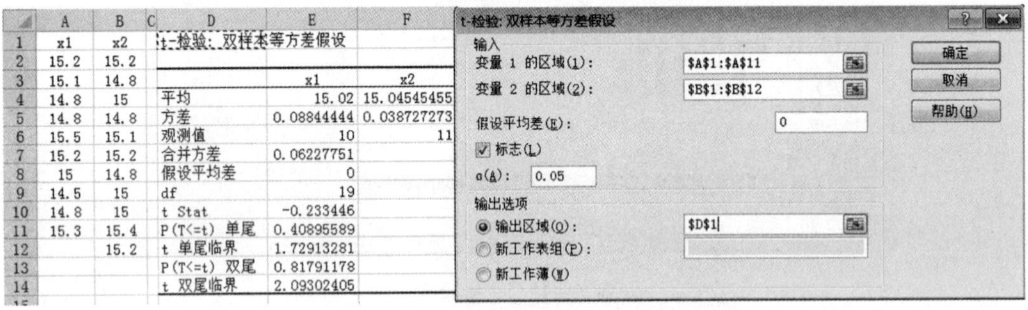

图 6－20　双样本等方差检验 t 检验结果

2）对变量 1 的区域，在工作表上指向含有 *x*1 标记和数据的单元格（单击并拖动），或者键入 A1:A11；对变量 2 的区域，选取新数据（B1:B12）。

3）在假设平均差编辑框中键入 0。

4）复选标志框并在 α（显著水平）编辑框中输入 0.05。

5）单击“输出区域”单选按钮，选取它的编辑框并在工作表上指向 D1 单元格，然后单击“确定”。

注：合并方差是样本方差加权后的平均值，以每一样本的自由度作为权值。它是两个总体普通方差的估计值，用于确定两个均值之差的标准误差，它没有在输出中显示出来。*df* 假设检验的自由度，等于样本大小之和减 2。*t* Stat 由两种样本平均值间的区别减去假设平均差，然后除以标准误差计算而来。

$P(T<=t)$ 是单尾 P 值，取决于所计算出的 t 和 df 的值。如果 t 为负，单边 P 值为

$P(T<=t)$；如果 t 为正，单边 P 值在这里实际显示为 $P(T>=t)$。在图 6－21 中，P 值说明如果虚假设为真，也就是说，如果总体平均值间没有差别，那么获得至少和看到的一样大的样本平均值间差异的概率是 0.8719。

$P(T<=t)$ 双尾 P 值，等于单边 P 值的 2 倍。如果虚假设为真，该值是在两个方向得到所看到的样本平均值间差异的概率。

t 单尾临界和 t 双尾临界取决于对话框中给定的 α 值（显示水平）及 df 值。

t 的临界单边值是在 $P(T>=t)=\alpha$ 的情况下求得的。t 的这一值适于右尾检验。在假设检验的判决法中，如果 t Stat 大于临界值则拒绝虚假设。图 6－21 中 t Stat 为 0.233 4，小于临界值 1.746，所以不能拒绝在 5% 显著水平下总体平均值相等的假设。

	A	B	C	D	E	F	G	H	I
1	x1	x2		t-检验：双样本等方差假设				95%置信区间	
2	15.2	15.2							
3	15.1	14.8			x1	x2			
4	14.8	15		平均	15.02	15.0455		均值之差	-0.0255
5	14.8	14.8		方差	0.0884	0.0387		95%置信度t值	2.0930
6	15.5	15.1		观测值	10	11		区间半径	0.0570
7	15.2	15.2		合并方差	0.0623			下限	-0.0824
8	15	14.8		假设平均差	0			上限	0.0315
9	14.5	15		df	19				
10	14.8	15		t Stat	-0.2334				
11	15.3	15.4		P(T<=t) 单尾	0.4090				
12		15.2		t 单尾临界	1.7291				
13				P(T<=t) 双尾	0.8179				
14				t 双尾临界	2.0930				

图 6－21　双样本均值差的置信区间

对于左尾检验，用计算出的 t Stat 值与输出表中所示的 t 单尾临界的相反值比。t 双尾临界值是在 $P(T>=t)=\alpha/2$ 的情况下求得的。换言之，对于该 t 值，$P(t<=-t)$ 和 $P(t>=+t)$ 之和等于 α。

2. 置信区间

下面各步骤描述了如何为平均值间的差别确定置信区间：

（1）如图 6－21 所示，在 I 列中输入公式：I4 = E4 − F4，I5 = TINV(0.05，E9)，I6 = I5 * E7 * SQRT(1/E6 + 1/E7)，I7 = I4 − I6，I8 = I4 + I6。

（2）单元中函数 TINV 的一个变元必须等于 1 减去置信水平。如果用户想以 99% 的置信区间代替 95% 的置信区间，可用 0.01 代替 0.05，H 列中所示的"均值之差"和"95% 置信度 t 值"对于确定置信区间是必要的，但它们也有助于解释 t Stat，后者是由样本平均值的差别减去假设平均差的值，然后再除以标准误差求出的，置信区间可解释为总体平均值的差别在 −0.082 4 到 0.031 5 之间的概率是 95%。

6.2.2　使用 t 分布的不等方差检验

这种检验不需要假设总体方差是相等的，但需要假设为正态总体且是独立的随机抽样。

【例 6.9】一个大型生产企业的经理认为工人的生产效率是其他因素的函数，其中之一是工作的计划，也就是工人活动的顺序。其为新产品的生产考虑了两个计划。为了帮助确定应用哪一种计划，进行了一项试验。随机抽取8名工人用计划A组织生产，另9名工人用计划B组织生产。图6-22的A列和B列记录了装配时间的分钟数。假设装配时间为正态分布，经理能得出在5%显著性水平时这两种计划的装配时间不同的结论吗？

生成数据图表的方法与上节所述方法一样，如图6-22所示。它表明计划A在装配时间上的变化比计划B大，A的平均装配时间比B的大。

1. *方差齐性检验*

步骤同前，结果如下。

2. *均值假设检验*

使用t检验分析工具的步骤与上节所描述的步骤基本相同，只是适用于此检验的工具假设以不等方差代替等方差。对话框如图6-22所示。

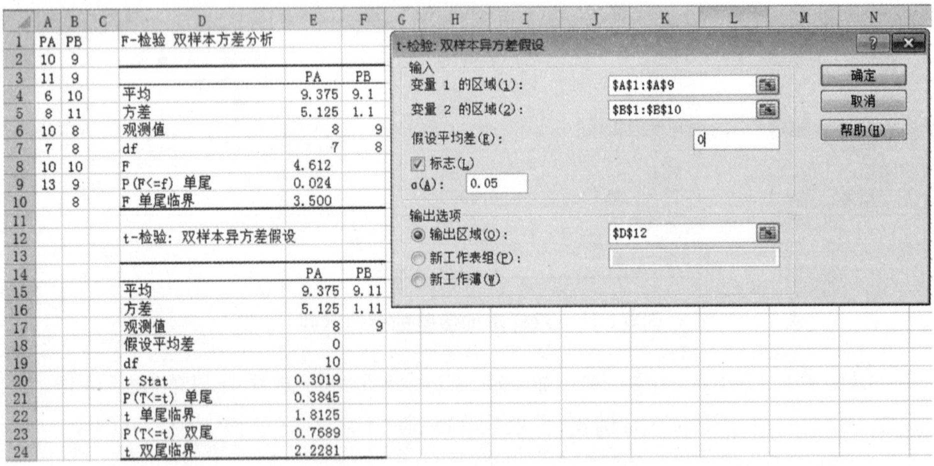

	A	B	C	D	E	F
1	PA	PB		F-检验 双样本方差分析		
2	10	9				
3	11	9			PA	PB
4	6	10		平均	9.375	9.1
5	8	11		方差	5.125	1.1
6	10	8		观测值	8	9
7	7	8		df	7	8
8	10	10		F	4.612	
9	13	9		P(F<=f) 单尾	0.024	
10		8		F 单尾临界	3.500	
11						
12				t-检验: 双样本异方差假设		
13						
14					PA	PB
15				平均	9.375	9.11
16				方差	5.125	1.11
17				观测值	8	9
18				假设平均差	0	
19				df	10	
20				t Stat	0.3019	
21				P(T<=t) 单尾	0.3845	
22				t 单尾临界	1.8125	
23				P(T<=t) 双尾	0.7689	
24				t 双尾临界	2.2281	

图6-22 双样本不等方差检验t检验结果

不等方差假设检验的结果如图6-22所示，样本方差为5.1和1.1，$p=0.024<0.05$，证实了总体方差不相等的假设。

样本平均值间的差别是$9.4-9.1=0.3$，因为问平均值是否不同（而不是问计划A是不是比计划B快），所以应使用双尾检验。本例得出双尾$P=0.769$，所以说计划A和计划B所用装配时间的总体平均值没有差别。

6.2.3 成对二样本的t检验

成对二样本抽样检验用于同一样本组被观测两次，一个常用的方法是在某种干涉的前后进行测量。例如，学生在一系列的课程或练习的前后要进行测验。在这些情况下样本不是独立的。

此种检验也可用于一些其他自然配对的测量结果，如下面示例所示。

【例6.10】一个以减肥为主要目标的健美俱乐部声称，参加其训练班可以使肥胖者平均体重减轻8.5kg以上。为了验证该宣称是否可信，调查人员随机抽取了10名参加者，得到他们的体重记录如下（单位：kg）：

训练前	94.5	101.0	110.0	103.5	97.0	88.5	96.5	101.0	104.0	116.5
训练后	85.0	89.5	101.5	96.0	86.0	80.5	87.0	93.5	93.0	102.0

零假设是总体平均值差别为零，备择假设是总体平均值的差别不为零，所以这是一个双尾检验。

检验零假设：H0：平均体重减轻没有超过 8.5kg。

在 A 列和 B 列输入数据，切换到“数据”选项卡，单击“分析”组中的“数据分析”按钮，将弹出数据分析对话框，如图 6－23 所示。在数据分析对话框中选择“t－检验：平均值的成对二样本分析”，并单击“确定”。改变列宽和小数值后，结果如图 6－24 所示。图 6－24 所示分析工具的输出与其他 t 检验工具的输出相似，只是多了泊松相关系数这一项。

图 6－23　成对二样本 t 检验

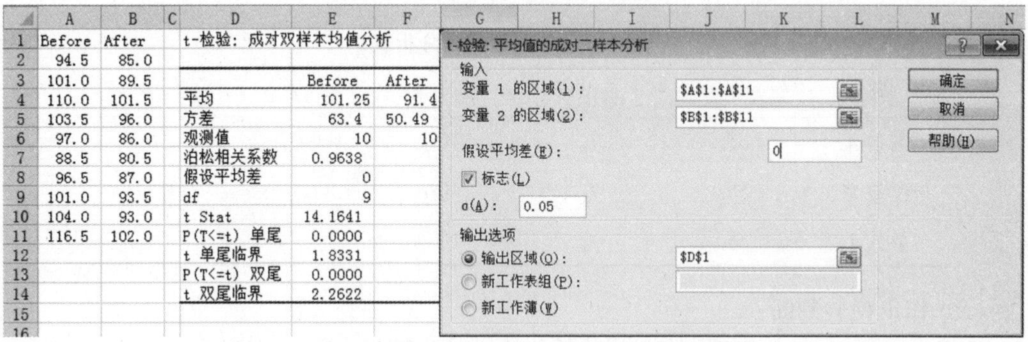

图 6－24　成对二样本 t 检验对话框及结果

结论：由于 $P<0.001$（单尾），故拒绝零假设，接受备择假设，可以认为该俱乐部的宣传是可信的。

6.3　多样本均值推断

本章讲述了用于方差分析（ANOVA）的三种工具，这三种工具均利用 F 分布来检验假设。

6.3.1 单因素方差分析

单因素方差分析可用于检验两个或两个以上总体平均值相等的原假设。检验假定总体是正态分布的，总体方差是相等的，并且随机样本是独立的。这种检验适用于完全的随机化设计。

检验的假设为：

H0：$\mu_1=\mu_2=\cdots=\mu_k=\mu$

H1：μ_1，μ_2，$\cdots$，μ_k 不全相等

分析计算步骤：

（1）计算各组平均数与总平均数。

（2）计算各离差平方和与自由度：

组内离差平方和 SS_E，自由度 $f_E=n-k$

组间离差平方和 SS_A，自由度 $f_A=k-1$

总离差平方和 SS_T，自由度 $f_T=n-1$

可以证明，离差平方和间有如下关系：$SS_T=SS_A+SS_E$，它们的自由度之间也有等式：$f_T=f_A+f_E$，即 $(n-1)=(k-1)+(n-k)$。

（3）将各离差平方和分别除以相应的自由度得到其平均的离差平方和（简称均方），即

$MS_A=SS_A/f_A=SS_A/(k-1), MS_E=SS_E/f_E=SS_E/(n-k)$。

（4）计算检验统计量 F：

$F=MS_A/MS_E\sim F(k-1,n-k)$

将上面步骤整理如表 6－1 所示。

表 6－1　单因素方差分析表

来源	偏差平方和	自由度	均方和	F	P
因素 A	SS_A	f_A	MS_A	F_A	P_A
误差 E	SS_E	f_E	MS_E		
总计 T	SS_T	f_T			

（5）作出检验判断：

根据得到的 F 值计算相应的 P 值，并与给定的显著性水平 α 比较：

若 $PA>\alpha$，接受 H0，认为因素 A 引起各组水平差异不显著；

若 $PA\leqslant\alpha$，拒绝 H0，认为因素 A 的影响是显著的。

【例 6.11】某饮料厂生产企业研制出一种新型饮料。饮料的颜色共有四种，分别为黄色、粉色、绿色和无色。这四种饮料的营养含量、味道、价格、包装等可能影响销售量的因素全部相同。现从地理位置相似、经营规模相仿的 5 家超级市场上收集了前一期该种饮料的销售情况，见表 6－2。问饮料的颜色是否对销售量产生影响。

表 6-2 该饮料在 5 家超市的销售情况

超市	无色	粉色	黄色	绿色
A	26	31	28	31
B	29	28	25	30
C	25	31	28	32
D	29	28	24	32
E	27	30	26	33

原假设：H0：4 个总体的平均值是相等的；

备择假设：至少有一个总体的平均值是不同的。

下面各步骤描述了如何使用 Excel 的“方差分析”工具：

（1）将数据输入 A2:D6 单元格区域。

（2）切换到“数据”选项卡，单击“分析”组中的“数据分析”按钮，将弹出数据分析对话框。在分析工具框中选择“方差分析：单因素方差分析”。方差分析对话框如图 6-25 所示，它带输入输出的提示。

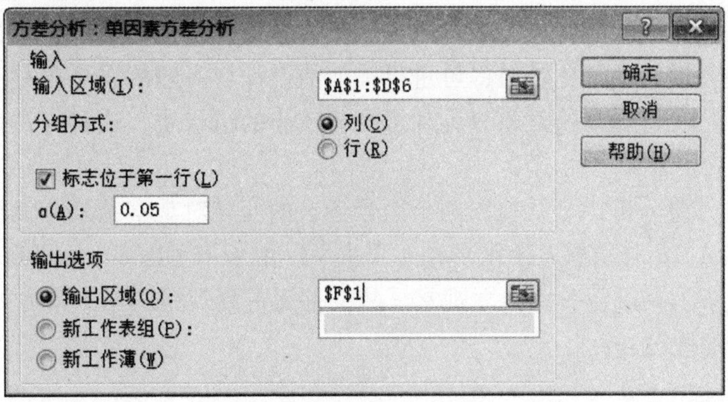

图 6-25

1）输入：

输入区域：A1:D6

分组方式：列

选择标志位于第一行

α：0.05

2）输出选项：

输出区域：F1

（3）单击“确定”按钮，Excel 将计算出结果显示在输出区域中，如图 6-26 所示。

无色	粉色	黄色	绿色
26	31	28	31
29	28	25	30
25	31	28	32
29	28	24	32
27	30	26	33

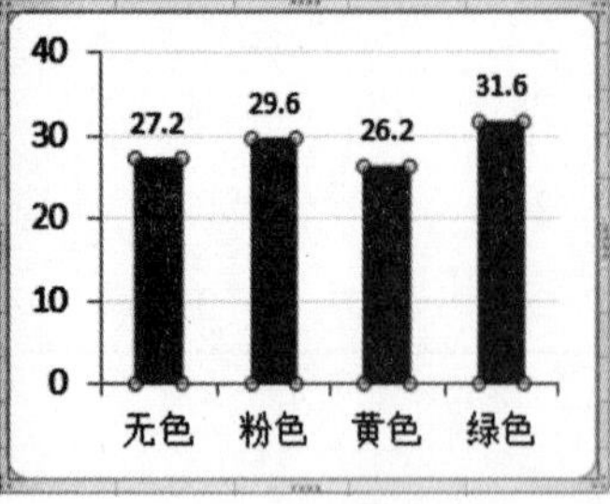

方差分析：单因素方差分析

SUMMARY

组	观测数	求和	平均	方差
无色	5	136	27.2	3.2
粉色	5	148	29.6	2.3
黄色	5	131	26.2	3.2
绿色	5	158	31.6	1.3

方差分析

差异源	SS	df	MS	F	P-value	F crit
组间	88.55	3	29.51667	11.80667	0.000249	3.238872
组内	40	16	2.5			
总计	128.55	19				

图 6－26

（4）结论：由于 $P=0.000\ 249<0.05$，所以，在 0.05 水平上拒绝原假设。

（5）均值图形：以 F5:F8 和 I5:I8 单元格区域的数据作均值条图。

6.3.2 无重复双因素方差分析

上节讲述了用独立样本对两个总体平均值的检验，每个样本内允许有相当大的变化。而在两平均值的成对样本检验中，成对或成块能够方便地产生一个更有效的检验。当有三个或更多总体或处理要进行比较时，可进行类似的设计。一般的思想就是在随机安排处理前，用一些其他特征将观察的对象分为几个变化较小的组或块，这种方法就称为随机化块设计。

这种两因素方差分析，是要检验两个因素各自的变异对观察结果有无显著影响。

设两个因素 A、B 分别有 k 个水平和 h 个水平。由于不考虑 A、B 间的交互作用，对每种水平组合 (A_i, B_j) 只进行一次独立观察。故又称无重复观察的两因素方差分析。

A 因素检验的假设为：

$H0(A): \mu_1 = \mu_2 = \cdots = \mu_k$；

$H1(A): \mu_i$ 不完全相同$(i = 1, 2, \cdots, k)$。

B 因素检验的假设为：

$H0(B): \mu_1 = \mu_2 = \cdots = \mu_h$；

$H1(B): \mu_j$ 不完全相同$(j = 1, 2, \cdots, h)$。

分析计算的步骤：

（1）计算 A、B 各因素不同水平的均值和总平均数：

A 因素第 i 个水平的平均数：$\overline{X}_i = \dfrac{1}{k}\sum_{i=1}^{k} X_{ij} \qquad (i = 1, 2, \cdots, k)$；

B 因素第 j 个水平的平均数：$\overline{X}_j = \dfrac{1}{h}\sum_{j=1}^{h} X_{ij} \qquad (j = 1, 2, \cdots, h)$；

全部观察值的平均数：$\overline{X} = \dfrac{1}{k \cdot h}\sum_{i=1}^{k}\sum_{j=1}^{h} X_{ij}$。

（2）计算离差平方和与自由度：

总离差平方和：$SS_T = \sum_{i=1}^{k}\sum_{j=1}^{h}(X_{ij}-\overline{X})^2$，自由度：$f_T = kh-1$；

因素 A 引起的系统误差：$SS_A = h\sum_{i=1}^{k}(\overline{X}_i-\overline{X})^2$，自由度：$f_A = k-1$；

因素 B 引起的系统误差：$SS_B = k\sum_{j=1}^{h}(\overline{X}_j-\overline{X})^2$，自由度：$f_B = h-1$；

随机性误差：$SS_E = h\sum_{i=1}^{k}\sum_{j=1}^{h}(X_{ij}-\overline{X}_i-\overline{X}_j+\overline{X})^2$，自由度：$f_E=(k-1)(h-1)$；

四者的关系：$SS_T = SS_A + SS_B + SS_E$，$f_T = f_A + f_B + f_E$。

（3）计算平均离差平方和（简称均方）：

$MS_A = \frac{SS_A}{f_A} = \frac{SS_A}{k-1}$，$MS_B = \frac{SS_B}{f_B} = \frac{SS_B}{h-1}$，$MS_E = \frac{SS_E}{f_E} = \frac{SS_E}{(k-1)(h-1)}$；

（4）计算检验统计量：

$F_A = \frac{SS_A/f_A}{SS_B/f_B} = \frac{MS_A}{MS_E}$，$F_B = \frac{SS_B/f_B}{SS_E/f_E} = \frac{MS_B}{MS_E}$。

不考虑交互作用的两因素方差分析如表 6－3 所示。

表 6－3　两因素方差分析表

来源	偏差平方和	自由度	均方和	F	P
因素 A	SS_A	f_A	MS_A	F_A	P_A
因素 B	SS_B	f_B	MS_B	F_B	P_B
误差 E	SS_E	f_E	MS_E		
总计 T	SS_T	f_T			

（5）检验判断：

根据得到的 F 值计算相应的 P 值，并与给定的显著性水平 α 比较：

若 $P_A > \alpha$，接受 H0(A)，认为因素 A 引起各组水平差异是不显著的；

若 $P_A \leqslant \alpha$，拒绝 H0(A)，认为因素 A 的影响显著。

同理，若 $P_B > \alpha$，接受 H0(B)，认为因素 B 引起各组水平差异是不显著的；

若 $P_B \leqslant \alpha$，拒绝 H0(B)，认为因素 B 的影响显著。

【例 6.12】生产某种化工产品时，要比较四种不同配方对生产率的影响。考虑到生产率随生产日不同而变动较大，所以把实验日期也选为因素。实验分四天进行。配方因素和日期因素分别用 A、B 表示，数据如表 6－4 所示：

表 6－4　实验数据

	$B1$	$B2$	$B3$	$B4$
$A1$	64.9	62.6	61.1	59.2
$A2$	69.1	70.1	66.8	63.6
$A3$	76.1	74.0	71.3	67.2
$A4$	82.9	80.0	76.0	72.3

无交互作用的双因素方差分析：

（1）将数据输入 B2:E5 单元格区域。

（2）切换到“数据”选项卡，单击“分析”组中的“数据分析”按钮，将弹出数据分析对话框。在分析工具框中选择“方差分析：无重复双因素分析”。方差分析对话框将显示如图 6－27 所示。

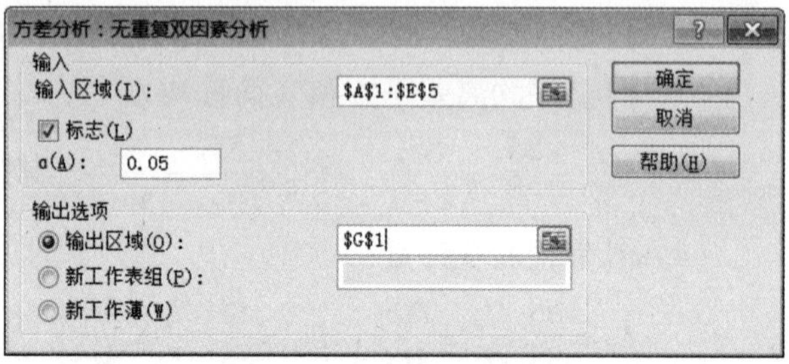

图 6－27

1）输入：

输入区域：A1:E5

选择标志

α：0.05

2）输出选项：

输出区域：G1

（3）单击“确定”按钮，计算结果见图 6－28。

	A	B	C	D	E	F	G	H	I	J	K	L	M
1		B1	B2	B3	B4		方差分析：无重复双因素分析						
2	A1	64.9	62.6	61.1	59.2								
3	A2	69.1	70.1	66.8	63.6		SUMMARY	观测数	求和	平均	方差		
4	A3	76.1	74	71.3	67.2		A1	4	247.8	61.95	5.80		
5	A4	82.9	80	76	72.3		A2	4	269.6	67.40	8.33		
6							A3	4	288.6	72.15	14.75		
7							A4	4	311.2	77.80	21.45		
8													
9							B1	4	293	73.25	62.73		
10							B2	4	286.7	71.68	53.18		
11							B3	4	275.2	68.80	40.46		
12							B4	4	262.3	65.58	30.80		
13													
14													
15							方差分析						
16							差异源	SS	df	MS	F	P-value	F crit
17							行	547.61	3	182.537	118.062	1.52E-07	3.863
18							列	137.065	3	45.688	29.550	5.44853E-05	3.863
19							误差	13.915	9	1.546			
20													
21							总计	698.59	15				

图 6－28

（4）结论：由于 $P_A<0.05$，$P_B<0.05$，所以，在 0.05 水平上拒绝原假设，不同配方对生产率有很大影响，且以采用第 4 种配方的生产率最高。不过，F 检验结果显示，生产率的日期间波动也高度显著，此时有必要在技术上和管理上找找原因。

6.3.3 有重复双因素方差分析

如前几节所述，单因素 ANOVA 是用于处理（总体）平均值相等的假设检验，无重复双因素 ANOVA 用分块来说明无总体变化，也是一种总体平均值相等的假设检验。这一节讲述有重复双因素 ANOVA，它可用于检验两总体的效果。该检验适用于析因实验。这里限制为完全的随机化设计中的双因子。

如果 A、B 两因素存在交互影响，这种交互作用也可能对各观察值组水平的差异产生影响，这就需要对每种水平的组合（A_i,B_j）进行若干次独立观察。故这种方差分析也称为重复观察的两因素方差分析。

假设对两个因素的各种水平组合（A_i,B_j）分别重复 m 次观测，其观测值记为 X_{ijl}，$i=1,2,\cdots,k;j=1,2,\cdots,h;l=1,2,\cdots,m$。

检验因素 A 的假设为：

H0(A)：因素 A 各水平之间的总体均值完全相等；

H1(A)：因素 A 各水平之间的总体均值不完全相等。

检验因素 B 的假设为：

H0(B)：因素 B 各水平之间的总体均值完全相等；

H1(B)：因素 B 各水平之间的总体均值不完全相等。

检验因素 A、B 交互影响作用的假设为：

H0(AB)：不存在 A、B 交互影响的作用；

H1(AB)：存在 A、B 交互影响的作用。

分析计算步骤：

（1）计算各因素水平的均值与总平均数：

因素 A 第 i 个水平组的平均值：$\overline{X}_i=\frac{1}{hm}\sum_{j=1}^{h}\sum_{i=1}^{m}\overline{X}_{ijl}$；

因素 B 第 j 个水平组的平均值：$\overline{X}_j=\frac{1}{km}\sum_{i=1}^{k}\sum_{l=1}^{m}\overline{X}_{ijl}$；

因素 A、B 各水平搭配进行 m 次试验的组平均值：$\overline{X}_{ij}=\frac{1}{m}\sum_{l=1}^{m}X_{ijl}$；

总平均数 $\overline{X}=\frac{1}{k\cdot h\cdot m}\sum_{i=1}^{k}\sum_{j=1}^{h}\sum_{l=1}^{m}X_{ijl}$。

（2）计算离差平方和与自由度：

因素 A 的离差平方和：$SS(A)\ =h\cdot m\sum_{i=1}^{k}(\overline{X}_i-\overline{X})^2$，自由度：$f_A=k-1$；

因素 B 的离差平方和：$SS(B)\ =k\cdot m\sum_{j=1}^{h}(\overline{X}_j-\overline{X})^2$，自由度：$f_B=h-1$；

交互影响的离差平方和：$SS(AB)\ =m\sum_{i=1}^{k}\sum_{j=1}^{h}(\overline{X}_{ij}-\overline{X}_i-\overline{X}_j+\overline{X})^2$，自由度：$f_{AB}=(k-1)(h-1)$；

随机误差的平方和：$SSE=\sum_{i=1}^{k}\sum_{j=1}^{h}\sum_{l=1}^{m}(\overline{X}_{ijk}-\overline{X}_{ij})^2$，自由度：$f_E=kh\ (m-1)$；

总离差平方和：$SSE=\sum_{i=1}^{k}\sum_{j=1}^{h}\sum_{l=1}^{m}(X_{ijl}-\overline{X})^2$，自由度：$f_T=khm-1$；

且：$SS_T=SS_A+SS_B+SS_E$，$f_T=f_A+f_B+f_E$。

（3）计算平均离差平方和：

$MS_A=SS_A/f_A$，$MS_B=SS_B/f_B$，$MS_{AB}=SS_{AB}/f_{AB}$，$MS_E=SS_E/f_E$。

（4）计算检验统计量：

$$F_A=\frac{SS_A/f_A}{SS_E/f_E}=\frac{MS_A}{MS_E},\ F_B=\frac{SS_B/f_B}{SS_E/f_E}=\frac{MS_B}{MS_E},\ F_{AB}=\frac{SS_{AB}/f_{AB}}{SS_E/f_E}=\frac{MS_{AB}}{MS_E}。$$

（5）检验判断：

根据得到的 F 值计算相应的 P 值，并与给定的显著性水平 α 相比较。

若 $P_A>\alpha$，接受 H0(A)，认为因素 A 引起各组水平差异是不显著的；

若 $P_A\leqslant\alpha$，拒绝 H0(A)，认为因素 A 的影响显著。

若 $P_B>\alpha$，接受 H0(B)，认为因素 B 引起各组水平差异是不显著的；

若 $P_B\leqslant\alpha$，拒绝 H0(B)，认为因素 B 的影响显著。

若 $P_{AB}>\alpha$，接受 H0(AB)，认为因素 A 和因素 B 的交互作用是不显著的；

若 $P_{AB}\leqslant\alpha$，拒绝 H0(AB)，认为因素 A 和因素 B 的交互作用显著。

【例 6.13】在某化学工程中，为了提高原料利用率，选定辅料的供给速度（A）及其浓度（B）两个因素进行实验。各因素的水平如下所示，实验数据如表 6－5 所示：

A：$A1$（5kg/h）　$A2$（15kg/h）　$A3$（25kg/h）

B：$B1$（5%）　$B2$（10%）　$B3$（15%）　$B4$（20%）

表 6－5　实验数据

（单位：千克/批）

	$B1$	$B2$	$B3$	$B4$
$A1$	60.7	61.5	61.6	61.7
	61.1	61.3	62.0	61.1
$A2$	61.5	61.7	62.2	62.1
	60.8	61.2	62.8	61.7
$A3$	60.6	60.6	61.4	60.7
	60.3	61.0	61.5	60.9

下面用 Excel 进行有交互作用的双因素方差分析：

（1）将数据输入 B2:E7 单元格区域。

（2）切换到“数据”选项卡，单击“分析”组中的“数据分析”按钮，将弹出数据分析对话框。在分析工具框中选择“方差分析：可重复双因素分析”。

方差分析对话框如图 6－29 所示。

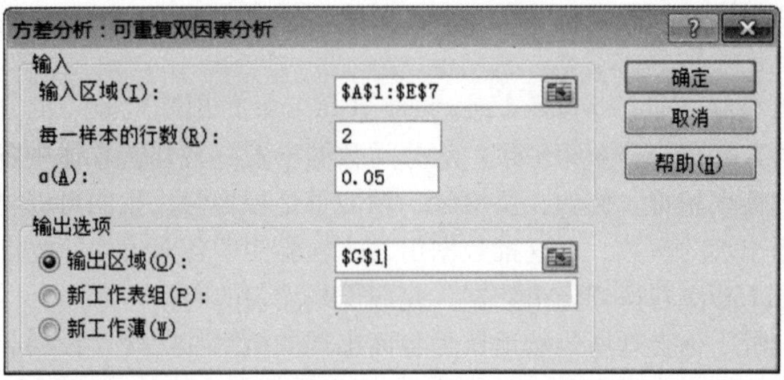

图 6－29

1）输入：

输入区域：A1:E7

每一样本的行数：2

α：0.05

2）输出选项：

输出区域：G1

（3）单击“确定”按钮，计算结果见图 6－30。

（4）结论：由于 $P_A<0.05$，$P_B<0.05$，$P_{AB}>0.05$，因此，A、B 之间交互作用效果不显著，故可以认为 $A\times B$ 不存在。A、B 因素的效果均高度显著。

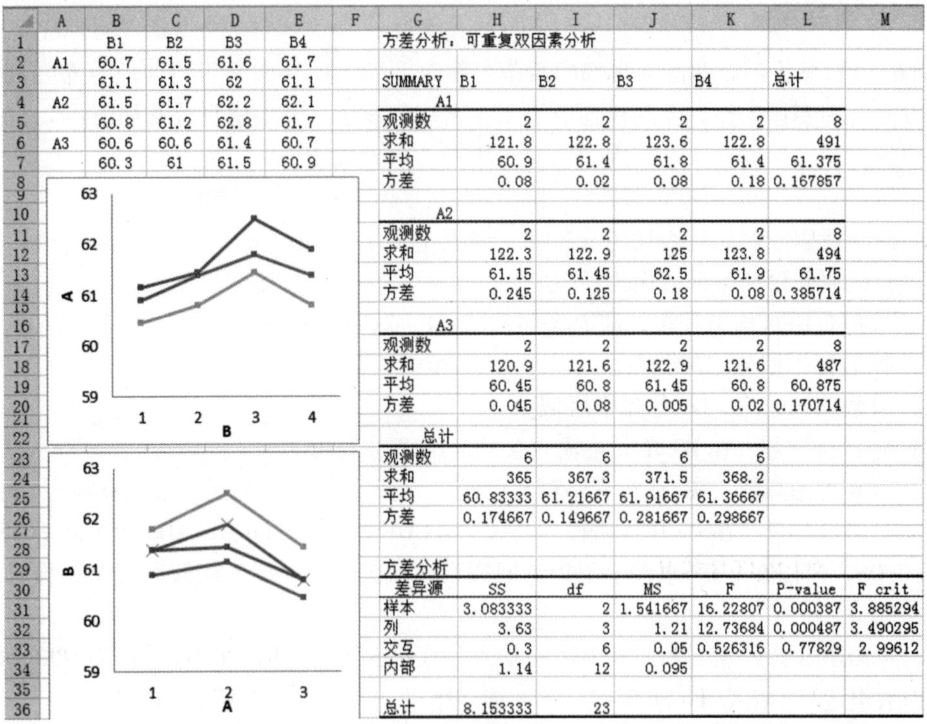

	B1	B2	B3	B4
A1	60.7	61.5	61.6	61.7
	61.1	61.3	62	61.1
A2	61.5	61.7	62.2	62.1
	60.8	61.2	62.8	61.7
A3	60.6	60.6	61.4	60.7
	60.3	61	61.5	60.9

方差分析：可重复双因素分析

SUMMARY	B1	B2	B3	B4	总计
A1					
观测数	2	2	2	2	8
求和	121.8	122.8	123.6	122.8	491
平均	60.9	61.4	61.8	61.4	61.375
方差	0.08	0.02	0.08	0.18	0.167857
A2					
观测数	2	2	2	2	8
求和	122.3	122.9	125	123.8	494
平均	61.15	61.45	62.5	61.9	61.75
方差	0.245	0.125	0.18	0.08	0.385714
A3					
观测数	2	2	2	2	8
求和	120.9	121.6	122.9	121.6	487
平均	60.45	60.8	61.45	60.8	60.875
方差	0.045	0.08	0.005	0.02	0.170714
总计					
观测数	6	6	6	6	
求和	365	367.3	371.5	368.2	
平均	60.83333	61.21667	61.91667	61.36667	
方差	0.174667	0.149667	0.281667	0.298667	

方差分析

差异源	SS	df	MS	F	P-value	F crit
样本	3.083333	2	1.541667	16.22807	0.000387	3.885294
列	3.63	3	1.21	12.73684	0.000487	3.490295
交互	0.3	6	0.05	0.526316	0.77829	2.99612
内部	1.14	12	0.095			
总计	8.153333	23				

图 6－30

6.4 χ^2 的拟合优度检验

χ^2 的拟合优度检验（Chi－squared goodness of fit tests）用来检验一批分类数据所来自的总体分布是否与某种理论分布相一致。从分类数据出发，去判断总体中各类数据出现的概率是否与已知的概率相符。例如，要检验一颗骰子是否均匀，我们可以将该骰子抛掷若干次，记录每一面出现的次数，从这批数据出发去检验骰子各面出现的概率是否都是 1/6。

如果掷一骰子 150 次并得到分布数据，此骰子是均匀的吗？

若骰子是均匀的，你会理所当然地认为各面出现的概率都一样（1/6），即在 150 次投掷中骰子的每一面将期望出现 25 次。但真实数据表明数字为 6 的一面却出现了 36 次，这是纯属巧合还是其他什么原因？

回答这个问题的关键是看观测值与期望值离得有多远。如果令 f_i 为观测到的第 i 类数据的出现频数，e_i 为第 i 类数据出现次数的理论期望值，则 χ^2 统计量可表示为：

$$\chi^2 = \sum_{i=1}^{n} \frac{(f_i - e_i)^2}{e_i}$$

直观地，如果实际观测频数和理论预期频数相差很大，χ^2 统计量的值将会很大；反之则较小。相应统计推断基于所有理论预期频数都大于 1 且大多数（80%）都大于 5 的假定。同时，数据必须为独立同分布的。如果这些假定都满足，那么 χ^2 统计量将近似服从于自由度为 $n-1$ 的 χ^2 分布。建立假设检验，原假设为各面出现的概率为理论值，备择假设为 6 个面中的一些或全部出现概率不等于理论值。

6.4.1 单样本 χ^2 检验

【例 6.14】某大型企业的人事部门希望了解企业职工的病假是否均匀地分布在周一至周五，以便合理安排工作。今随机抽取了 125 名病假职工，其病假日分布如下：

工作日：	周一	周二	周三	周四	周五
职工数：	20	22	28	25	30

试问该企业职工病假是否均匀分布在一周五个工作日中？

要检验的原假设和备择假设为：

H0：病假日服从均匀分布，即 $P_i = 1/5$，$i = 1, 2, 3, 4, 5$；

H1：病假日不服从均匀分布。

（1）将数据输入 B2:B6 单元格区域中。

（2）计算合计数：在 B7 单元格输入公式 =SUM(B2:B6)。

（3）计算理论频数：在 D2 单元格输入公式：=$B $7 * C2，然后将公式复制到 D3:D6。

（4）计算统计量：在 B9 单元格输入公式：=CHITEST(B2:B6, D2:D6)得 $P = 0.6057$。

$P > 0.05$，所以在 0.05 水平上不拒绝原假设，认为该企业职工病假在五个工作日中是均匀分布的。

有时我们还需要 χ^2 统计量，在 B10 中输入公式：=SUM((B2:B6-D2:D6)^2/(D2:D6))，由于需进数组运算，按 Ctrl + Shift + Enter 才能得结果，$\chi^2 = 2.72$（如图 6－31 所示）。

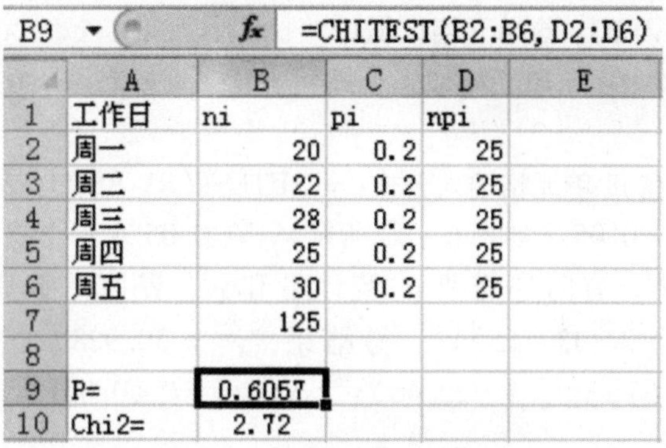

B9 =CHITEST(B2:B6,D2:D6)

	A	B	C	D	E
1	工作日	ni	pi	npi	
2	周一	20	0.2	25	
3	周二	22	0.2	25	
4	周三	28	0.2	25	
5	周四	25	0.2	25	
6	周五	30	0.2	25	
7		125			
8					
9	P=	0.6057			
10	Chi2=	2.72			

图 6－31　均匀分布拟合优度检验

6.4.2　列联表 χ^2 检验

卡方独立性检验是用和上面同样的统计量来检验列联表中的两个因素是否相互独立。也就是说原假设为行因素之间是相互独立的，备择假设为它们不相互独立。

因素之间是否独立？对此可使用卡方检验。但是，理论预期频数为多少？在独立性的原假设下，可使用边际概率去代替它。例如，P(否和是) = P(否)P(是) 是由回答“否”（各列之和除以 n）的比例和回答“是”（各行之和除以 n）的比例来估计的。那么，此单元格的预期频数即为上式乘以 n；或者简单地，各行之和乘以各列之和再除以 n。由于需要对每个单元格都这样做，所以最好由计算机来完成。

【例 6.15】一家可乐公司在中国销售 4 种类型的可乐。为了了解在北京所用的市场方法是否适用于上海和广州，该公司先分析了消费者的城市与对可乐偏好的联系。分析人员把可乐饮用者按对可乐的偏爱类型分为普通、不加咖啡和糖、加咖啡和加糖四类。第二次分类按城市分为三类：北京、上海和广州。市场分析人员然后从三个城市中随机调查了 300 名可乐饮用者，把每个人按两种分类方法加以分类，所观察的频率记录如表 6－6 所示。

表 6－6　按两种分类方法记录的频率

	普通	不加咖啡和糖	加咖啡	加糖	行合计
北京	70	8	18	35	131
上海	34	10	20	40	104
广州	10	12	15	28	65
列合计	114	30	53	103	300

因为市场分析人员要寻找可乐偏爱类型与城市间的联系，所以要检验的原假设和备择假设为：

H0：两种分类是统计独立的；

H1：两种分类是有依赖性的。

（1）将实际频数输入 B3:F6 单元格区域中。

（2）计算理论频数：在 I3 单元格输入公式：=B $6 * $F3/$F $6，然后将公式复制到 I3:M6。

（3）计算统计量：在 I8 单元格输入公式：=CHITEST(B3:E5,I3:L5)，得 $P=0.000\,026$。

（4）结论：由于 $P<0.05$（如图 6-32 所示），在 0.05 水平上拒绝原假设，无证据说明该样本来自正态总体。有时还需要 χ^2 统计量和 $\chi^2_{0.05}$ 界值，在 C8 单元格输入公式：{ =SUM((B3:E5-I3:L5)^2/(I3: L5))}，得结果，$\chi^2=30.928$，在 F8 单元格输入公式：=CHIINV(0.001，6)，$\chi^2_{0.001,6}=22.46$，$\chi^2>x^2_{0.001,6}$，$P<0.001$。

I8 =CHITEST(B3:E5,I3:L5)

	A	B	C	D	E	F	G	H	I	J	K	L	M
1	实际频数							理论频数					
2		普通	不加咖啡和糖	加咖啡	加糖	行合计			普通	不加咖啡和糖	加咖啡	加糖	行合计
3	北京	70	8	18	35	131		北京	49.78	13.10	23.14	44.98	131.00
4	上海	34	10	20	40	104		上海	39.52	10.40	18.37	35.71	104.00
5	广州	10	12	15	28	65		广州	24.70	6.50	11.48	22.32	65.00
6	列合计	114	30	53	103	300		列合计	114.00	30.00	53.00	103.00	300.00
7													
8		Chi2	30.928		C0.001	22.46		P	2.6164E-05				

图 6-32

判决法的解释：计算的 χ^2 统计量（30.928）比较在原假设下实际频率与期望频率之间的差别。它大于对应于在 0.1% 拒绝域的右尾 χ^2 临界值（22.46）。所以，有足够的理由拒绝在 0.1% 水平（右尾检验）时的原假设并得出如下结论：不同城市的人喜欢不同类型的可乐。

6.5 小 结

本章详细介绍了统计推断两类问题：参数估计问题和假设检验问题。参数估计是根据从总体中抽取的样本估计总体分布中包含的未知参数的方法，假设检验是数理统计学中根据一定假设条件由样本推断总体的一种方法。通过本章的学习，读者应该掌握如下内容：

（1）理解参数估计和假设检验的基本概念。

（2）了解单样本均值推断、两样本均值推断和多样本均值推断。

（3）了解 χ^2 拟合优度检验的应用。

7　统计模型及 Excel 应用

在现实生活中，许多事物和现象之间是相互制约和影响的，相关分析是研究随机变量之间的相关关系的一种统计方法，回归分析是研究某一随机变量（因变量）与其他一个或多个普通变量（自变量）之间关系的一种分析方法，本章将详细介绍回归分析及其应用。本章的主要内容如下：

（1）简单线性相关与回归模型。

（2）简单非线性回归理论及应用。

（3）多元线性回归模型及其检验。

7.1　简单线性相关与回归模型

前面几章所介绍的各种分析方法，每个问题中仅涉及一个变量，即所测量或观察的只有一项指标。这些方法侧重反映了相应指标的抽样情况，或对该项指标在不同分组间的差别性作出推断。在现实问题中，许多事物或现象之间是相互制约、相互影响的。本章从相关性的角度，考察两个变量间的相关关系。相关分析就是要通过对大量数字资料的观察，消除偶然因素的影响，探求现象之间相关关系的密切程度和表现形式。而研究现象之间相关关系的理论和方法就称为相关分析法。

相关分析是研究两个或两个以上变量之间是否存在相互依存关系，并对这种依存关系的相关程度进行探讨和分析，是研究随机变量之间的相关关系的一种统计方法。它与回归分析不同，回归分析是研究某一随机变量（因变量）与其他一个或多个普通变量（自变量）之间的关系。而相关分析研究的都是随机变量，不区分因变量和自变量。相关分析与回归分析在实际应用中有密切关系，一般先利用相关分析对变量进行筛选，删除相关性很小的变量，然后再利用回归分析建立模型，进行预测。

变量之间的相关类型有三种：直线相关、曲线相关和多元相关。直线相关时用相关系数表示，曲线相关时用相关指数表示，多元相关时用复相关系数表示，其取值范围均为0～1。该数值越接近1表明两随机变量之间的相关程度越强，越接近0表明它们之间的相关程度越低，若等于0，则表明这两个变量相互独立。

简单线性相关用于描述两变量之间的线性密切程度，简单线性回归可用于确定描述两变量之间平均关系的线性方程。在拟合一条直线前，作一散点图是很重要的。如果在散点图上的点大致落于一条直线上，那么适合用本节所讲的线性方法；如果落于一条曲线上或其他图形上，那么需要考虑用后面讲述的非线性方法。

7.1.1　简单线性相关

相关系数用来反映两个数值变量的相关程度。Person 相关系数用来反映两个变量的线性相关关系。总体相关系数的定义式是：

$$\rho = \frac{\mathrm{Cov}(X,Y)}{\sqrt{\mathrm{Var}(X)\mathrm{Var}(Y)}}$$

样本相关系数的定义公式是：

$$r = \frac{\sum (X_t - \bar{X})(Y_t - \bar{Y})}{\sqrt{\sum (X_t - \bar{X})^2 \sum (Y_t - \bar{Y})^2}}$$

Person 相关系数的取值范围是[-1，1]，当 $-1 < r < 0$，表示具有负线性相关，越接近 -1，负相关性越强；$0 < r < 1$ 表示具有正线性相关，越接近 1，正相关性越强。$r = -1$ 表示具有完全负线性相关；$r = 1$ 表示具有完全正线性相关；$r = 0$ 表示两个变量不具有线性相关。

【例 7.1】我们知道，财政收入与税收有密切的依存关系。今收集了我国 1991 年到 2008 年共 18 年的税收（x，百亿元）和财政收入（y，百亿元）数据，如表 7-1 所示。下面分析税收与财政收入之间的相关关系。

表 7-1　1991 年到 2008 年的税收和财政收入数据

t	x（百亿元）	y（百亿元）
1991	29.901 7	31.494 8
1992	32.969 1	34.833 7
1993	42.553	43.489 5
1994	51.268 8	52.181
1995	60.380 4	62.422
1996	69.098 2	74.079 9
1997	82.340 4	86.511 4
1998	92.628	98.759 5
1999	106.825 8	114.440 8
2000	125.815 1	133.952 3
2001	153.013 8	163.860 4
2002	176.364 5	189.036 4
2003	200.173 1	217.152 5
2004	241.656 8	263.964 7
2005	287.785 4	316.492 9
2006	348.043 5	387.602
2007	456.219 7	513.217 8
2008	542.196 2	613.303 5

下面各步骤描述了如何使用 Excel 进行相关分析：

（1）输数据：将数据输入 A1:C19 单元格区域中。

（2）绘制散点图：

	A	B	C
1	t	x	y
2	1991	29.9017	31.4948
3	1992	32.9691	34.8337
4	1993	42.553	43.4895
5	1994	51.2688	52.181
6	1995	60.3804	62.422
7	1996	69.0982	74.0799
8	1997	82.3404	86.5114
9	1998	92.628	98.7595
10	1999	106.8258	114.4408
11	2000	125.8151	133.9523
12	2001	153.0138	163.8604
13	2002	176.3645	189.0364
14	2003	200.1731	217.1525
15	2004	241.6568	263.9647
16	2005	287.7854	316.4929
17	2006	348.0435	387.602
18	2007	456.2197	513.2178
19	2008	542.1962	613.3035

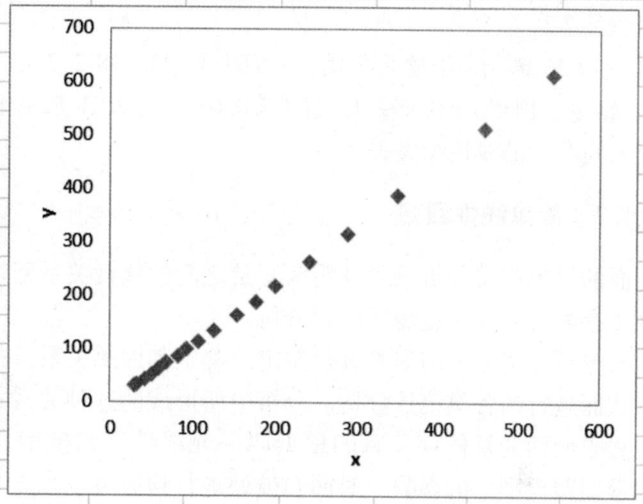

图7－1　简单相关系数及散点图

（3）计算相关系数：

切换到“数据”选项卡，单击“分析”组中的“数据分析”按钮，将弹出“数据分析”对话框。在分析工具框中选择“相关系数”。相关系数对话框将显示为图7－2所示，它带输入、输出的提示。

	A	B	C
20			
21		x	y
22	x	1	
23	y	0.99986	1
24			
25	t	236.16656	
26	P	8.987E-30	

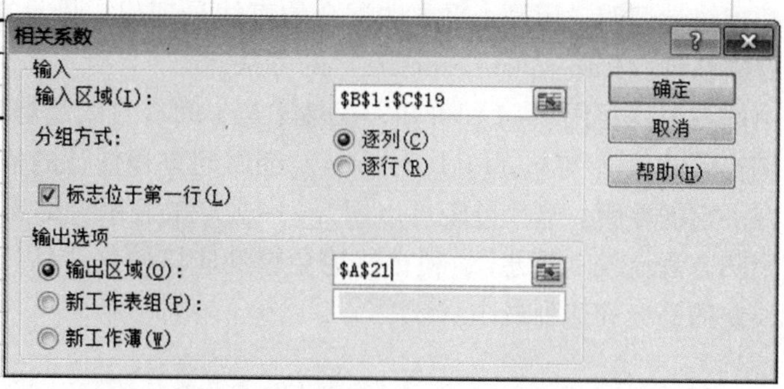

图7－2　相关系数对话框

1）输入：

输入区域：B1:C19

分组方式：逐列

选择标志位于第一行

2）输出选项：

输出区域：A21

3）单击“确定”按钮，Excel 将计算出结果显示在输出区域中。

（4）相关系数假设检验：

1）在 B25 单元格中输入公式：=B23/SQRT((1-B23^2)/(18-2))，计算得相关系数的 t 值为 236.17。

2）在 B26 单元格中输入公式：=TDIST(B25,18-2,2)，计算得 $P<0.0001$。

3）结论：由于 $r=0.9999$，且 $P<0.01$，在 0.01 水平上拒绝原假设，认为财政收入与税收入间有正的线性相关关系。

7.1.2 简单线性回归

上面的简单相关分析只是说明两变量之间的线性关系密切的程度，如果要建立它们之间线性依存的关系式，就需用回归分析。

回归分析是将相关的因素进行测定，确定其因果关系，并以数学模型来表现其具体关系式，从而进行的各类统计分析。分析中所形成的这种关系式称为回归模型，其中以一个直线方程表明两变量依存关系的模型叫一元线性回归模型。其主要步骤有：建立回归模型、求解回归模型中的参数、对回归模型进行检验等。

在散点图中如果自变量和因变量对应的点大致呈直线，或计算出的相关系数具有显著的直线相关关系，则可拟合一个直线方程。

直线方程的模型为：$\hat{y}=b_0+b_1x$

式中，$\hat{y}$ 可表示因变量 y 的估计值，x 为自变量的实际值，b_0、b_1 为待定参数，其几何意义是：b_0 是直线方程的截距，b_1 是斜率。其经济意义是：b_0 是当 x 为零时 y 的估计值，b_1 是当 x 每增加一个单位时，y 增加的数量，b_1 也称回归系数。

配合回归直线的目的是要求找到一条理想的直线，用直线上的点来代表所有的相关点。数理统计证明，用最小平方法配合的直线最理想、最具有代表性。计算 b_0 与 b_1 常用最小二乘估计（least square estimate）的方法。

由散点图（见图 7-1）可知，虽然 x 与 y 间有直线趋势存在，但并不是一一对应的。每一例实测的值 y_i 与 x_i（$i=1,2,\cdots,n$）经回归方程估计的值 $\hat{y}_i$（即直线上的点）或多或少存在一定的差距。这些差距可以用（$y_i-\hat{y}_i$）来表示，称为估计误差或残差（residual）。要使回归方程比较“理想”，很自然地会想到应该使这些估计误差尽量小一些。也就是使估计误差的平方和达到最小。

$$Q=\sum_{i=1}^{n}(y_i-\hat{y}_i)^2=\sum_{i=1}^{n}[y_i-(b_0+b_1x_i)]^2$$

对 Q 求关于 a 和 b 的偏导数，并令其等于零，可得：

$$b_1=\frac{\sum_{i=1}^{n}(x_i-\bar{x})(y_i-\bar{y})}{\sum_{i=1}^{n}(x_i-\bar{x})^2}=\frac{l_{xy}}{l_{xx}}$$

$$b_0=\bar{y}-b\bar{x}$$

在 Excel 中可按下列步骤使用“回归”分析工具：

(1) 输入数据：将数据输入 A1:C19 单元格区域中。

(2) 回归分析：

1) 切换到“数据”选项卡，单击“分析”组中的“数据分析”按钮，将弹出“数据分析”对话框。在分析工具框中选择“回归”。回归对话框将显示为图 7-3 所示。

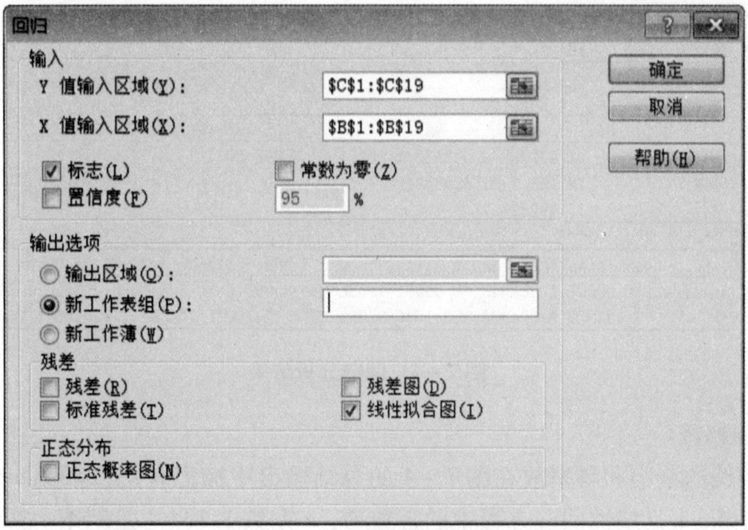

图 7-3 回归分析对话框

①输入：

Y 值输入区域：C1:C19

X 值输入区域：B1:B19

选择标志

常数为零：只有当用户想强制使回归线通过原点（0，0）时才选此框

置信度：Excel 自动包括了回归系数为 95% 的置信区间

要使用其他置信区间，选择该框并在 Confidence level 框中输入置信水平。

②输出选项：

选择新工作表组

③残差：

残差：选择此框可得到预测值和残差（Residual）

残差图：选择此框可得到残差和每一 x 值的图表

标准残差：选择此框可得到标准化的残差（Standardized Residual，每一残差被估计标准误差除），这一输出可使曲线较容易分层

线性拟合图：选择此框可得到一含有 y 输入数据和拟合的 y 值的散点图

④正态概率图

绘制因变量的正态概率图

2) 单击“确定”按钮，Excel 将计算出结果并显示在输出区域中，如图 7-4 所示。

	A	B	C	D	E	F	G	H	I
1	SUMMARY OUTPUT								
2									
3	回归统计								
4	Multiple	0.999857							
5	R Square	0.999713							
6	Adjusted	0.999695							
7	标准误差	2.972112							
8	观测值	18							
9									
10	方差分析								
11		df	SS	MS	F	nificance F			
12	回归分析	1	492682.4	492682.4	55774.64	8.99E-30			
13	残差	16	141.3352	8.833447					
14	总计	17	492823.7						
15									
16		Coefficien	标准误差	t Stat	P-value	Lower 95%	Upper 95%	下限 95.0	上限 95.0
17	Intercept	-6.60607	1.083848	-6.09501	1.55E-05	-8.90372	-4.30841	-8.90372	-4.30841
18	x	1.134379	0.004803	236.1666	8.99E-30	1.124196	1.144561	1.124196	1.144561

图 7-4　回归分析结果

（3）回归解释：

拟合回归线的截距和斜率放在图 7-4 的总结输出中标记有“Coefficients”的左下部。截距系数 -6.606 1 是线性回归方程中的常数项，x 系数 1.134 4 是斜率。回归方程是：

$$y = -6.6061 + 1.1344 * x$$

在图 7-5 所示的残差输出中，预测 y，有时又称拟合值，是用这个回归方程计算财政收入的估计值。残差是实际值和拟合值之间的差值。例如，2008 年全国财政收入 613.303 5百亿元，这一年的财政收入预测值是 608.449 7 百亿元，残差约为 4.854 百亿元。它的实际值比预测值高约 4.854 百亿元。残差也称为偏差或误差。

	A	B	C
20	RESIDUAL OUTPUT		
21			
22	观测值	预测 y	残差
23	1	27.31378	4.181016
24	2	30.79338	4.040323
25	3	41.66515	1.824351
26	4	51.55217	0.628834
27	5	61.88817	0.53383
28	6	71.77746	2.302443
29	7	86.79913	-0.28773
30	8	98.46916	0.290341
31	9	114.5748	-0.13404
32	10	136.1159	-2.1636
33	11	166.9695	-3.10912
34	12	193.4581	-4.42166
35	13	220.466	-3.31352
36	14	267.5242	-3.55955
37	15	319.8515	-3.35864
38	16	388.207	-0.60505
39	17	510.9198	2.297983
40	18	608.4497	4.853778

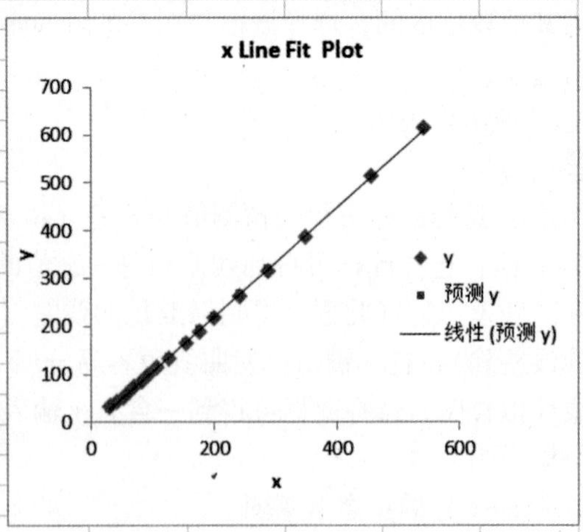

图 7-5

回答“拟合关系怎么样”问题的最通用的四个方法是标准误差、R^2、t 统计值和方差分析。标准误差 2.972 显示在图 7-4 的 B7 单元格中，和因变量（财政收入）有同样的单位。作为残数的标准偏差，它衡量实际财政收入在回归线周围的分散情况，标准误差通常称为估计标准误差。

R Square，如图 7-4 的 B5 单元格所示，衡量用回归线解释的因变量变化的比例。这一比例必须是 0 到 1 之间的一个数据，经常以百分数表示。这里，约有 99.97% 的财政收入的变化是在线性方程中用税收作为预测因素来解释的。B6 单元格显示的 Adjusted *R* square 在用附加解释变量把此模型和其他模型比较时很有用。

t 统计值显示在图 7-4 的 D17:D18 单元格区域中，它是回归系数的单独假设检验的一部分，例如，这 18 个年份的数据可视为从一大的总体中抽取的样本，原假设为没有关系：税收的总的回归系数是零，说明税收的变化不影响财政收入。用样本回归系数 1.134 4 时，系数标准误差（一个抽样误差的估计）为 0.010，系数对零的标准误差是 236.166 7。显示于 E18 单元格中的双尾 P 值 0.000 是在假定原假设为真时得到这些结果，或者更极端情况的概率。因此，应拒绝原假设，并得出税收与财政收入有显著关系这一结论。

图 7-4 的 A10:A14 单元格区域所示的方差分析是回归方程整体拟合的一个检验，因为它总结了原假设是回归系数为零的检验，在后面将讨论多元回归的问题。

7.2 简单非线性回归模型

本节讲述建立两变量间非线性关系模型的 4 种方法：多项式法、对数法、幂法和指数法。对每一函数形式，均讲述在散点图中插入趋势线的方法和对输入的变量用 Resressioa 分析工具得到附加的总结量及总结分析的方法。对于指数关系，还讲述用 LOGEST 函数得到相似结果。

检查散点图作为辅助手段对于选取合适的非线性形式十分重要。在散点图上可能看到四种单凸起非线性图形。根据凸起的方向可确定适当的非线性形式。若数据散点图凸起的方向指向西北方向（NW），则幂函数（$x>1$ 时）和对数函数适于此类图形；若向西南（SW）凸起，在此情况下，幂函数、对数函数或指数函数均可作为候选函数；若向东南（SE）凸起，幂函数（$x>1$）和指数函数可以适用。另外，这 3 种图形都可以用二次函数（二次多项式）建模。

如果一个散点图上数据的图形与图 7-6 所示的单凸起示例均不相配，就需要用其他函数形式。例如，如果数据有两个凸起（S 形），那么立方函数（三次多项式）可以适用。

【例 7.2】为了解百货商店的销售额 x 与流通费率 y（这是反映商业活动的一个质量指标，指每元商品流转额所分摊的流通费用）之间的关系，收集了 9 个商店的有关数据：

插入非线性趋势线的一般方法如下所述：第一，建立散点图，在工作表上安排数据，x 在左边的列，y 在右边的列。选取 x 和 y 数据建立 XY 散点图，如图 7-6 所示。第二，选中图表激活散点图，切换到“图表工具” -“布局”选项卡，单击“分析”组中的

“趋势线”，选择趋势线类型，如图 7－7 所示，作相应的趋势线格式设置，如图 7－8 所示。

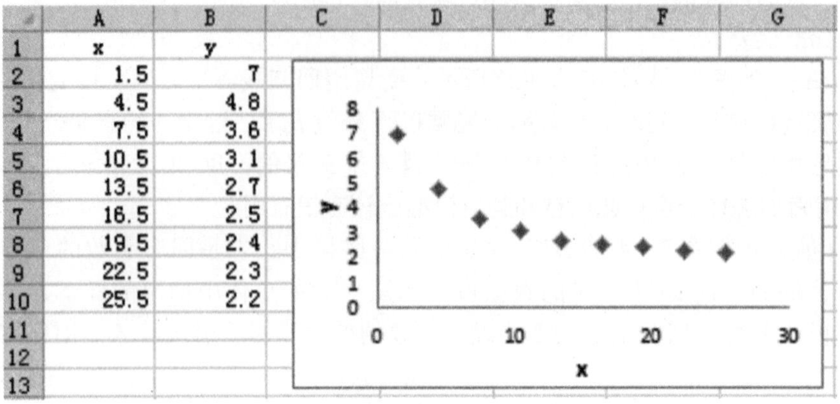

图 7－6　散点图

图 7－7　添加趋势线的选项对话框

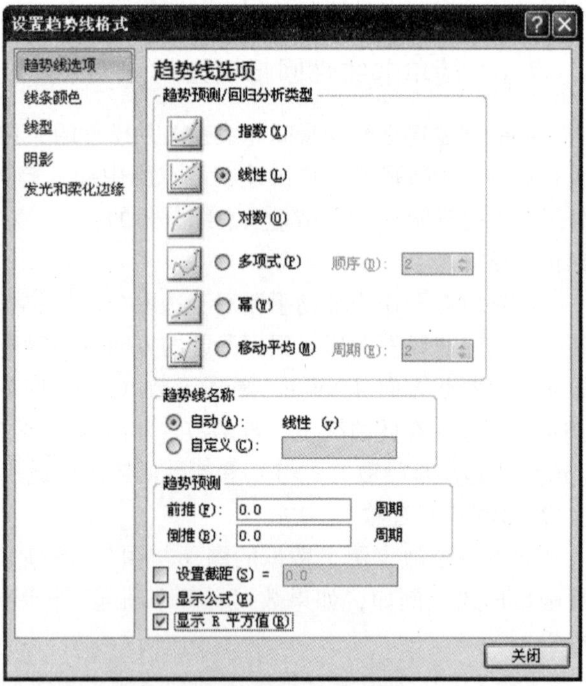

图 7－8　插入趋势线

Excel 为图表提供了趋势线的功能。所谓趋势线，是以图形化的方式显示数据的预测趋势，也称之为回归分析。利用回归分析，可以在图表中根据实际的数据扩展趋势线，从而预测未来数据。Excel 提供了 6 种趋势线（回归分析类型），分别是线性、指数、对数、多项式、幂及移动平均。下面简单介绍各种趋势线的特点和应用情形。

(1) 线性趋势线：适用于简单线性数据集的最佳拟合直线。当数据点的构成图案类似于一条直线时，说明数据是线性的，且以恒定的速率递增或递减。

(2) 指数趋势线：当数据以指数函数的形式递增或递减时使用该趋势线。但必须注意的一点是，当数据中存在零值或负值时，就不能使用该趋势线。

(3) 对数趋势线：说明数据递增或递减的速度很快，但很快又趋近于平稳，则对数趋势是最佳的拟合曲线。这种趋势线适用于正值和负值。

(4) 多项式趋势线：当数据波动较大时使用这种曲线，常用于分析大量数据的偏差。多项式的阶数由数据曲线中的拐点数目来确定。例如，二阶多项式趋势线只有一个拐点，三阶多项式趋势线通常有两个拐点。

(5) 幂趋势线：当数据以特定的速率增加时，幂趋势线是最佳选择。与指数趋势线一样，当数据中有零或负值时，就不能使用该趋势线。

(6) 移动平均趋势线：该趋势线是对数据作了平滑处理之后得到的，可以更清晰地显示数据的发展趋势。它使用指定数目的数据点，取其平均值作为趋势线中的一个点。例如，如果指定的数据点数目是2，那么，第一个和第二个数据点的平均值就作为移动平均趋势线中的第一个点，第二个和第三个数据点的平均值作为趋势线的第二个点，依次类推得到整条趋势线。

Excel 中并不是所有的图表类型都执行趋势线。可以向非堆积型二维柱形图、条形图、折线图、面积图、股价图、气泡图和 *XY* 散点图中的数据系列添加趋势线。但是，不能向堆积型图表、三维图标、雷达图、圆环图及饼图中的数据系列添加趋势线。

图 7－6 中的点大致沿一直线，所以可以用线性趋势线。一般求线性趋势线的截距和斜率的方法是用最小二乘法，即使实际 y 值与直线之间的竖直方向的距离的平方和尽可能小。这样的直线常称为平均关系直线。下面各步骤讲述如何在散点图中插入一线性趋势线并格式化这一结果：

(1) 双击图表激活它进行编辑，在图表周围将出现宽剖面线边框。

(2) 在某数据点上单击选取数据系列，这些点被醒目地显示，名称框显示“y”，公式栏显示 Series 被选取。

(3) 选中图表激活散点图，切换到“图表工具” － “布局”选项卡，单击“分析”组中的“趋势线”，在下拉列表中选择“线性趋势线”，如图 7－7 所示。

(4) 图表上将显示新增的线性趋势线，双击该趋势线将出现“设置趋势线格式”对话框，在“趋势线选项”标签中选中“显示公式”和“显示 R 平方值”复选框。确保“设置截距”复选框被清除，如图 7－8 所示，然后单击“确定”。趋势线、方程和 R^2 值将插入散点图中，如图 7－9 所示。

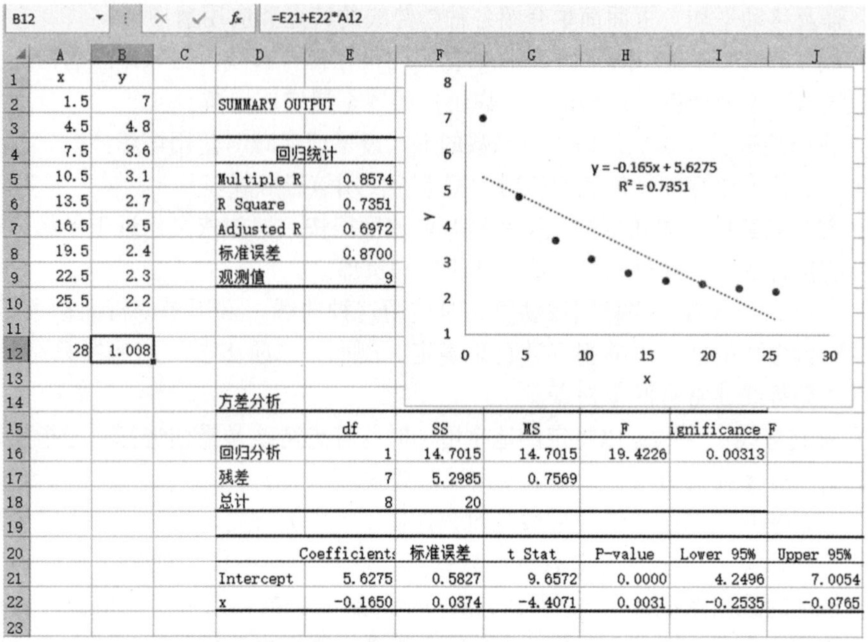

x	y
1.5	7
4.5	4.8
7.5	3.6
10.5	3.1
13.5	2.7
16.5	2.5
19.5	2.4
22.5	2.3
25.5	2.2
28	1.008

SUMMARY OUTPUT

回归统计	
Multiple R	0.8574
R Square	0.7351
Adjusted R	0.6972
标准误差	0.8700
观测值	9

方差分析

	df	SS	MS	F	ignificance F
回归分析	1	14.7015	14.7015	19.4226	0.00313
残差	7	5.2985	0.7569		
总计	8	20			

	Coefficient:	标准误差	t Stat	P-value	Lower 95%	Upper 95%
Intercept	5.6275	0.5827	9.6572	0.0000	4.2496	7.0054
x	-0.1650	0.0374	-4.4071	0.0031	-0.2535	-0.0765

图 7－9　添加线性趋势线

（5）趋势线的解释。可用检查拟合方程 $y = -0.165x + 5.6275$ 来回答“什么是平均关系”这一问题，在方程中的 y 截距或常量为 5.627 5，与 y 变量的单位相同。自然，常量项说明商店销售额为 0 万元的流通费率是 5.627 5%。线性回归系数或斜率为 -0.165，表示每一 x 变量的单位变化对应的 y 变量的平均变化，本例的测量单位是 0.165 万元。如果两商店销售额相差 10 万元，那么预测的流通费率相差为 $0.165 \times 10 = 1.65$ 万元，或 16 500元。

回答“关系怎样？”的问题的常用方法是检查 R^2 值，它测量可用 x 变量和回归线解释的依赖变量变化的比例。这里 R^2 值是 0.735 1，说明流通费率中的 73.51% 的变化可用销售额通过线性模型来解释。也许剩余的 26.49% 的变化需要用其他特征的非线性模型来解释。

在图 7－9 所示的图形中，用非线性拟合可能更合适，尽管曲率极小，散点图仍显示有轻微的西北（NW）方向的凸起。这样，二次函数（二项式）、幂函数和对数函数均可作为候选。

7.2.1　对数法

对数类型用方程 $y = C * \mathrm{Ln}(x) + b$ 生成趋势线，其中，Ln( )是以 e（约为 2.718）为底数的自然对数函数。因为 Ln 函数的定义域 x 为正值，所以数据集中解释变量的值必须为正值。如果任何 x 值是零或负数，那么在“增加趋势图”对话框中的“对数”类型的图标将变灰暗（作为一种解决办法，可给每一 x 值加一常数）。在商品销售散点图中插入对数趋势线的结果如图 7－10 所示。

C12　=F20+F21*LN(A12)

	x	ln(x)	y
2	1.5	0.4055	7
3	4.5	1.5041	4.8
4	7.5	2.0149	3.6
5	10.5	2.3514	3.1
6	13.5	2.6027	2.7
7	16.5	2.8034	2.5
8	19.5	2.9704	2.4
9	22.5	3.1135	2.3
10	25.5	3.2387	2.2
12	28		1.690

SUMMARY OUTPUT

回归统计	
Multiple R	0.9866
R Square	0.9733
Adjusted R	0.9695
标准误差	0.2762
观测值	9

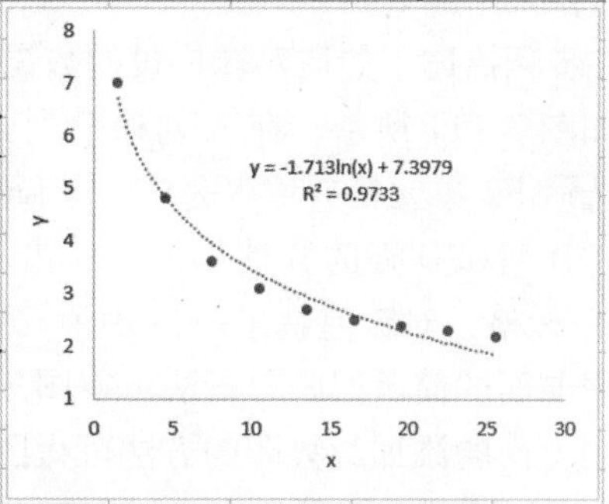

方差分析

	df	SS	MS	F	ignificance F
回归分析	1	19.4660	19.4660	255.17726	9.14646E-07
残差	7	0.5340	0.0763		
总计	8	20			

	Coefficient	标准误差	t Stat	P-value	Lower 95%	Upper 95%
Intercept	7.3979	0.2667	27.7421	0.0000	6.7673	8.0284
Ln(x)	-1.7130	0.1072	-15.9743	0.0000	-1.9666	-1.4594

图 7－10　对数曲线回归分析结果及趋势图

下述各步骤描述如何用“回归”工具和对数模型得到更完整的回归结果：

（1）如图 7－10 所示，在 A 列和 C 列中输入数据。

（2）选取 B2 单元格并输入公式：＝Ln(A2)。要将此公式拷贝到 B 列的其他单元，单击 B2 单元格右下角的填充柄并向下拖动到 B10 单元格，对数值就出现在 B 列。

（3）用前面的简单回归分析法可得图 7－10 的结果。

（4）用上面的添加趋势图的方法可得图 7－10 的对数趋势图。

要用对数模型预测流通费率，可在某单元中（如 A12 单元）输入 x 值 28，然后对预测流通费率建立一公式[在 C12 单元格中输入 = F20 + F21 * Ln(A12)]，得流通费率为 1.690%。

7.2.2　幂函数法

幂函数法用方程 $y = a * x^b$ 生成一趋势线。Excel 用原始 x 和 y 数据的对数变换来确定拟合值，所以数据集中依赖变量和解释变量的值都必须为正数。如果任意 y 或 x 的值是 0 或负数，那么“趋势线”对话框中的“乘幂”类型图标将变灰暗（作为一种解决办法，可给每一 y 值和 x 值加一常数）。在图 7－6 所示的散点图中插入幂趋势线的结果如图 7－11所示。

幂趋势线的特征没有找出使实际 y 值和预测 y 值($= a * x^b$)的偏差的平方和最小的 a 和 b 值。相反，Excel 的方法是对幂函数公式两边同时取对数，可写为：

$$\mathrm{Ln}(y) = \mathrm{Ln}(a) + b * \mathrm{Ln}(x)$$

然后用 Ln(y)作为标准线性回归的依赖变量，Ln(x)为解释变量。也就是说，Excel 能找到实际 Ln(y)和预测 Ln(y)之间偏差平方和最小的截距与斜率，它使用下面的公式：

$$\mathrm{Ln}(y) = \mathrm{Intercept} + \mathrm{Slope} * \mathrm{Ln}(x)$$

所以，Intercept 对应于 Ln(a)，在幂函数公式中的 a 值等于 Exp(Intercept)，Slope 对应于幂函数公式中的 b。

下面各步骤描述了如何对转换过的数据用“回归”工具得到幂函数模型的回归结果：

（1）如图 7－11 所示，在 A 列和 C 列中输入数据。

（2）选取 B2 单元格并输入公式：＝Ln(A2)，D2 单元格输入公式：＝Ln(C2)。要将公式拷贝到 B 列和 D 列的其他单元，单击 B2(D2)单元格右下角的填充柄并向下拖动到 B10(D10)单元格，对数值就出现在 B(D)列。

（3）用前面的简单回归分析法可得图 7－11 的结果。

（4）用上面的添加趋势图的方法可得图 7－11 的幂趋势图。

要用乘幂模型预测流通费率，可在某单元格中（如 A12 单元格）输入 x 值 28，然后对预测流通费率建立一公式（在 C12 单元格中输入＝G20＊A12^G21），得流通费率为 2.060%。

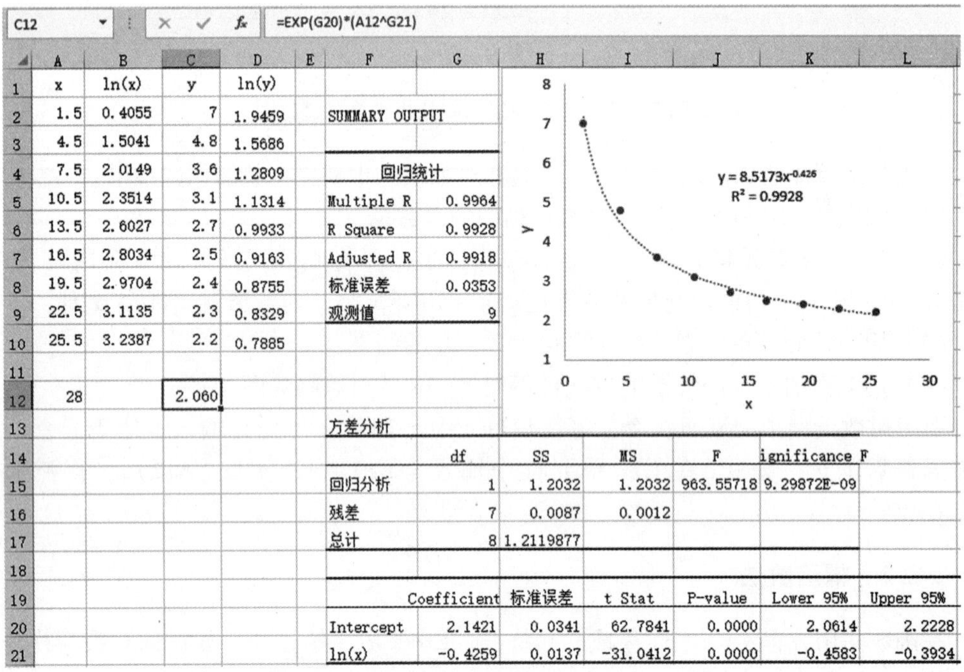

	A	B	C	D	E	F	G	H	I	J	K	L
1	x	ln(x)	y	ln(y)								
2	1.5	0.4055	7	1.9459		SUMMARY OUTPUT						
3	4.5	1.5041	4.8	1.5686								
4	7.5	2.0149	3.6	1.2809		回归统计						
5	10.5	2.3514	3.1	1.1314		Multiple R	0.9964					
6	13.5	2.6027	2.7	0.9933		R Square	0.9928					
7	16.5	2.8034	2.5	0.9163		Adjusted R	0.9918					
8	19.5	2.9704	2.4	0.8755		标准误差	0.0353					
9	22.5	3.1135	2.3	0.8329		观测值	9					
10	25.5	3.2387	2.2	0.7885								
11												
12	28		2.060									
13						方差分析						
14							df	SS	MS	F	ignificance F	
15						回归分析	1	1.2032	1.2032	963.55718	9.29872E-09	
16						残差	7	0.0087	0.0012			
17						总计	8	1.2119877				
18												
19							Coefficient	标准误差	t Stat	P-value	Lower 95%	Upper 95%
20						Intercept	2.1421	0.0341	62.7841	0.0000	2.0614	2.2228
21						ln(x)	-0.4259	0.0137	-31.0412	0.0000	-0.4583	-0.3934

图 7－11　幂曲线回归分析结果及趋势图

7.2.3　指数法

指数法类型用方程 $y = a * e^{bx}$ 生成趋势线。Excel 用原始 y 数据的对数变换来确定拟合值，所以依赖变量的值必须为正值。如果 y 值是零或负值，那么“添加趋势线”对话框中的“指数”类型图标会变灰暗（作为一种解决办法，可给每一个 y 值加一个常数）。这一函数可以用于建立按指数增长的模型。图 7－12 所示的数据就是这种模式的一例。

B12 =EXP(F20)*EXP(F21*A12)

	A	B	C
1	x	y	ln(y)
2	1.5	7	1.9459
3	4.5	4.8	1.5686
4	7.5	3.6	1.2809
5	10.5	3.1	1.1314
6	13.5	2.7	0.9933
7	16.5	2.5	0.9163
8	19.5	2.4	0.8755
9	22.5	2.3	0.8329
10	25.5	2.2	0.7885
11			
12	28	1.673	

SUMMARY OUTPUT

回归统计	
Multiple R	0.9221
R Square	0.8502
Adjusted R	0.8288
标准误差	0.1610
观测值	9

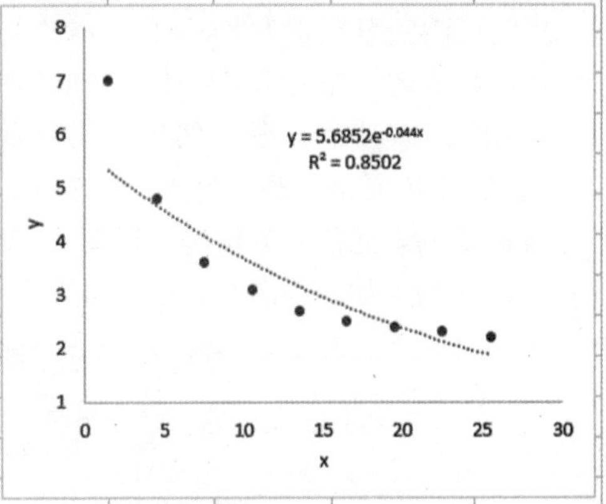

方差分析

	df	SS	MS	F	Significance F
回归分析	1	1.0304	1.0304	39.7308	0.000402908
残差	7	0.1815	0.0259		
总计	8	1.2119877			

	Coefficient	标准误差	t Stat	P-value	Lower 95%	Upper 95%
Intercept	1.7379	0.1079	16.1114	0.0000	1.4828	1.9929
x	-0.0437	0.0069	-6.3032	0.0004	-0.0601	-0.0273

图 7-12　指数曲线回归分析结果及趋势图

指数趋势线的功能没有找出使实际 y 值和预测 $y(=a*e^{bx})$ 值之间偏差平方和最小的 b 值和 a 值。相反，Excel 的方法是由指数公式两边同时取对数，公式可写为：$\mathrm{Ln}(y)=\mathrm{Ln}(a)-b*x$，并使用以 Ln($y$) 为依赖变量，$x$ 为解释变量的标准线性回归。也就是说，Excel 找出使实际 Ln(y) 和预测 Ln(y) 间偏差的平方和最大的截距和斜率，它使用下面的公式：

$$\mathrm{Ln}(y)=\mathrm{Intercept}+\mathrm{Slope}*z$$

因此，Intercept 值对应于 Ln(a)，指数公式中的 a 等于 Exp(Intercept)。Slope 值对应于指数公式中的 b。

下面各步骤描述了如何对转换过的数据用“回归”工具得到幂函数模型的回归结果：

（1）如图 7-12 所示，在 A 列和 B 列中输入数据。

（2）选取 C2 单元格并输入公式：=Ln(B2)，并复制到 C3:C10 单元格区域。

（3）用前面的简单回归分析法可得图 7-12 的结果。

（4）用上面的添加趋势图的方法可得图 7-12 的指数趋势图。

要用指数模型预测流通费率，可在某单元格中（如 A12 单元格）输入 x 值 28，然后对预测流通费率建立一公式［在 B12 单元格中输入 =F20 * EXP(F21 * A12)］，得流通费率为 1.673%。

7.2.4 多项式

多项式曲线的一般形式为 $Y = a + bx + cx^2 + \cdots + kx^p$。

下面各步骤描述了如何用二项式模型得到更完整的回归结果：

（1）如图 7－13 所示，在 A 列和 C 列中输入数据。

（2）选取 B2 单元格并输入公式：＝A2^2，复制到 B2:B10 单元格区域。

（3）用前面的多元回归分析法可得图 7－13 的结果。

（4）用上面的添加趋势图的方法可得图 7－13 的二项式趋势图。

C12 =F18+F19*A12+F20*A12^2

	A	B	C	D	E	F	G	H	I	J	K
1	x	x^2	y								
2	1.5	2.25	7		SUMMARY OUTPUT						
3	4.5	20.25	4.8								
4	7.5	56.25	3.6		回归统计						
5	10.5	110.25	3.1		Multiple R	0.9766					
6	13.5	182.25	2.7		R Square	0.9537					
7	16.5	272.25	2.5		Adjusted R	0.9383					
8	19.5	380.25	2.4		标准误差	0.3927					
9	22.5	506.25	2.3		观测值	9					
10	25.5	650.25	2.2								
11					方差分析						
12	28		2.997			df	SS	MS	F	ignificance F	
13					回归分析	2	19.0745	9.5373	61.8312	9.90859E-05	
14					残差	6	0.9255	0.1542			
15					总计	8	20				
16											
17						Coefficient	标准误差	t Stat	P-value	Lower 95%	Upper 95%
18					Intercept	7.2460	0.4020	18.0253	0.0000	6.2624	8.2297
19					x	-0.5225	0.0692	-7.5468	0.0003	-0.6919	-0.3531
20					x^2	0.0132	0.0025	5.3245	0.0018	0.0072	0.0193

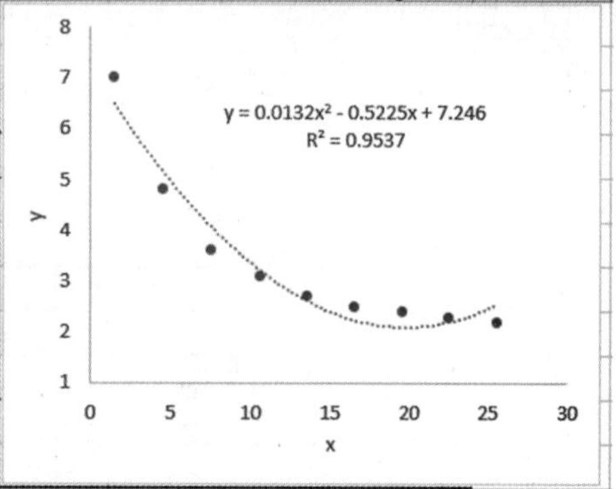

图 7－13　二项式曲线回归分析结果及趋势图

与前面的直线模型相比，这个二项式模型的标准误差较大，调整的 R^2 较小。用这些准则，二项式模型并不比线性模型更好。

要用二项式模型预测流通费率，可在某单元格中（如 A12 单元格）输入 x 值 28，然后对预测流通费率建立一公式（在 C12 单元格中输入 ＝F18＋F19＊A12＋F20＊A12^2），得流通费率为 2.997%。

二项式模型用 x 和 x^2 作为解释变量，可用来拟合很宽范围的单凸起数据图形。如果散点图显示数据带有如图 7－12 中所示“多项式”图标那样的双凸起（S 形）形状，那么用立方模型较为合适。“添加趋势图”功能可能给出三次多项式的错误结果，所以另一选择就是用以 x、x^2 和 x^3 为解释变量的“回归”工具来拟合。

小结：从上面拟合的模型中选一个最好的（见表 7－2）。

表 7-2 各曲线类型对应的回归方程及其模型效果

曲线类型	方程式	回归方程	R^2	模型
直线	$y=a+bx$	$y=5.6275-0.165x$	0.735 1	不可用
对数曲线	$y=a+b\text{Ln}(x)$	$y=-1.713\text{Ln}(x)+7.3979$	0.973 3	可用
幂曲线	$y=ax^b$	$y=8.5173x^{-0.426}$	0.992 8	最佳
指数曲线	$y=ae^{bx}$	$y=5.6852e^{-0.044x}$	0.850 2	不佳
多项式曲线	$y=a+bx+cx^2$	$y=7.246-0.5225x+0.0132x^2$	0.953 7	可用

7.3 多元线性回归模型

前面介绍了直线回归分析。研究的是一个应变量与一个自变量间呈直线趋势的数量关系。在实际中，常会遇到一个应变量与多个自变量数量关系的问题。如在例 7.1 中考察的是 1991—2008 年我国财政收入与税收之间的线性关系，如果我们进一步想考察我国财政收入与国内生产总值、进出口贸易总额、经济活动人口等之间的关系，与直线回归类似，一个应变量与多个自变量间的这种线性数量关系也可以用多重线性回归方程来表示。

$$\hat{y}=b_0+b_1x_1+b_2x_2+\cdots+b_mx_m$$

式中 b_0 相当于直线回归方程中的常数项 a，b_i（$i=1, 2, \cdots, m$）称为偏回归系数(partial regression coefficient)，其意义与直线回归方程中的回归系数 b 相似。当其他自变量对应变量的线性影响固定时，b_i 反映了第 i 个自变量 x_i 对应变量 y 线性影响的数量。这样的回归称为应变量 y 在这一组自变量 x 上的回归。习惯上常把多重线性回归称为多重回归或多元线性回归。

7.3.1 多元线性回归模型的形式

设随机变量 y 与一般变量 x 之间的关系是线性的，其回归模型为：

$$y=\beta_0+\beta_1x_1+\beta_2x_2+\cdots+\beta_px_p+\varepsilon$$

其中，$x_1,x_2,\cdots,x_p$ 称为自变量或解释变量，一般来说不是随机变量；ε 代表自变量对 y 的影响的综合，称为随机误差项，根据中心极限定理，可认为 ε 服从正态分布，即 $\varepsilon \sim N(0,\sigma^2)$；$y$ 称为因变量。

当我们得到 n 组观测数据（$x_1,x_2,\cdots,x_p,y_i$）时，$i=1,2,\cdots,n$，线性回归模型可表示为：

$$\begin{aligned}
y_1 &= \beta_0+\beta_1x_{11}+\beta_2x_{12}+\cdots+\beta_px_{1p}+\varepsilon_1\\
y_2 &= \beta_0+\beta_1x_{21}+\beta_2x_{22}+\cdots+\beta_px_{2p}+\varepsilon_2\\
&\vdots\\
y_n &= \beta_0+\beta_1x_{n1}+\beta_2x_{n2}+\cdots+\beta_px_{np}+\varepsilon_n
\end{aligned}$$

将其写成矩阵形式：$y=X\beta+\varepsilon$，其中：

$$y=\begin{bmatrix}y_1\\y_2\\\vdots\\y_n\end{bmatrix},\quad X=\begin{vmatrix}x_{11}&x_{12}&\cdots&x_{1p}\\x_{21}&x_{22}&\cdots&x_{2p}\\\vdots&\vdots&\vdots&\vdots\\x_{n1}&x_{n2}&\cdots&x_{np}\end{vmatrix},\quad \beta=\begin{bmatrix}\beta_0\\\beta_1\\\vdots\\\beta_p\end{bmatrix},\ \varepsilon=\begin{bmatrix}\varepsilon_1\\\varepsilon_2\\\vdots\\\varepsilon_n\end{bmatrix}$$

从多元线性回归模型可知，若模型参数β的估计量$\hat{\beta}$已获得，则$\hat{y} = X\hat{\beta}$。观察值y_i与对应的估计值$\hat{y}_i$之间的差，称作“残差”，记作：$\varepsilon_i = y_i - \hat{y}_i$。根据最小二乘法原理，所选择的估计方法应使得所有样本点上的残差达到最小，即

$$Q = \sum_{i=1}^{n}(y_i - \hat{y}_i)^2 = \varepsilon'\varepsilon = (y - X\hat{\beta})'(y - X\hat{\beta})$$

达到最小。根据微积分求极值的原理，Q对$\hat{\beta}$求导，并令其结果等于0，可求得使Q达到最小的$\hat{\beta}$，即$\hat{\beta}_{LS} = (X'X)^{-1}X'y$，得到的回归模型为：

$$\hat{y} = \hat{\beta}_0 + \hat{\beta}_1 x_1 + \hat{\beta}_2 x_2 + \cdots + \hat{\beta}_p x_p$$

7.3.2 多元线性回归模型的检验

检验常用于判断所求出的回归模型是否合理，是否与变量之间的客观规律一致，变量之间的关系是否是线性关系等。一般情况下，需要经过统计检验和计量经济学检验，只有当回归模型通过所有检验时才成立。

统计检验是运用数理统计的方法，对模型所建立的方程及模型中的参数进行检验，主要有以下三种：R^2检验（拟合优度检验）、F检验（方程显著性检验）和t检验（变量显著性检验）。如何根据所给资料的性质和研究的目的选择合适的统计检验方法，是很多初学者感到比较棘手的问题。下面将首先介绍各种统计检验方法所要求的前提条件和适用场合。

（1）R^2检验，又称为复相关系数检验法，用于检验自变量与因变量之间的相关程度。这里，用于检验回归方程对样本观测值的拟合程度，是通过对总离均差和$S_{总}$进行分解得到的。

$$S_{总} = \sum(y_i - \bar{y})^2 = \sum(y_i - \hat{y})^2 + \sum(\hat{y}_i - \bar{y})^2$$

$$S_{残} = \sum(y_i - \hat{y}_i)^2$$

$$S_{回} = \sum(\hat{y}_i - \bar{y})^2$$

其中，总离均差和$S_{总}$是各观察值与样本均值之差的平方和，反映了所有数据之间的差异；残差平方和$S_{残}$是各观察值与估计值之差的平方和，是自变量x以外的因素对因变量y所造成的影响；回归平方和$S_{回}$反映了自变量x对y的线性影响。不难证明，$S_{总} = S_{残} + S_{回}$。

显而易见，当$S_{回}$中$S_{残}$的值越小时，回归模型能够更好地拟合样本观察值，表明该回归模型越好。可用$R^2 = \frac{S_{回}}{S_{总}} = 1 - \frac{S_{残}}{S_{总}}$对方程的拟合度进行检验。如果$S_{残}$为0，即$R^2 = 1$，此时所有样本观察值都位于回归线上，这是最理想的状态，在实际中往往不存在。但是可以确认的一点是，R^2值越大，表明所得到的回归方程的拟合效果越好。

为了反映回归模型中自变量的个数对因变量的影响，引入自由度的概念，并对R^2作相应的调整，记作$\bar{R}^2$，$\bar{R}^2 = 1 - \frac{\frac{S_{残}}{n-p-1}}{\frac{S_{总}}{n-1}}$。其中，$n-1$是总离均差和$S_{总}$的自由度，$n-p-1$

是$S_{残}$的自由度。根据R^2和$\overline{R}^2$的定义可得两者之间的关系为：$\overline{R}^2 = 1 - (1 - R^2)\dfrac{n-1}{n-p-1}$。由该式可以看出，$\overline{R}^2$总是小于$R^2$，并且$\overline{R}^2$的值可能为负。

(2) F检验：用于判断自变量和因变量之间是否具有线性关系。对于多元线性回归方程，检验因变量y与自变量x之间的线性关系是否显著，即检验假设：

H0：模型无意义，即$\beta_0 = \beta_1 = \cdots = \beta_p = 0$；

H1：模型有意义，即β中至少有一个β_j不为0。

由上面可知，总离均差和可以分解成残差平方和与回归平方和两部分。计算这两部分的均方：

$$MS_{回} = \frac{S_{回}}{p},\ MS_{残} = \frac{S_{残}}{n-p-1}$$

假设检验是H0则意味着因变量y与所有的自变量都不存在回归关系，多元线性回归方程没有意义，当H0成立时，有：

$$F = \frac{MS_{回}}{MS_{残}} \sim F(p,\ n-p-1)$$

即F服从F分布，这样就可以用F统计量来检验回归方程是否有意义。首先计算出统计量F，在给定的显著性水平α下，若$F > F_0$，则拒绝H0，接受H1，即因变量和自变量之间的回归效果显著；反之，则不显著。

(3) t检验：选出主要因素，删除可有可无的因素。

多元回归线性方程具有统计学意义并不说明每个偏回归系数β都有意义，所以需要对偏回归系数进行检验。当某个自变量对因变量的影响很小时，则应该将它从方程中删除，重新建立更为简单的回归方程。用t统计量对偏回归系数作检验。

检验假设H1：$b_j = 0$，H0：$b_j \neq 0$。当H1成立时，$\hat{b} \sim N(b,\ S^2(X'X)^{-1})$，统计量$t_j$服从自由度为$(n-p-1)$的$t$分布，即$t_j = \dfrac{\hat{b}_j - b_j}{S_{\hat{b}_j}}$ $j = 1,\ 2,\ \cdots,\ p$。

在给定显著性水平α下，查出双侧检验的临界值$t_{(1-a/2)}$，当$|t_j|^3 t_{1-a/2}$时，拒绝零假设H_{0j}，认为β_j显著不为0，自变量x_j对因变量y的线性效果显著；反之，接受零假设H_{0j}，即自变量x_j对因变量y的线性效果不显著，在建立回归方程时可删除该自变量。

需要注意的是，在一元线性回归分析（即只有一个自变量）中，t检验和F检验的作用是一样的，只需作t检验即可。

7.3.3 回归模型预测分析举例

【例7.3】财政收入是指一个国家政府凭借政府的特殊权力，按照有关的法律和法规在一定时期内（一般为一年）取得的各种形式收入的总和，包括税收、企事业收入、国家能源交通重点建设基金收入、债务收入、规费收入、罚没收入等。财政收入水平高低是反映一国经济实力的重要标志。本例共取5个变量进行分析，分析财政收入和国内生产总值、税收、进出口贸易总额、经济活动人口之间的关系。

其中t：年份，y：财政收入（百亿元），x_1：国内生产总值（百亿元），x_2：税收（百亿元），x_3：进出口贸易总额（百亿元），x_4：经济活动人口（百万人）。

本案例的样本数据来自中国统计出版社出版的《中国统计年鉴》及海关总署（2008年的经济活动人口为测算值），数据时限为1991—2008年，如图7-14所示。

	A	B	C	D	E	F
1	t	y	x1	x2	x3	x4
2	1991	31.4948	29.9017	216.625	72.258	660.91
3	1992	34.8337	32.9691	266.519	91.196	667.82
4	1993	43.4895	42.553	345.605	112.71	674.68
5	1994	52.181	51.2688	466.7	203.819	681.35
6	1995	62.422	60.3804	574.949	234.999	688.55
7	1996	74.0799	69.0982	668.505	241.338	697.65
8	1997	86.5114	82.3404	731.427	269.672	708
9	1998	98.7595	92.628	769.672	268.577	720.87
10	1999	114.4408	106.8258	805.794	298.963	727.91
11	2000	133.9523	125.8151	882.281	392.742	739.92
12	2001	163.8604	153.0138	943.464	421.933	744.32
13	2002	189.0364	176.3645	1203.327	513.782	753.6
14	2003	217.1525	200.1731	1358.228	704.835	760.75
15	2004	263.9647	241.6568	1598.783	955.391	768.23
16	2005	316.4929	287.7854	1832.174	1169.218	778.77
17	2006	387.602	348.0435	2119.235	1409.714	782.44
18	2007	513.2178	456.2197	2495.299	1667.402	786.45
19	2008	613.3035	542.1962	3006.7	1778.898	790.48

图7-14　财政收入原始数据

按下列步骤使用“回归”分析工具：

（1）输入数据：将数据输入A1:F19单元格区域。数据为19行6列，分别记每列变量名为t，y，x_1，x_2，x_3，x_4。

（2）相关分析：

1）切换到“数据”选项卡，单击“分析”组中的“数据分析”按钮，将弹出“数据分析”话框。在分析工具框中选择“相关系数”。“相关系数”对话框将显示为图7-15所示，它带输入、输出的提示。

①输入：

输入区域：B1:F19

分组方式：逐列

选择标志位于第一行

②输出选项：

输出区域：A21

2）单击“确定”按钮，Excel将计算出结果显示在输出区域中，如图7-16所示。

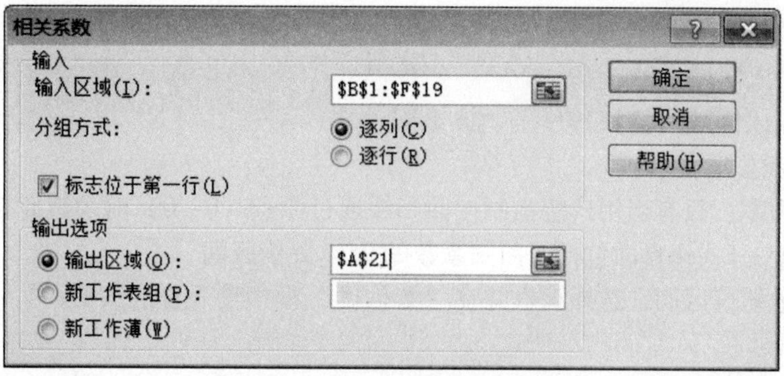

图 7－15　多变量相关系数对话框

21		y	x1	x2	x3	x4
22	y	1				
23	x1	0.999857	1			
24	x2	0.99241	0.993769	1		
25	x3	0.987402	0.988066	0.988344	1	
26	x4	0.873552	0.881128	0.912572	0.880709	1

图 7－16　多变量相关系数

（3）回归分析：

1）切换到“数据”选项卡，单击“分析”组中的“数据分析”按钮，将弹出“数据分析”对话框。在分析工具框中选择“回归”。“回归”对话框如图 7－17 所示。

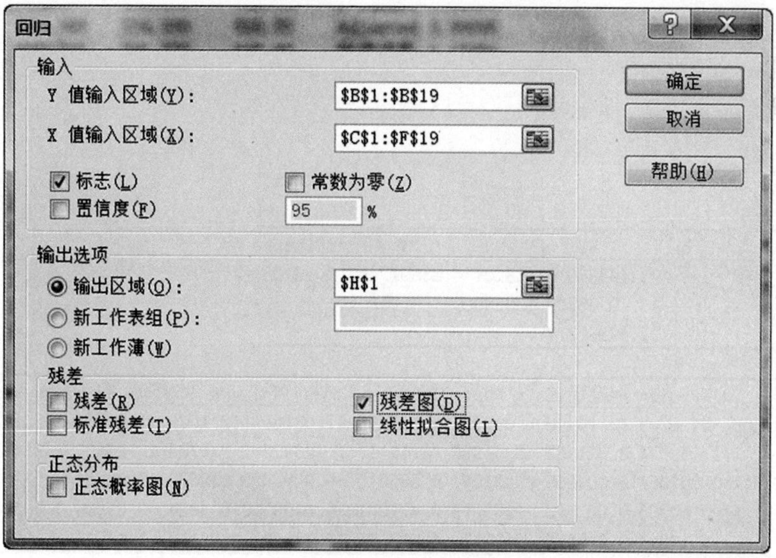

图 7－17　多变量回归分析对话框

①输入：

Y 值输入区域：B1:B19

X 值输入区域：C1:F19

选择标志

常数为零：只有当用户想强制使回归线通过原点（0，0）时才选此框

置信度：Excel 自动包括了回归系数的95%置信区间

要使用其他置信区间，选择该框并在“置信度”框中输入置信水平。

②输出选项：

输出区域：H1

③残差：

残差：选择此框可得到预测值和残差（Residual）

残差图：选择此框可得到残差和每一 x 值的图表

标准残差：选择此框可得到标准化的残差（Standardized Residual，每一残差被估计标准误差除），这一输出可使曲线较容易分层

线性拟合图：选择此框可得到一含有 y 输入数据和与拟合的 y 值的散点图

④正态概率图：

绘制因变量的正态概率图

2）单击“确定”按钮，Excel 将计算出结果显示在输出区域中，如图 7－18 所示。

H	I	J	K	L	M	N	O	P
SUMMARY OUTPUT								
回归统计								
Multiple	0.999982							
R Square	0.999963							
Adjusted	0.999952							
标准误差	1.178561							
观测值	18							
方差分析								
	df	SS	MS	F	gnificance F			
回归分析	4	492805.6	123201.4	88697.46	1.1E-28			
残差	13	18.05709	1.389007					
总计	17	492823.7						
	Coefficien	标准误差	t Stat	P-value	Lower 95%	Upper 95%	下限 95.0	上限 95.0
Intercept	84.6203	12.74442	6.639794	1.61E-05	57.08766	112.1529	57.08766	112.1529
x1	1.169078	0.021133	55.31908	8.1E-17	1.123422	1.214734	1.123422	1.214734
x2	0.002067	0.004909	0.421024	0.680615	-0.00854	0.012673	-0.00854	0.012673
x3	-0.00305	0.003673	-0.83092	0.421021	-0.01099	0.004884	-0.01099	0.004884
x4	-0.13391	0.019686	-6.80199	1.26E-05	-0.17644	-0.09138	-0.17644	-0.09138

图 7－18　多变量回归分析结果

（4）回归输出的解释：

1）回归方程：

参考图 7－18 所示 I17:I21 单元格区域中的系数，四舍五入为 4 位小数，回归方程为：

$$y = 84.6203 + 1.1691x_1 + 0.0021x_2 - 0.00305x_3 - 0.1339x_4$$

在多元回归模型中，系数称为偏回归系数。例如，如果“国民生产总值”“进出口贸易总额”和“经济活动人口”为固定常数，而“税收”允许变化，那么 1 单位“税收”的变化引起“财政收入”的变化是 1.169 百亿元。

2）系数的显著水平：

“税收”和“进出口贸易总额”系数的 t 统计值很大，$P<0.01$。可拒绝在此模型中“税收”和“进出口贸易总额”与“财政收入”无关的原假设，而得出两者间有明显关系存在的结论。

“国民生产总值”和“经济活动人口”系数的 t 统计值较小，$P>0.05$。不拒绝在此模型中“国民生产总值”和“经济活动人口”与“财政收入”无关的原假设，而得出两者间无明显关系存在的结论。

3）回归统计值的解释：

参考图 7－18 的第 7 行，多元回归模型的标准误差是 1.179，第 5 行的 R Square 值说明“财政收入”变化的 99.996% 可以用“税收”“国民生产总值”“进出口贸易总额”和“经济活动人口”为解释变量的线性回归模型来解释。

4）方差分析的解释：

图 7－18 中从第 10 行到第 14 行的方差分析输出是检验所有回归系数同时等于零的原假设得出的结果。最终的结果是 P 值，在输出中的标记为“Significance F”。这里的 P 值约为 1.1E－28，是从“财政收入”与解释变量之间无关系的总体随机样本中得到这些结果的概率。这个 P 值说明要从这样总体的随机样本中看到这些结果是极不可能的，从而得出至少有一个显著关系存在的结论。

（5）残差分析：

残数图对查看线性关系和常数方差的假设是否正确十分有用。Excel 提供了残数与每一解释变量间关系的图形，如图 7－19 所示。这些图表位于回归总结输出的右边。

一方面，如果“财政收入”与“税收”间的关系是线性的（考虑其他因素后），那么残数图应是随机图形。另一方面，如果能看到曲线或其他对称图形，那么就应改变模型来加入非线性关系。

大多数观测者会得出残数图基本上是随机的这一结论，所以不需要附加的模型化处理。因为所用的样本尺寸较小（只有 18 个观察对象），所以很难查出非线性模式。

残数图对检测残数区域有大有小的情况十分有用，残数图将是树倒在一边的形状，在此情况下，总结所有残数项的标准误差估计将会在某一区域过高描述变化而在另一区域却过低描述变化。

观察图 7－19 所示的残差分析图，该图同样也是随机的。再有，样本尺寸很小，使检测非线性模式十分困难。

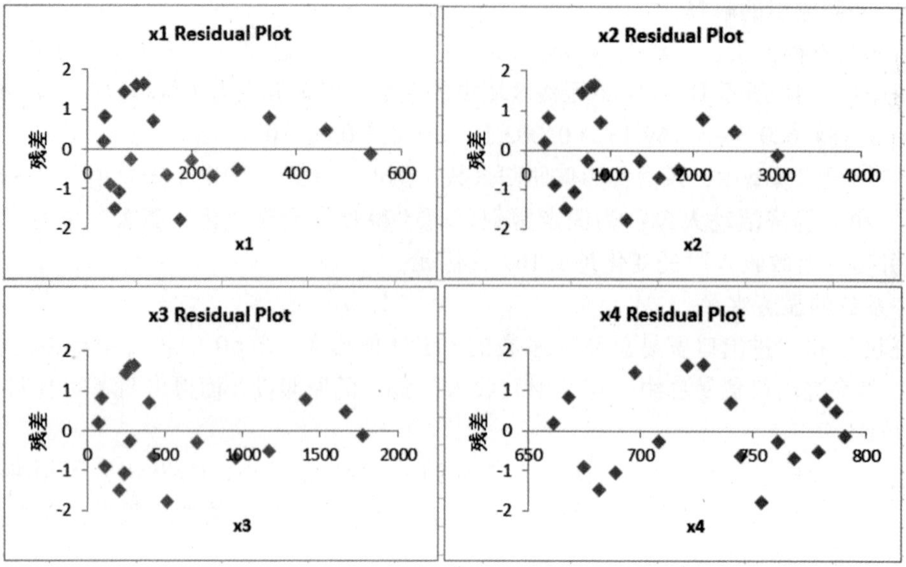

图 7－19　残差分析图

（6）拟合效果考察：

将财政收入原始值与估计值做散点图，Excel 步骤为：

1）选数据：选 B1:B19，按 Ctrl 选 I27:I45。

2）切换到“插入”选项卡，点击“图表”组中的“散点图”，选择“带平滑线和数据标记散点图”，结果见图 7－20。

RESIDUAL OUTPUT

观测值	预测 y	残差
1	31.3047	0.1901
2	34.0108	0.82294
3	44.3943	-0.9048
4	53.6628	-1.4818
5	63.4794	-1.0574
6	72.6266	1.45327
7	86.7654	-0.254
8	97.1514	1.60806
9	112.789	1.65181
10	133.253	0.69972
11	164.498	-0.6378
12	190.811	-1.7746
13	217.425	-0.2722
14	264.653	-0.6885
15	316.999	-0.5066
16	386.814	0.78832
17	512.734	0.48396
18	613.424	-0.1206

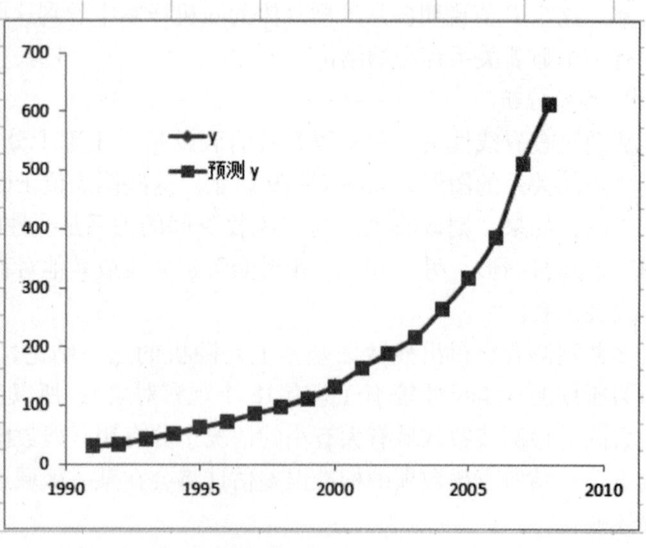

图 7－20　拟合效果图

（7）预测：

通过前面对回归方程及回归系数的检验知所建立的方程有意义，同时通过上图也可看到，该模型的拟合效果很好，然后用该方程对 2009、2010 和 2011 年财政收入进行预测，结果见图 7－21。

B29 =TREND($B$2:$B$19,$C$2:$F$19,C29:F29,1)

	A	B	C	D	E	F
1	t	y	x1	x2	x3	x4
29	2009	626.64	555.75	3081.87	1823.37	810.24
30	2010	637.22	566.60	3142.00	1858.95	826.05
31	2011	663.66	593.70	3292.34	1947.89	865.58

图 7－21　预测结果

下面各步骤描述了如何用 TREND 函数预测“财政收入”：

1）如图 7－21 所示，在工作表（C29:F29）中输入解释变量的值。

2）选取将要包含预测值的单元格（B29）。

3）切换到“公式”选项卡，单击插入函数命令，选取函数分类列表框中的统计，并选取“函数名”列表中的 TREND，然后单击“确定”。TREND 函数的语法为：

TREND(known_y's,known_x's,new_x's,const)

本例 B29＝TREND($B $2:$B $19,$C$2:$F $19,C29:F29,1)。

4）将 B29 单元格的公式拷贝到 B30：B31 中，所得结果如图 7－21 所示。

（8）预测的解释。

对 2011 年情况来说，对于“税收”为 593.70，“国民生产总值”为 3 292.34，“进出口贸易总额”为 1 947.89，“经济活动人口”为 865.58（数据是自己给定的，可根据统计年鉴中的真实数据进行估计）的财政收入的最佳预测值是 663.66。

7.4　小　结

本章首先介绍了简单线性相关和回归模型，然后介绍简单的非线性回归方法，最后讲解了多元线性回归模型和检验。通过本章的学习，读者应该掌握如下内容：

（1）理解简单线性相关和回归理论与应用。

（2）掌握简单非线性回归方法，包括对数法、幂函数法、指数法和多项式法。

（3）了解多元线性回归基本概念，理解多元线性回归模型及其检验。

8　预测决策及 Excel 应用

预测就是根据已有的调查资料和统计数据，研究现象中隐藏的规律性，并对现象未来的发展作出判断。预测涉及很多领域，如社会预测、经济预测、人口预测、气象预测、科技预测等。目前常用的预测分析法有时间序列预测法和回归分析预测法，利用 Excel 提供的分析工具可以很方便地进行预测分析。

随着市场经济的迅速发展和一体化进程的不断加快，管理者和决策者所面临的决策问题越来越复杂，需要科学地作出正确的分析和决策，预测项目投资的可靠性和稳定性，避免投资后不能获得预期的收益而导致的亏损。常用的决策分析技术有三类：如果决策问题的各个因素都是确定的，称作确定性分析；如果决策问题的各个因素是不确定的，且其变动情况无法用概率分布来描述，称作不确定性分析；如果决策问题的各个因素是不确定的，但是其变动情况可以用概率分布来描述，称作风险分析。

本章的主要内容如下：

（1）时间序列的基本含义，移动平均分析的基本思想、适用范围和实现方法。

（2）时间序列的指数平滑分析的基本思想、适用范围和实现方法。

（3）确定性分析的基本概念和应用方法：单目标求解、双目标求解。

（4）不确定性分析的基本概念、分析方法和分析原则。

（5）风险分析的基本概念和应用方法。

8.1　移动平均预测分析

时间序列是将历史数据按时间顺序排列起来所得到的序列，一般用 x_1，x_2，…，x_t表示。时间序列预测法是分析时间序列的变化趋势，预测目标的未来值，常用于分析影响事物的主要因素比较困难的情况。如果历史数据是按时间序列排列并呈周期性变化的，在进行时间序列预测分析之前需要削减周期性变化的因素，这时应该对数据进行平滑处理。常用的两种平滑预测算法有移动平均法和指数平滑法。

8.1.1　移动平均分析的基本思想

移动平均分析工具基于过去一定时期内变量的平均值，对未来值进行预测。移动平均值提供了由所有历史数据的平均值所代表的趋势信息，可以消除由周期变动或随机波动带来的影响，预测经济收入、销售量或其他趋势（即趋势线）。移动平均法共分为三类：简单移动平均法、趋势移动平均法和加权移动平均法。

1. 简单移动平均法

简单移动平均法非常简单，过去一定时期内数据序列的简单平均数就是对未来的预测数。其基本公式如下：

$$y_{(t+1)} = \frac{1}{N}\sum_{j=1}^{n} x_{(t-j+1)} = \frac{x_1 + x_2 + \cdots + x_{(t-n+1)}}{N}, t > n$$

其中，N 为进行移动平均计算的过去期间的个数，$x_{(t-j+1)}$ 为第 $(t-j+1)$ 期的实际值，$y_{(t+1)}$ 为第（$t+1$）期的预测值。这里，对于 N 的选取，应尽可能与现象的发展周期相一致，这样以 N 项的平均数组成的新序列可以削减原始数据序列的波动性。选取的 N 值过大可能会去掉更多的观测值，过小则不能消除其他因素的影响。当 N 值固定不变时，t 向前移动一个时期，将新增一个新数据并删除一个远期数据，即 t 周期的一次移动平均数作为 $t+1$ 周期的预测值，其预测公式为：$\hat{x}_{(t+1)} = y_{(t+1)}$。

2. 趋势移动平均法

当时间序列没有明显的变化趋势时，简单移动平均就能够准确地反映出实际情况；但是当时间序列出现线性或指数等变化趋势时，使用简单移动平均得到的预测值会出现滞后偏差。这时可以使用趋势移动平均法对其进行修正，修正的方法是在一次移动平均的基础上再做二次移动平均，利用移动平均滞后偏差的规律找出其发展趋势，然后建立预测模型。其基本公式如下：

$$y_t^2 = \frac{1}{N}\sum_{j=1}^{n} y_{(t-j+1)}^1 = \frac{y_t^1 + y_{(t-1)}^1 + \cdots + y_{(t-N+1)}^1}{N}, t > N$$

这里，$y_t{}^1$ 是第一次移动平均数，$y_t{}^2$ 是第二次移动平均数。假设时间序列 $x_1, x_2, \cdots, x_t$ 是某时期开始直至未来某时期具有直接变化的趋势，设该直接趋势预测模型为：

$$\hat{x}_{(t+T)} = a_t + b_t T$$

其中，t 为过去一段时期内的期数；T 为由当前期数 t 到未来预测期的期数，$\hat{x}_{(t+T)}$ 为按上面的直接趋势预测模型得到的 $t+T$ 期的预测值；这里，a_t 称为截距，b_t 称为斜率。a_t 和 b_t 又称为平滑系数。根据移动平均值可得 a_t 和 b_t 的计算公式为：

$$a_t = 2y_t^1 - y_t^2,\ b_t = \frac{2}{N-1}(y_t^1 - y_t^2)$$

将截距和斜率的值代入直接趋势预测模型公式可得：

$$\hat{x}_{(t+T)} = (2y_t^1 - y_t^2) + [\frac{2}{N-1}(y_t^1 - y_t^2)]T$$

3. 加权移动平均法

所谓加权移动平均法，是在简单移动平均法的基础上对每个历史数据确定一定的权数，算出加权平均数即为预测值。设有一时间序列 x_1，x_2，…，x_t 对应的权数序列为 p_1，$p_2, \cdots, p_t$，则加权移动平均法的基本公式为：

$$y_{(t+1)} = \frac{1}{n}\sum_{j=1}^{n} x_{(t-j+1)} P_{(t-j+1)} = \frac{x_1 P_1 + x_2 P_2 + \cdots + x_{(t-n+1)} p_{(t-n+1)}}{N},\ t > n$$

8.1.2 移动平均分析的实现方法

在 Excel 中实现移动平均分析有三种方法：第一种是根据历史观察数据绘制出散点图，并在其中添加趋势线；第二种是直接编辑公式，计算平均值，并进行趋势预测；第三种是使用移动平均分析工具进行分析与预测。第一种方法在前面的数据透视图中已经介绍过，下面重点讲解后两种方法的案例说明。

1．通过编辑公式进行移动平均分析

表8－1是2000—2008年中国国际旅游（外汇）收入统计数据。试运用移动平均法测定整个中国旅游长期发展的趋势，并给出未来长期发展的趋势线。

问题分析：在本例中，移动期数选取4，平均值计算直接使用AVERAGE函数即可。由于移动期数为偶数，这里还可以进行第二次移动平均。由于要对整个中国国际旅游收入进行统计，在进行移动平均分析之前首先将所有地区的收入数据进行汇总，并将汇总结果保存到Excel工作表中。具体操作步骤如下：

（1）将表8－1中的所有数据导入Excel工作表中，并计算出每年中国的旅游外汇收入，将“年份”作为第一列，“旅游外汇收入”作为第二列，接下来是“一次平均值”和“二次平均值”列，整理之后的结果如图8－1所示。

表8－1　2000—2008年中国国际旅游（外汇）收入统计数据

年份	2000	2001	2002	2003	2004	2005	2006	2007	2008
旅游外汇收入（百万美元）	14 352	16 024	18 426	14 500	21 090	25 652	30 312	37 303	39 246

（摘编自《中国统计年鉴2009》）

	A	B	C	D
1	年份	旅游外汇收入	一次平均值	二次平均值
2	2000	14352		
3	2001	16024		
4	2002	18426		
5	2003	14500		
6	2004	21090		
7	2005	25652		
8	2006	30312		
9	2007	37303		
10	2008	39246		

图8－1

（2）计算第一次的移动平均值。选中C4单元格，在公式编辑栏中输入公式：＝AVERAGE(B2:B5)，然后按下Enter键确认，计算出2000年至2003年的收入平均值。再利用Excel提供的自动填充功能快速计算出C5:C9单元格区域的第一次移动平均值，计算结果如图8－2所示。

（3）计算第二次的移动平均值。选中D5单元格，在公式编辑栏中输入公式：＝AVERAGE(C4:C5)，然后利用Excel的自动填充功能快速计算出D6:D9单元格区域中的第二次的移动平均值。

C4 = AVERAGE(B2:B5)

	A	B	C	D
1	年份	旅游外汇收入	一次平均值	二次平均值
2	2000	14352		
3	2001	16024		
4	2002	18426	15825.5	
5	2003	14500	17510	16667.75
6	2004	21090	19917	18713.5
7	2005	25652	22888.5	21402.75
8	2006	30312	28589.25	25738.875
9	2007	37303	33128.25	30858.75
10	2008	39246		

图 8-2

（4）绘制原时间序列和二次平均值对应的折线图标，以便分析销售额的长期变化趋势。制作后的效果如图 8-3 所示。

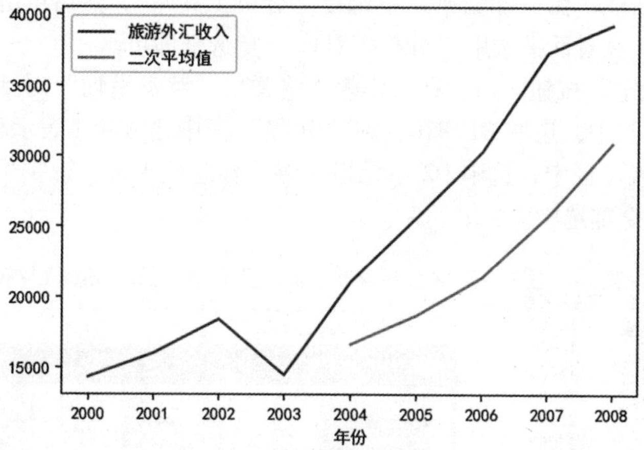

图 8-3

从图 8-3 中的结果可以看出，原来时间序列中的旅游外汇收入呈现出一定的波动性，而采用移动平均分析之后，基本上消除了这种波动。从移动平均线的折线图可以看出，旅游外汇收入具有较明显的平滑的长期上升趋势。

2. 利用移动平均分析工具进行趋势预测

除了直接输入公式，也可以应用 Excel 中的移动平均分析工具进行长期趋势分析。仍以表 8-1 中的数据为例，具体操作步骤如下：

（1）在同一个工作簿中新建一个工作表，将其标签修改为“移动平均分析（分析工具法）”。

（2）将所需数据输入到工作表中，“年份”作为第一列，“旅游外汇收入”作为第二列。

（3）切换到“数据”选项卡，执行“分析”组 - “数据分析”命令，将弹出“数据分析”对话框，在“分析工具”中选择“移动平均”，如图 8－4 所示。

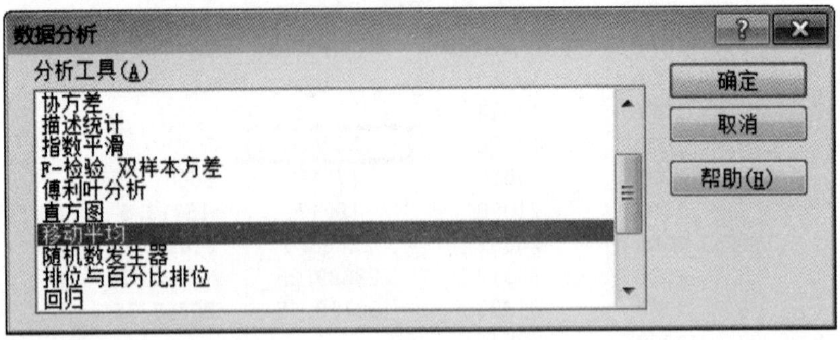

图 8－4

注：若在“数据”选项卡中不存在“数据分析”工具，原因可能有两个方面：第一，在安装 Excel 或 Microsoft Office 时没有选择完全安装；第二，如果在安装 Excel 时已经选择安装数据分析工具，可通过以下步骤来实现：切换到“文件”选项卡，点击“选项”将打开 Excel 选项对话框，在“加载项”中选择“分析工具库”，然后单击“转到”，将弹出“加载宏”对话框，在对话框选中“分析工具库”复选框即可。

（4）单击“确定”按钮之后，在工作表上将弹出“移动平均”对话框，如图 8－5 所示。在“输入区域”中，选取 B1:B10；在“间隔”框中输入 4（表示移动平均计算的期数）；在“输出区域”框中，选中 D2 单元格。将“标志位于第一行”“图表输出”“标准误差”三个复选框全部选中。

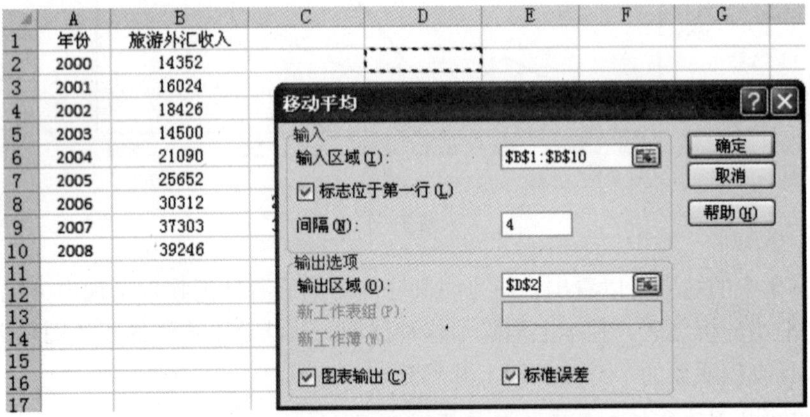

图 8－5

注：因选定的输入区域包含标志行，所以选中“标志位于第一行”复选框；若需要输入实际值与一次移动平均值之差，则需要选中“标准误差”复选框。

（5）以上设置完成后，单击图 8－5 中的“确定”按钮，计算出的初始结果如图 8－6 所示。其中给出两列数据的左边一列为一次移动平均值，右边一列为标准误差值，中间显示“#N/A”是由于没有足够的历史数据进行预测或计算标准误差值。数据的右侧是移动平均值的一个条形图表。

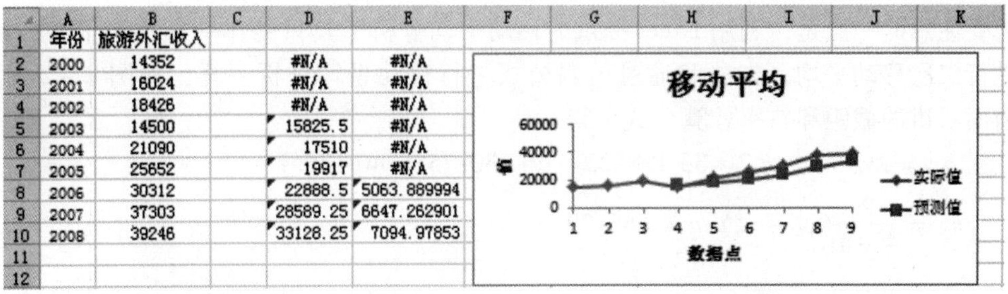

	A	B	C	D	E
1	年份	旅游外汇收入			
2	2000	14352		#N/A	#N/A
3	2001	16024		#N/A	#N/A
4	2002	18426		#N/A	#N/A
5	2003	14500		15825.5	#N/A
6	2004	21090		17510	#N/A
7	2005	25652		19917	#N/A
8	2006	30312		22888.5	5063.889994
9	2007	37303		28589.25	6647.262901
10	2008	39246		33128.25	7094.97853
11					
12					

图 8 -6

(6) 对上面的输出结果进行修饰。首先，在 D1 单元格和 E1 单元格中分别输入“移动平均值”和“标准误差值”；删除所有的“#N/A”符号，并对表格的边框进行一定的格式设置，最终优化结果如图 8 -7 所示。

	A	B	C	D	E
1	年份	旅游外汇收入		移动平均值	标准误差值
2	2000	14352			
3	2001	16024			
4	2002	18426			
5	2003	14500		15825.5	
6	2004	21090		17510	
7	2005	25652		19917	
8	2006	30312		22888.5	5063.8900
9	2007	37303		28589.25	6647.2629
10	2008	39246		33128.25	7094.9785

图 8 -7

(7) 对上面绘制的图表进行编辑。操作时，删除图例和坐标轴标题，最终显示效果如图 8 -8 所示。

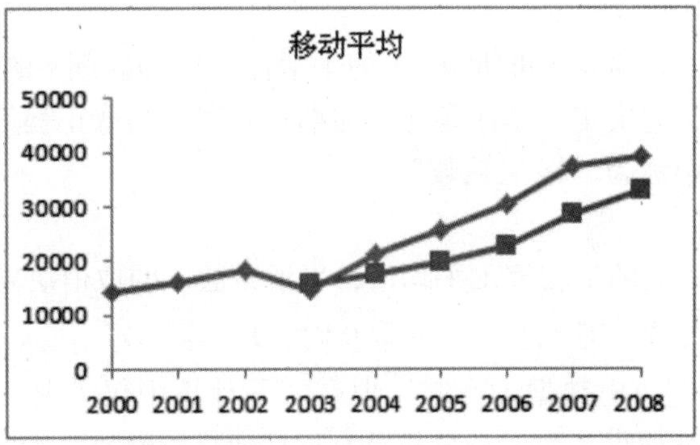

图 8 -8

从图 8 -8 可以看出，中国的旅游外汇收入具有明显的线性增长趋势，一定程度上消除了周期波动的影响。使用该方法来反映时间序列的趋势较为方便，但也存在一些不足之处：计算一次移动平均值需要多个历史数据值，当项目很大时需要占据很大的空间；只对最近的一期进行预测，不能对更远的未来作出预测。

需要注意的一点是，利用 Excel 提供的移动平均分析工具只能作一次移动平均，如果需要进行二次移动平均，方法和通过编辑公式进行移动平均分析一样，如图 8－2 所示。利用前面所讲的截距和斜率计算公式可得：

$$a_9 = 2y_9^1 - y_9^2 = 2 * 33\,128.25 - 26\,130.75 = 40\,125.75$$

$$b_9 = \frac{2}{4-1}(y_9^1 - y_9^2) = 4\,665.23$$

从而可以得到 $t=9$ 时的直线趋势预测模型为：

$$\hat{x}_{(9+T)} = 40\,125.75 + 4\,665.23 * T$$

根据这个模型，预测 2009 年中国旅游外汇收入为：

$$\hat{x}_{2009} = \hat{x}_{10} = 40\,125.75 + 4\,665.23 = 44\,790.98$$

8.2 指数平滑预测分析

8.2.1 指数平滑分析的基本思想

指数平滑法是在移动平均法的基础上发展起来的一种趋势分析预测法，是时间序列预测方法中最常用的一种。和前面的移动平均法相比，简单移动平均和趋势移动平均是对时间序列的过去数据一个不漏地加以同等利用，加权移动平均则给予近期数据更大的权重，而指数平滑法则兼容了这两种计算分析方法，既不舍弃过去的数据，又给予逐渐减弱的权重，即数据离目前越远，权数越收敛，直至为零。加权系数符合指数规律，且又具有平滑数据的功能，因此称为“指数平滑”。

根据平滑次数的不同，指数平滑法可以分为一次指数平滑法、二次指数平滑法和多次指数平滑法。其基本公式如下：

$$Y_t^* = aY_t + (1-a)Y_{(t-1)}^*$$

其中，Y_t^* 和 $Y_{(t-1)}^*$ 为时间 t 和时间 $t-1$ 的平滑值，Y_t 为时间 t 的实际值，a 为平滑系数，取值范围为$(0,1)$，它决定了本次预测对前期预测误差的修正程度。$(1-a)$在Excel的“指数平滑”分析工具中称为“阻尼系数”。

由该公式可以得到：

（1）Y_t^* 是 Y_t 和 $Y_{(t-1)}^*$ 的加权算术平均值，平滑系数 a 的取值决定 Y_t 和 $Y_{(t-1)}^*$ 对 Y_t^* 的影响程度。当 a 取 1 时，Y_t^* 等于 Y_t；当 a 取 0 时，Y_t^* 等于 $Y_{(t-1)}^*$。

（2）尽管 Y_t^* 受所有历史数据的影响，但在实际计算中仅需要 Y_t 和 $Y_{(t-1)}^*$ 两个数值，再加上一个常数 a，这就使得指数滑动分析具有逐期递推的性质，给预测带来极大便利。

当时间序列无明显的趋势变化时，可以使用一次指数平滑预测。一次指数平滑公式即为上述基本公式：

$$Y_t^* = aY_t + (1-a)Y_{(t-1)}^*$$

由该公式可得：$Y_{(t-1)}^* = aY_{(t-1)} + (1-a)Y_{(t-2)}^*$，代入上式得到：

$$Y_t^* = aY_t + (1-a)aY_{(t-1)} + (1-a)^2 Y_{(t-2)}^*$$

依次递推下去，可得：

$$Y_t^* = a\sum_{j=0}^{t-1}(1-a)^j Y_{(t-j)} + (1-a)^t Y_0^*$$

因为 a 的取值范围为(0,1)，当 $t\to\infty$ 时，$(1-a)^t\to 0$，于是公式变为：

$$Y_t^* = a\sum_{j=0}^{t-1}(1-a)^j Y_{(t-j)}$$

由该公式可知，Y_t^* 实际上是时间序列 $Y_t, Y_{(t-1)}, \cdots, Y_{(t-j)}$ 的加权平均，加权系数分别为 $a, a(1-a), a(1-a)^2, \cdots$，离当前期数越近的数据，权数越大，离当前期数越远的数据，权数越小。

对表 8－1 数据进行一次平滑预测，其预测模型为：

$$\hat{Y}_{(t+1)} = Y_t^* = aY_t + (1-a)Y_{(t-1)}^*$$

由此可知，第 t 周期的一次指数平滑值即为第 $t+1$ 期的预测值。

8.2.2 指数平滑分析的实现方法

已知某公司 2000—2009 年的产品销售统计数据，预测 2010 年产品的销售量。这里以一次指数平滑分析来进行讲解，其具体操作如下：

（1）建立产品销售量分析模型。新建一个工作簿，在 Sheet1 工作表中输入相关的分析模型数据，并对单元格进行初始化设置，如图 8－9 所示。

	A	B	C	D	E	F	G	H
1	产品销售量分析模型							
2	年份	时间	产品销售量	平滑指数a=0.3		平滑指数a=0.7		预测值
3				Yt	平方误差	Yt	平方误差	
4		0						
5	2000年	t-9	3520					
6	2001年	t-8	3689					
7	2002年	t-7	3812					
8	2003年	t-6	3988					
9	2004年	t-5	4100					
10	2005年	t-4	4226					
11	2006年	t-3	4405					
12	2007年	t-2	4499					
13	2008年	t-1	4632					
14	2009年	t	4722					
15	2010年							

图 8－9

（2）利用公式创建一次指数平滑模型的初始值。选中 C4 单元格，在公式编辑栏中输入公式：＝AVERAGE(C5:C7)，按 Enter 键，计算出前 3 年的平均值作为一次指数平滑模型的初始值，如图 8－10 所示。

C4 =AVERAGE(C5:C7)

	A	B	C	D	E	F	G	H
1	产品销售量分析模型							
2	年份	时间	产品销售量	平滑指数a=0.3		平滑指数a=0.7		预测值
3				Yt	平方误差	Yt	平方误差	
4		0	3673.67					
5	2000年	t-9	3520					
6	2001年	t-8	3689					
7	2002年	t-7	3812					
8	2003年	t-6	3988					
9	2004年	t-5	4100					
10	2005年	t-4	4226					
11	2006年	t-3	4405					
12	2007年	t-2	4499					
13	2008年	t-1	4632					
14	2009年	t	4722					
15	2010年							

图 8 - 10

（3）使用 Excel 提供的"指数平滑"功能进行分析。切换到"数据"选项卡，执行"分析"组 - "数据分析"命令，将弹出"数据分析"对话框，在"分析工具"中选择"指数平滑"，如图 8 - 11 所示。

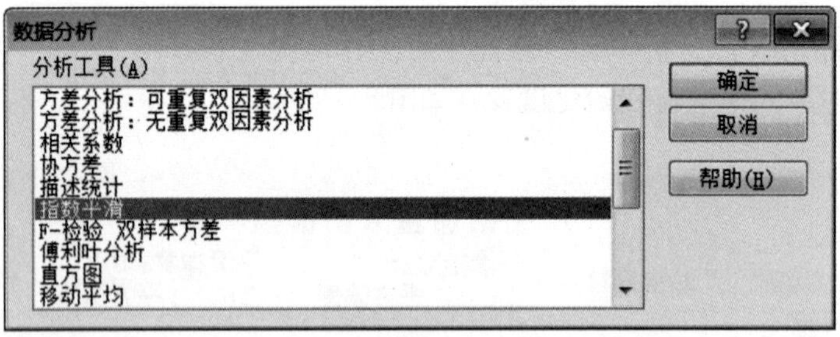

图 8 - 11

（4）在图 8 - 11 中，点击"确定"按钮后，将弹出"指数平滑"对话框，如图 8 - 12 所示。当平滑指数 $a = 0.3$ 时，在"输入区域"中输入"\$C\$4:\$C\$14"；在"阻尼系数"中输入"0.7"；"输出区域"中输入"\$D\$4"。

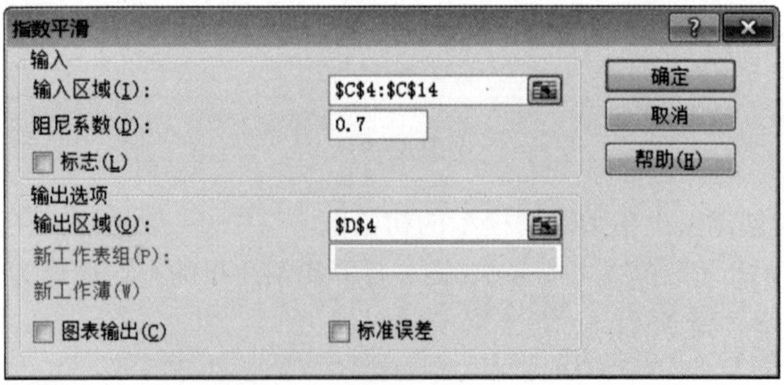

图 8 - 12

（5）设置完成后，单击“确定”按钮，平滑指数 $a=0.3$ 时的一次平滑分析结果如图 8－13 所示。

	A	B	C	D	E	F	G	H
1	产品销售量分析模型							
2	年份	时间	产品销售量	平滑指数a=0.3		平滑指数a=0.7		预测值
3				Yt	平方误差	Yt	平方误差	
4		0	3673.67	#N/A				
5	2000年	t-9	3520	3673.67				
6	2001年	t-8	3689	3627.57				
7	2002年	t-7	3812	3646.00				
8	2003年	t-6	3988	3695.80				
9	2004年	t-5	4100	3783.46				
10	2005年	t-4	4226	3878.42				
11	2006年	t-3	4405	3982.69				
12	2007年	t-2	4499	4109.39				
13	2008年	t-1	4632	4226.27				
14	2009年	t	4722	4347.99				
15	2010年							

图 8－13

（6）计算平滑指数 $a=0.3$ 时的平方误差。选中 E5 单元格，在公式编辑栏中输入公式：= POWER(D8-C5,2)，按 Enter 键计算出 2000 年的平方误差。然后利用 Excel 提供的自动填充功能快速填充其他年份的平方误差，结果如图 8－14 所示。

	A	B	C	D	E	F	G	H
1	产品销售量分析模型							
2	年份	时间	产品销售量	平滑指数a=0.3		平滑指数a=0.7		预测值
3				Yt	平方误差	Yt	平方误差	
4		0	3673.67	#N/A				
5	2000年	t-9	3520	3673.67	23613.44			
6	2001年	t-8	3689	3627.57	3774.05			
7	2002年	t-7	3812	3646.00	27557.11			
8	2003年	t-6	3988	3695.80	85382.20			
9	2004年	t-5	4100	3783.46	100198.61			
10	2005年	t-4	4226	3878.42	120811.26			
11	2006年	t-3	4405	3982.69	178341.85			
12	2007年	t-2	4499	4109.39	151798.90			
13	2008年	t-1	4632	4226.27	164616.55			
14	2009年	t	4722	4347.99	139884.04			
15	2010年							

图 8－14

（7）当平滑指数 $a=0.7$ 时，再次利用“指数平滑”功能创建一次指数平滑分析结果。打开“指数平滑”对话框，在“输入区域”中输入“$C$4:$C$14”；在“阻尼系数”中输入“0.3”；在“输出区域”中输入“ $F $4”，如图 8－15 所示。

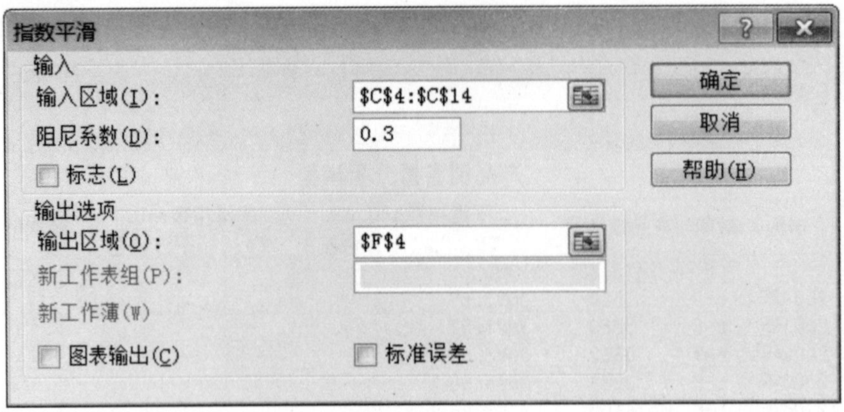

图 8－15

（8）设置完成后，单击“确定”按钮，将显示一次平滑指数分析结果。接着计算平方误差，选中 G5 单元格，在公式编辑栏中输入公式：POWER(F8-C5,2)，然后利用自动填充功能快速填充其他年份的平方误差，结果如图 8－16 所示。

	A	B	C	D	E	F	G	H
1	产品销售量分析模型							
2	年份	时间	产品销售量	平滑指数a=0.3		平滑指数a=0.7		预测值
3				Yt	平方误差	Yt	平方误差	
4		0	3673.67					
5	2000年	t-9	3520	3673.67	23613.44	3673.67	23613.44	
6	2001年	t-8	3689	3627.57	3774.05	3566.10	15104.41	
7	2002年	t-7	3812	3646.00	27557.11	3652.13	25558.42	
8	2003年	t-6	3988	3695.80	85382.20	3764.04	50158.53	
9	2004年	t-5	4100	3783.46	100198.61	3920.81	32108.45	
10	2005年	t-4	4226	3878.42	120811.26	4046.24	32312.40	
11	2006年	t-3	4405	3982.69	178341.85	4172.07	54254.96	
12	2007年	t-2	4499	4109.39	151798.90	4335.12	26856.03	
13	2008年	t-1	4632	4226.27	164616.55	4449.84	33183.51	
14	2009年	t	4722	4347.99	139884.04	4577.35	20923.34	
15	2010年							

图 8－16

（9）根据一次指数平滑分析结果，预测 2010 年的产品销售量。选中 H15 单元格，在公式编辑栏中输入公式：=0.7＊C14＋0.3＊F14，按 Enter 键，预测出 2010 年的产品销售量，如图 8－17 所示。

H15 fx =0.7*C14+0.3*F14

	A	B	C	D	E	F	G	H
1	产品销售量分析模型							
2	年份	时间	产品销售量	平滑指数a=0.3		平滑指数a=0.7		预测值
3				Yt	平方误差	Yt	平方误差	
4		0	3673.67					
5	2000年	t-9	3520	3673.67	23613.44	3673.67	23613.44	
6	2001年	t-8	3689	3627.57	3774.05	3566.10	15104.41	
7	2002年	t-7	3812	3646.00	27557.11	3652.13	25558.42	
8	2003年	t-6	3988	3695.80	85382.20	3764.04	50158.53	
9	2004年	t-5	4100	3783.46	100198.61	3920.81	32108.45	
10	2005年	t-4	4226	3878.42	120811.26	4046.24	32312.40	
11	2006年	t-3	4405	3982.69	178341.85	4172.07	54254.96	
12	2007年	t-2	4499	4109.39	151798.90	4335.12	26856.03	
13	2008年	t-1	4632	4226.27	164616.55	4449.84	33183.51	
14	2009年	t	4722	4347.99	139884.04	4577.35	20923.34	
15	2010年							4678.6

图 8－17

8.3 确定性决策分析

所谓确定性决策分析，是指决策方案的各个因素都在固定不变情况下的研究和估计。这类决策问题比较简单，只需要计算出各种固定条件下指标的相应值，按照特定的目标从中选择最佳方案即可。

8.3.1 单目标求解

假设某空调商家计划投入资金改进生产设备，以提高生产效率和降低生产成本来获取更多的经济收益，针对某种型号的空调，现拟定如下三个方案。计划改进设备后，该型号空调的销售单价为 2 900 元/台，预计其年销售数量可达 8 000 台。则该厂应当选择哪种方案可以获得最大收益？

方案 1：设备投资金额为 1 500 000 元，预计投产后的单件生产成本为 1 700 元。

方案 2：设备投资金额为 2 000 000 元，预计投产后的单件生产成本为 1 550 元。

方案 3：设备投资金额为 2 500 000 元，预计投产后的单件生产成本为 1 400 元。

在该决策问题中，针对不同的方案，其投入的设备资金、单件生产成本、年销售数量及获利都是确定不变的，按要求直接进行计算即可。其具体操作步骤如下：

（1）首先，将所有的数据输入到工作表中，如图 8－18 所示，A1:E4 为输入的数据区域。选中 F2 单元格，在公式编辑栏中输入计算公式：＝D2＊E2－C2＊D2－B2，计算出年收益金额。使用 Excel 的自动填充方式快速填充 F3 和 F4 单元格。

F2 fx =D2*E2-C2*D2-B2

	A	B	C	D	E	F
1	方案	设备投资	单件成本	年销售数量	销售单价	年收益
2	方案1	1500000	1700	8000	2900	8100000
3	方案2	2000000	1550	8000	2900	8800000
4	方案3	2500000	1400	8000	2900	9500000

图 8－18

（2）从计算结果可以直接看出方案 3 收益最大。当方案数目更多，并且希望方案修改后能够快速地找出最佳方案时，可以利用 Excel 提供的查找函数自动选择。在 A6 单元格中输入“最佳方案”，并且选择在 B6 单元格中显示最佳方案名称。

（3）选中 B6 单元格，切换到“公式”选项卡，在“函数库”组中，点击“插入函数”，将弹出“插入函数”对话框，在“或选择类别”中选定“查找与引用”，“选择函数”列表中选择“LOOKUP”，如图 8－19 所示。

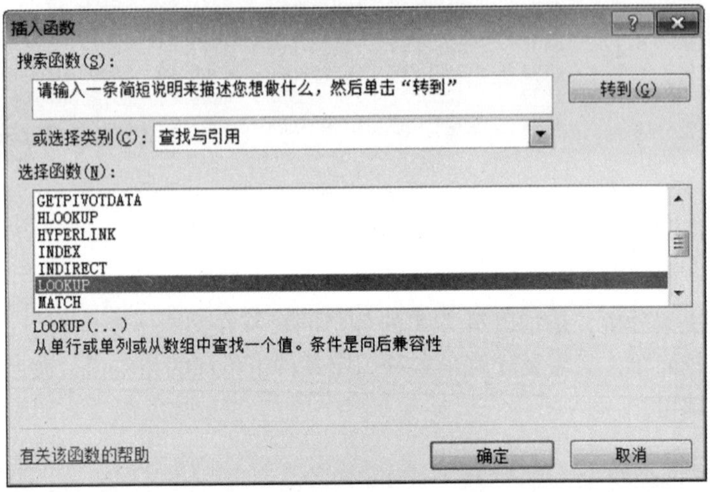

图 8－19

（4）选定完成后，单击“确定”按钮，将弹出 LOOKUP 函数的选定参数对话框，这里采用默认方式，选中第一种组合方式，如图 8－20 所示。

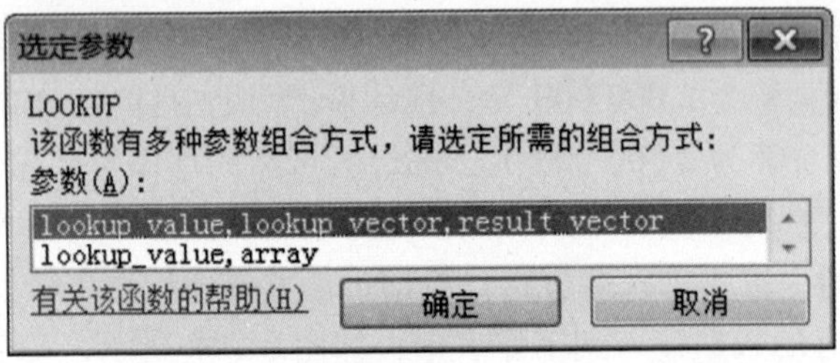

图 8－20

（5）单击“确定”按钮后，将出现“函数”参数对话框。在 Lookup_value 框中输入函数“MAX(F2:F4)”，该参数表示要查找的数值；在 Lookup_vector 框中输入“F2:F4”，为要查找的单元格区域；在 Result_vector 框中输入“A2:A4”，该参数为返回值对应的单元格区域，如图 8－21 所示。

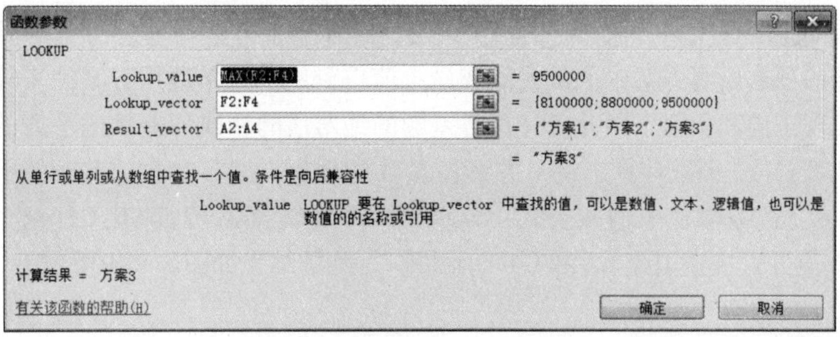

图 8 – 21

（6）确认 LOOKUP 参数设置无误后，单击“确定”按钮，计算结果如图 8 – 22 所示。这里需要注意的一点是，使用 LOOKUP 函数时，查找区域应按“升序”排序，否则将无法正确查找。

B6 =LOOKUP(MAX(F2:F4),F2:F4,A2:A4)

	A	B	C	D	E	F
1	方案	设备投资	单件成本	年销售数量	销售单价	年收益
2	方案1	1500000	1700	8000	2900	8100000
3	方案2	2000000	1550	8000	2900	8800000
4	方案3	2500000	1400	8000	2900	9500000
5						
6	最佳方案	方案3				

图 8 – 22

8.3.2 多目标求解

上述例子仅涉及一个目标，即要使年收益最大。但很多情况下决策问题的目标往往不止一个，这时就难以简单地用最大值、最小值函数来比较各方案的优劣。可以根据多个方案计算出企业认同的一个理想方案，然后再计算各方案与立项方案的差距，从结果中选择与理想方案差距最小的方案。以下在上例基础上添加一个理想方案来说明其操作步骤。

（1）在新的工作表中输入相关数据，结果如图 8 – 23 所示。这里假设设备投入资金最少、单件成本最低、企业收益最大作为理想方案。将理想方案的有关参数输入到同一个工作表中，如图 8 – 23 所示。

F6 =MAX(F3:F4)

	A	B	C	D	E	F
1	方案	设备投资	单件成本	年销售数量	销售单价	年收益
2	方案1	1500000	1700	8000	2900	8100000
3	方案2	2000000	1550	8000	2900	8800000
4	方案3	2500000	1400	8000	2900	9500000
5						
6	理想方案	1500000	1400			9500000

图 8 – 23

（2）将年收益的右侧一列作为“差距”列，计算出各方案与理想方案的差距。由于理想方案中的某些项是所有方案中取最大值或最小值得到的，简单地用方案的实际值减去理想方案值，会出现正值和负值，因此应计算各差额的绝对值的和或各差额的平方的和。这里使用 Excel 的 SUMXMY2 函数计算出每个方案各参数与理想方案各参数的差额的平方和。选中 G2 单元格，在公式编辑栏中输入公式：=SUMXMY2(B2:C2:F2,B$6:C$6:F$6)，并利用 Excel的自动填充方式快速填充 G3 和 G4 单元格，得到的结果如图 8－24 所示。

G2 =SUMXMY2(B2:C2:F2,B$6:C$6:F$6)

	A	B	C	D	E	F	G
1	方案	设备投资	单件成本	年销售数量	销售单价	年收益	差距
2	方案1	1500000	1700	8000	2900	8100000	1960000090000
3	方案2	2000000	1550	8000	2900	8800000	740000022500
4	方案3	2500000	1400	8000	2900	9500000	1000000000000
5							
6	理想方案	1500000	1400			9500000	

图 8－24

（3）选中 G2：G4 单元格区域，切换到“开始”选项卡，在“编辑组”组中，点击“排序和筛选”下拉列表中的“自定义排序”命令，将弹出“排序”对话框，“主要关键字”中选择“差距”，如图 8－25 所示。注意，由于我们要对“差距”列使用 Lookup 函数，所以这里我们选择按照“差距”从小到大排序。

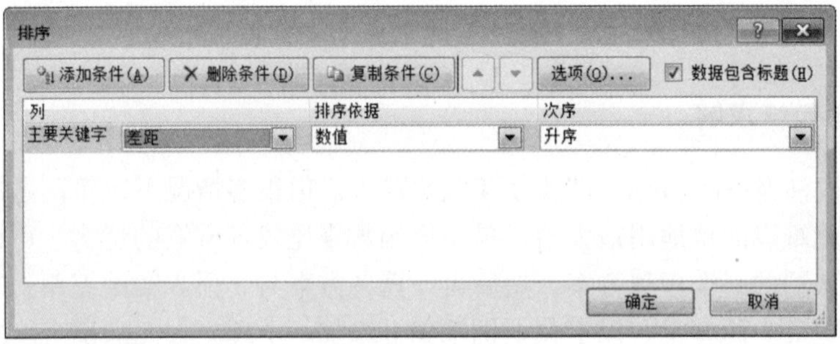

图 8－25

（4）设置完成后，单击“确定”按钮。在 A8 单元格中输入“最佳方案”，并且选择在 B8 单元格中显示最佳方案名称，如图 8－26 所示。

	A	B	C	D	E	F	G
1	方案	设备投资	单件成本	年销售数量	销售单价	年收益	差距
2	方案2	2000000	1550	8000	2900	8800000	740000022500
3	方案3	2500000	1400	8000	2900	9500000	1000000000000
4	方案1	1500000	1700	8000	2900	8100000	1960000090000
5							
6	理想方案	1500000	1400			9500000	
7							
8	最佳方案						

图 8－26

(5) 选中 B8 单元格，点击“插入函数”，将弹出“插入函数”对话框，选择函数列表中“LOOKUP”。选定完成后，单击“确定”按钮，将弹出 LOOKUP 函数的选定参数对话框，选中“Lookup_value，Lookup_vector，Result_vector”组合方式。然后单击“确定”按钮，将出现“函数参数”对话框，如图 8－27 所示。

(6) 在“函数参数”对话框中，Lookup_value 框中输入函数“MIN(G2:G4)”，该参数表示要查找的数值；在 Lookup_vector 框中输入“G2:G4”，为要查找的单元格区域；在 Result_vector 框中输入“A2:A4”，该参数为返回值对应的单元格区域。如图 8－27 所示。

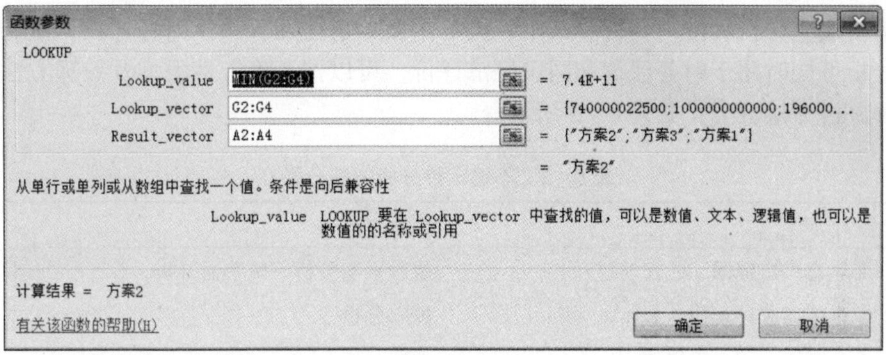

图 8－27

(7) 确认 LOOKUP 参数设置无误后，单击“确定”按钮，计算结果如图 8－28 所示。这时，选择的最佳方案是方案 2。

	A	B	C	D	E	F	G
1	方案	设备投资	单件成本	年销售数量	销售单价	年收益	差距
2	方案2	2000000	1550	8000	2900	8800000	740000022500
3	方案3	2500000	1400	8000	2900	9500000	1000000000000
4	方案1	1500000	1700	8000	2900	8100000	1960000090000
5							
6	理想方案	1500000	1400			9500000	
7							
8	最佳方案	方案2					

图 8－28

8.4 不确定性决策分析

所谓不确定性决策分析，是指决策的问题受到各种外部因素变化的影响，即未来事件及与事件相关的各种条件都可能是不确定的。这是决策分析中常用的一种分析方法。由于这些不确定因素直接影响到项目投资效益，因此应通过分析尽量弄清和减少不确定因素对经济效益的影响，预测项目投资的可靠性和稳定性，避免投资后不能获得预期的收益而导致亏损。

8.4.1 分析方法

进行不确定性分析，需要决策人具有丰富的经验、知识和信息，以及对未来发展的判断能力，要采用科学的分析方法。在不确定分析过程中，通常采用以下 4 种分析方法：

（1）比较方案的损益值。把各不确定因素引起的不同收益分别计算出来并进行汇总，收益最大的方案为最佳方案。

（2）比较方案的后悔值。所谓后悔值为最大收益值与对不确定因素判断失误而采纳的方案所获得的收益值之差，后悔值最小的方案为最佳方案。

（3）运用概率求出期望值。求出各种方案的标准值并进行比较，期望值最好的方案为最佳方案。

（4）综合考虑决策的准则要求，不偏离规则。不确定分析可分为：盈亏平衡分析、敏感性分析、概率分析和准则分析。其中，盈亏平衡分析往往只用于财务评价，敏感性分析和概率分析可同时用于财务评价和国民经济评价。可以按不确定性类型及处理方法的不同对这 4 种分析方法分类，如表 8－2 所示。

表 8－2　不确定性分析方法分类

变化情况	处理方法
变化有一定范围	盈亏平衡分析、敏感性分析
变化遵循统计规律	概率分析
变化既无范围又无规律	准则分析

下面在上节例子的基础上增加条件进一步作不确定性分析。上节的确定性分析是假设空调年销售数量固定为 8 000 台，但在实际情况中往往不知道确切的市场需求，在这种情况下，假设就可能出现三种自然状态：

（1）当市场需求量大于预计销售量时，称之处于“畅销”状态，假设市场需求12 000 台。

（2）当市场需求量大致等于预计销售量时，称之处于“一般”状态，假设市场需求8 000台。

（3）当市场需求量低于预计销售量时，称之处于“滞销”状态，假设市场需求为1 500台。

将上面这些数据输入到工作表中，得到的损益矩阵如图 8－29 所示。

	A	B	C	D
1	方案	畅销	一般	滞销
2	方案1	12900000	8100000	300000
3	方案2	14200000	8800000	25000
4	方案3	15500000	9500000	-250000

图 8－29

8.4.2　分析原则

不确定性分析通常遵循以下四种原则：乐观原则、悲观原则、折中原则及后悔原则。下面根据这些原则对上述情况进行分析。

1. 乐观原则

乐观原则，也称为“大中取大法”，是指决策者看好未来的市场需求，在选取方案时以各种方案的最大收益值为标准（即假设各方案最有利的状态发生），选择收益最大或损失最小的方案。乐观原则决策过程如下：

（1）计算出各方案的收益，然后找出收益最大值。

（2）在所有方案中，选择收益最大值的方案作为最佳方案。

在 Excel 中，具体操作步骤如下：

（1）选中 E2 单元格，在公式编辑栏中输入公式：=MAX(B2:D2)，计算出方案 1 在不同状态下的最大值，并利用 Excel 的自动填充功能快速填充 E3 和 E4 单元格。

（2）选择 B6 单元格作为存放所选择方案的方案名。选中 B6 单元格，在公式编辑器中输入公式：=LOOKUP(MAX(E2:E4),E2:E4,A2:A4)，自动查找最大值，计算结果如图8－30所示。即按照乐观原则进行决策，应选择方案 3。

B6 fx =LOOKUP(MAX(E2:E4),E2:E4,A2:A4)

	A	B	C	D	E	F
1	方案	畅销	一般	滞销	最大值	
2	方案1	12900000	8100000	300000	12900000	
3	方案2	14200000	8800000	25000	14200000	
4	方案3	15500000	9500000	-250000	15500000	
5						
6	选择方案	方案3				

图 8－30

2. 悲观原则

悲观原则，也称为“小中取大法”，是指决策者从最坏的情况出发，在选择方案时以每个方案在各种状态下的损益最小值作为标准（即假设各方案最不利的状态发生），然后再从各方案的最小值中选择最大值对应的方案。采用悲观原则往往能够将风险减小到最低，其决策过程如下：

（1）在各种方案的损益中找出最小值。

（2）从所有方案的最小损益值中，找出最大值，其对应的方案即为所选方案。

图 8－31 为悲观原则下的计算结果。需要注意的是，使用 LOOKUP 函数之前，应对最小值列按“升序”进行排列。按照悲观原则决策，应选择方案 1。

B6 fx =LOOKUP(MAX(E2:E4),E2:E4,A2:A4)

	A	B	C	D	E	F
1	方案	畅销	一般	滞销	最小值	
2	方案3	15500000	9500000	-250000	-250000	
3	方案2	14200000	8800000	25000	25000	
4	方案1	12900000	8100000	300000	300000	
5						
6	选择方案	方案1				

图 8－31

3. 折中原则

折中原则是介于乐观原则和悲观原则之间的一种决策方法。这样既不会像乐观原则那样过于冒险，也不会像悲观原则那么过于保守。折中原则的决策步骤如下：

（1）找出各种方案在所有状态下的最大值和最小值。

（2）确定最大值系数 α 和最小值系数 $1-\alpha$，计算出各种方案的折中值（加权平均值）。折中值的计算可按照下述公式进行：

$$H(i)=\alpha*\text{Max}(R_{ij})+(1-\alpha)*\text{Min}(R_{ij})$$

其中，R_{ij}为第 i 个方案第 j 个状态的损益值，α 也叫乐观系数。

（3）取折中数最大对应的方案为所选方案。

在 Excel 中，具体操作步骤如下：

（1）找出各种方案的最大值和最小值，并列在同一个工作表中，如图 8－32 所示。

	A	B	C	D	E	F
1	方案	畅销	一般	滞销	最大值	最小值
2	方案1	12900000	8100000	300000	12900000	300000
3	方案2	14200000	8800000	25000	14200000	25000
4	方案3	15500000	9500000	-250000	15500000	-250000

图 8－32

（2）设乐观系数 α 为 0.65，选中 G2 单元格，按照上述计算折中值的公式，在公式编辑器中输入：=0.65＊E2＋（1－0.65）＊F2，计算出方案 1 对应的折中值。并利用 Excel 的自动填充功能快速填充 G3 和 G4 单元格，结果如图 8－33 所示。

G2 fx =0.65*E2+(1-0.65)*F2

	A	B	C	D	E	F	G
1	方案	畅销	一般	滞销	最大值	最小值	折中值(α=0.65)
2	方案1	12900000	8100000	300000	12900000	300000	8490000
3	方案2	14200000	8800000	25000	14200000	25000	9238750
4	方案3	15500000	9500000	-250000	15500000	-250000	9987500

图 8－33

（3）选择 B6 单元格作为存放所选择方案的方案名。选中 B6 单元格，在公式编辑器中输入公式：=LOOKUP(MAX(G2:G4),G2:G4,A2:A4)，自动在折中值列中查找最大值，计算结果如图 8－34 所示。即按照折中原则进行决策，在乐观系数为 0.65 的情况下，应选择方案 3。

B6 fx =LOOKUP(MAX(G2:G4),G2:G4,A2:A4)

	A	B	C	D	E	F	G
1	方案	畅销	一般	滞销	最大值	最小值	折中值(α=0.65)
2	方案1	12900000	8100000	300000	12900000	300000	8490000
3	方案2	14200000	8800000	25000	14200000	25000	9238750
4	方案3	15500000	9500000	-250000	15500000	-250000	9987500
5							
6	选择方案	方案3					

图 8－34

4. 后悔原则

后悔原则，是指决策者将每种状态的最高值作为该状态的理想值，并根据其他状态下的相应值与理想值的收益差额作为后悔值。采用后悔原则的决策步骤如下：

（1）计算出各种方案在所有状态下的后悔值矩阵。

（2）从各种方案中选取最大后悔值。

（3）在已选出的最大后悔值中，选最小值对应的方案为所选方案。

在 Excel 中，具体操作步骤如下：

（1）选择 A7:D10 单元格区域来存放后悔矩阵。选中 B8 单元格，在公式编辑栏中输入公式：=MAX(B$2:B$4)-B2，计算出方案 1 在第一种情况下的后悔值。按同样方式，计算出各种方案在所有状态下的后悔值，如图 8－35 所示。

B8 =MAX(B$2:B$4)-B2

	A	B	C	D
1	方案	畅销	一般	滞销
2	方案1	12900000	8100000	300000
3	方案2	14200000	8800000	25000
4	方案3	15500000	9500000	-250000
5				
6				
7	方案	畅销	一般	滞销
8	方案1	2600000	1400000	0
9	方案2	1300000	700000	275000
10	方案3	0	0	550000

图 8－35

（2）在 E 列中存放每种方案的最大后悔值。选中 E8 单元格，在公式编辑栏中输入公式：=MAX(B8:D8)，计算出方案 1 的最大后悔值。再利用 Excel 的自动填充功能快速填充 E9 和 E10 单元格，结果如图 8－36 所示。

E8 =MAX(B8:D8)

	A	B	C	D	E
7	方案	畅销	一般	滞销	最大值
8	方案1	2600000	1400000	0	2600000
9	方案2	1300000	700000	275000	1300000
10	方案3	0	0	550000	550000

图 8－36

（3）将方案按最大值升序排列，选择 B12 单元格存放所选方案的名称。选中 B12 单元格，在公式编辑栏中输入：=LOOKUP(MIN(E8:E10),E8:E10,A8:A10)，最终计算结果如图 8－37 所示。按照后悔原则决策，应选择方案 3。

B12 =LOOKUP(MIN(E8:E10),E8:E10,A8:A10)

	A	B	C	D	E	F
7	方案	畅销	一般	滞销	最大值	
8	方案3	0	0	550000	550000	
9	方案2	1300000	700000	275000	1300000	
10	方案1	2600000	1400000	0	2600000	
11						
12	选择方案	方案3				

图 8－37

8.5 概率性决策分析

概率性决策分析不同于确定性决策分析和不确定性决策分析，是指决策人不能对未来将出现哪种状态作出确定的判断，但能够根据某些数据资料计算或估计出各种状态出现的概率。例如，在上例中，商家不能确定该型号的空调将来的市场需求量，但是可以根据市场调研或相关的历史销售数据得出，这三种状态出现的概率分别为：畅销（0.10），一般（0.65），滞销（0.25）。这种情况下，无论决策者作出何种选择，都具有一定的风险，这类决策问题就称为风险分析。

概率性决策分析有两种方法：期望值法和后悔期望值法。

8.5.1 期望值法

期望值法是风险决策中处理风险投资问题最常用的方法。所谓期望值法，是先计算出各种方案收益（损失）的期望值，然后从中选取最大值作为决策方案。期望值的计算公式如下：

$$E(i) = \sum_{j=1}^{n} p_j R_{ij}$$

其中，$E(i)$为第 i 个方案的期望值，P_j 为第 j 种状态下的概率，R_{ij}为第 i 个方案第 j 种状态下的收益值。

在 Excel 中，具体操作步骤如下：

（1）将各种方案的收益值、概率等数据输入到工作表中，如图 8－38 所示，并选择 E 列用来存放各方案的期望值。

	A	B	C	D	E
1	方案	畅销	一般	滞销	期望值
2	概率	0.1	0.65	0.2	
3	方案1	12900000	8100000	300000	
4	方案2	14200000	8800000	25000	
5	方案3	15500000	9500000	-250000	

图 8－38

（2）选中 E3 单元格，在公式编辑栏中输入公式：= SUMPRODUCT(B $2:D $2,B3:D3)，计算出方案 1 的期望值。然后利用 Excel 的自动填充功能快速填充 E4 和 E5 单元格。注意，在使用自动填充功能时，公式中概率数据的单元格地址应使用绝对地址或混合地址，这里使用的是混合地址。计算结果如图 8－39 所示。

E3 f_x =SUMPRODUCT(B$2:D$2,B3:D3)

	A	B	C	D	E
1	方案	畅销	一般	滞销	期望值
2	概率	0.1	0.65	0.2	
3	方案1	12900000	8100000	300000	6615000
4	方案2	14200000	8800000	25000	7145000
5	方案3	15500000	9500000	-250000	7675000

图 8－39

（3）取 B7 单元格用来存放所选方案的方案名，利用 LOOKUP 函数在 E3:E5 中查找期望值最大所对应的方案名。最终结果如图 8－40 所示。

B7 f_x =LOOKUP(MAX(E3:E5),E3:E5,A3:A5)

	A	B	C	D	E
1	方案	畅销	一般	滞销	期望值
2	概率	0.1	0.65	0.2	
3	方案1	12900000	8100000	300000	6615000
4	方案2	14200000	8800000	25000	7145000
5	方案3	15500000	9500000	-250000	7675000
6					
7	选择方案	方案3			

图 8－40

8.5.2 后悔期望值法

所谓后悔期望值法，是指先计算出后悔矩阵，计算方法可参考上一节，然后再利用期望值法根据后悔矩阵选择最佳方案。这种方法与期望值法不同的是，期望值法是根据收益矩阵（损益矩阵）计算得到的，而后悔期望值法是根据后悔矩阵计算的。因此，期望值法是从期望值中选择最大期望值作为最佳方案，而后悔期望值法应选取最小期望值作为最佳方案。

这里，假设后悔矩阵已计算完成，如图 8－41 所示。按照期望值计算公式计算出各种方案后悔矩阵的期望值，最后取期望值最小的方案为最佳方案，结果如图 8－41 所示。

B7 f_x =LOOKUP(MIN(E3:E5),E3:E5,A3:A5)

	A	B	C	D	E
1	方案	畅销	一般	滞销	期望值
2	概率	0.1	0.65	0.25	
3	方案3	0	0	550000	137500
4	方案2	1300000	700000	275000	653750
5	方案1	2600000	1400000	0	1170000
6					
7	选择方案	方案3			

图 8－41

8.6 小 结

1. 预测小结

在本章中详细介绍了两种常用的预测分析法：时间序列预测法和回归分析预测法。时间序列预测法有移动平均分析法和指数平滑分析法两种。讲解了两种分析方法的基本思想、各自的适用范围，然后通过典型例子讲解如何利用 Excel 提供的移动平均分析工具和指数平滑分析工具进行预测分析。最后介绍了在回归分析预测中，如何建立多元线性回归模型、回归模型的检验，以及使用 Excel 进行预测分析的应用操作。

通过本章的学习，读者应该掌握如下内容：

（1）了解时间序列的移动平均分析和指数平滑分析各自的适用范围、基本思想，重点掌握其具体操作。

（2）了解回归分析的应用范围及其分类，掌握如何建立多元线性回归模型，并对建立的模型进行检验。重点掌握利用 Excel 提供的回归分析工具进行预测的应用操作。

（3）理解相关分析的含义和分类，及其与回归分析的区别和联系。重点掌握在实际应用中如何进行相关分析。

（4）掌握使用 Excel 提供的函数求解线性回归模型的具体操作。

（5）掌握将非线性回归模型线性化的方法。

在操作应用过程中，读者应该注意以下几个方面：

（1）利用 Excel 提供的移动平均分析工具只能作一次移动平均，如果需要进行二次移动平均，方法和通过编辑公式进行移动平均分析一样。

（2）在一元线性回归分析（即只有一个自变量）中，t 检验和 F 检验的作用是一样的，只需作 t 检验即可。

（3）在运用 Excel 提供的矩阵函数进行运算时，需要注意以下几个方面：在输入矩阵运算公式后，需要同时按 Ctrl + Shift + Enter 键结束输入；矩阵运算的结果是一个矩阵，整个单元格区域是一个整体，不允许单独编辑其中的某个单元格。

2. 决策小结

本章比较系统地介绍了决策分析中常用的三种技术：确定性分析、不确定性分析和概率分析。通过典型例子讲解了如何根据决策对象的性质进行判断，使用正确的分析方法，详细地讲解了三种决策分析方法的基本含义和应用方法。

通过本章的学习，读者应该掌握如下内容：

（1）能够根据决策对象的特点使用正确的决策分析方法。

（2）了解确定性分析的基本概念，熟练掌握单目标求解和多目标求解的操作方法。

（3）理解不确定性分析的基本概念和分析方法，重点掌握如何应用四种分析原则对决策问题进行分析，并掌握其基本操作步骤。

（4）理解概率分析的基本含义，重点掌握其操作应用。

在操作应用过程中，读者应该注意以下几个方面：

（1）使用 LOOKUP 函数时，查找区域应按“升序”排序，否则将无法正确查找。

（2）在使用自动填充功能时，公式中数据对应的单元格地址应正确选择相对地址、绝对地址或混合地址。

（3）在概率分析的两种应用方法中，期望值法是根据收益矩阵（损益矩阵）计算得到的，而后悔期望值法是根据后悔矩阵计算得到。因此，期望值法是从期望值中选择最大期望值作为最佳方案，而后悔期望值法应选取最小期望值作为最佳方案。

9 基于 Excel 的数据分析系统

在信息化社会，业务人员每天的工作都会接触到非常繁多的信息数据，而研发专业的信息管理系统却要面临诸多问题，如成本问题、业务方和开发商协调沟通问题、升级维护问题。如果业务人员可以使用 Excel 建立简单的数据分析系统进行业务处理，则可以解决这些问题。本章将简单介绍基于 Excel 的数据分析系统的构建和使用。本章的主要内容如下：

（1）构建 Excel 数据分析系统的优势。

（2）综合评价系统的基本概念和构建，以及综合评价系统中的统计方法。

9.1 建立简单的数据分析系统

9.1.1 Excel 建立数据分析系统的优势

随着计算机的飞速发展和现代化管理的需要，管理信息系统（MIS）越来越被各行业所重视，MIS 软件已成为计算机应用领域的主要发展方向。在信息经济时代，统计信息大量增加，合理地利用这些信息，将促进企业和政府部门各项业务活动的顺利开展，有助于各级领导及管理人员对单位的发展进行合理的决策和控制，并可以把管理人员从繁重的体力劳动中解放出来。以往，我们也尝试采用各种管理系统，但不是系统复杂，就是操作不方便，鉴于个人工作的需要和实际操作的方便性，我们采用 Excel 进行统计信息的管理，取得了较好的效果。

采用 Excel 建立简单的数据分析系统有如下一些优点：

（1）取代手工整理统计信息，提高工作效率和工作质量。

（2）提高统计信息管理水平和数据共享。

（3）友好的用户界面。

（4）功能完善、操作方便、使用简单。

（5）系统具有可靠性、通用性，易于维护和扩充。

（6）系统便于推广应用。

9.1.2 构建基于 Excel 的数据分析系统

1. 界面构建

（1）建立 6 个 Excel 表单，分别是主界面、原始数据、综合评分法、层次分析法、综合排名和使用帮助。

（2）插入图片（作为背景），插入艺术字（作为菜单）：数据综合评价系统、暨南大学管理学院、数据输入、综合评分法、层次分析法、综合排名，如图 9 - 1 所示。

图 9－1

2. 建立菜单

(1) 使用帮助超链接。

1) 点击界面文字，右击进入超链接，如图 9－2 所示。

图 9－2

2）键入单元格引用，如“使用帮助”，确定后在主界面点击“数据综合评价系统”即可进入使用帮助界面，如图9－3所示。

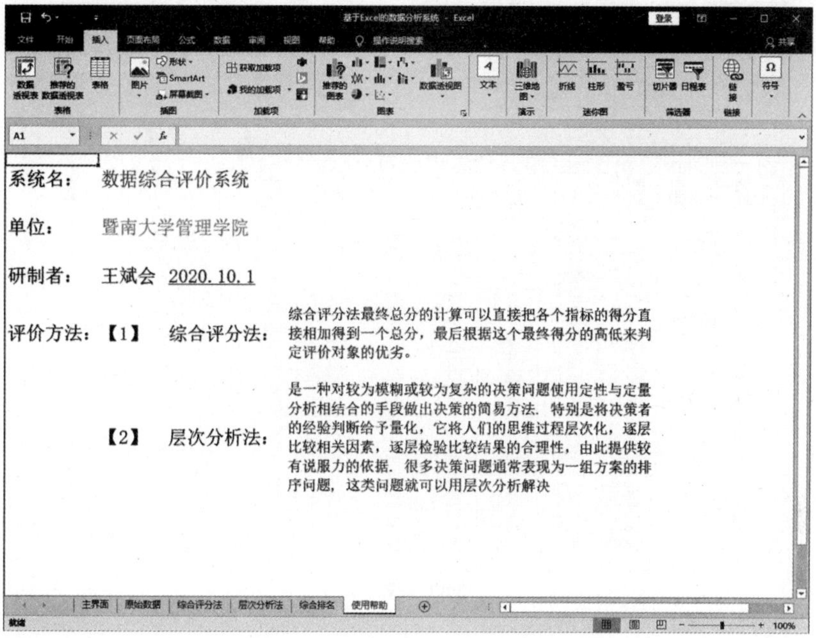

图9－3

（2）使用菜单超链接。

1）点击界面菜单名，如“数据输入”，编辑超链接，如图9－4所示。

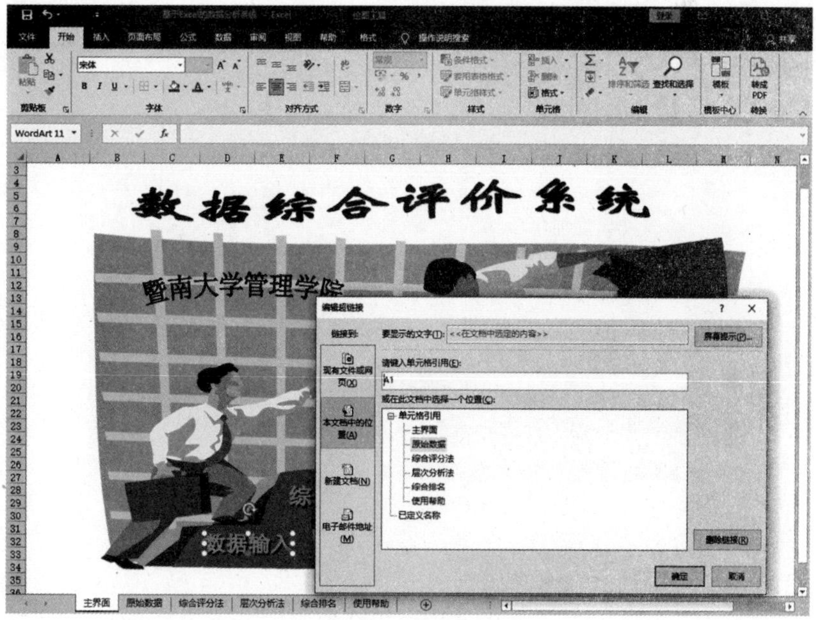

图9－4

2）键入单元格引用，如“原始数据”，确定后在主界面点击“数据输入”即可进入原始数据界面，如图9－5所示。

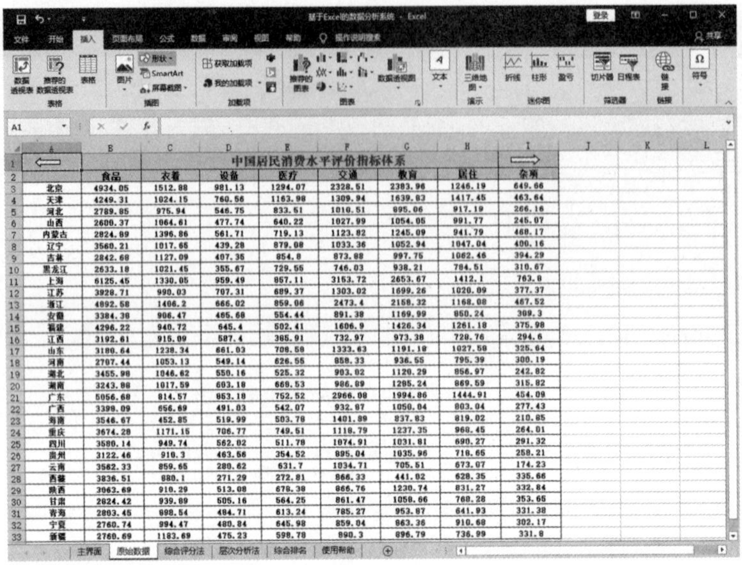

	中国居民消费水平评价指标体系							
	食品	衣着	设备	医疗	交通	教育	居住	杂项
北京	4934.05	1512.88	981.13	1294.07	2328.51	2383.96	1246.19	649.66
天津	4249.31	1024.15	760.56	1163.98	1309.94	1639.83	1417.45	463.64
河北	2789.85	975.94	546.75	833.51	1010.51	895.06	917.19	266.16
山西	2600.37	1064.61	477.74	640.22	1027.99	1054.05	991.77	245.07
内蒙古	2824.89	1396.86	561.71	719.13	1123.82	1245.09	941.79	468.17
辽宁	3560.21	1017.65	439.28	879.08	1033.36	1052.94	1047.04	400.16
吉林	2842.68	1127.09	407.35	854.8	873.88	997.75	1062.46	394.29
黑龙江	2633.18	1021.45	355.67	729.55	746.03	938.21	784.51	310.67
上海	6125.45	1330.05	959.49	857.11	3153.72	2653.67	1412.1	763.8
江苏	3928.71	990.03	707.31	689.37	1303.02	1699.26	1020.09	377.37
浙江	4892.58	1406.2	666.02	859.06	2473.4	2158.32	1168.08	467.52
安徽	3384.38	906.47	465.68	554.44	891.38	1169.99	850.24	309.3
福建	4296.22	940.72	645.4	502.41	1606.9	1426.34	1261.18	375.98
江西	3192.61	915.09	587.4	385.91	732.97	973.38	728.76	294.6
山东	3180.64	1238.34	661.03	708.58	1333.63	1191.18	1027.58	325.64
河南	2707.44	1053.13	549.14	626.55	858.33	936.55	795.39	300.19
湖北	3455.98	1046.62	550.16	525.32	903.02	1120.29	856.97	242.82
湖南	3243.88	1017.59	603.18	668.53	986.89	1285.24	869.59	315.82
广东	5056.68	814.57	853.18	752.52	2966.08	1994.86	1444.91	454.09
广西	3398.09	656.69	491.03	542.07	932.87	1050.04	803.04	277.43
海南	3546.67	452.85	519.99	503.78	1401.89	837.83	819.02	210.85
重庆	3674.28	1171.15	706.77	749.51	1118.79	1237.35	968.45	264.01
四川	3580.14	949.74	562.02	511.78	1074.91	1031.81	690.27	291.32
贵州	3122.46	910.3	463.56	354.52	895.04	1035.96	718.65	258.21
云南	3562.33	859.65	280.62	631.7	1034.71	705.51	673.07	174.23
西藏	3836.51	880.1	271.29	272.81	866.33	441.02	628.35	335.66
陕西	3063.69	910.29	513.08	678.38	866.76	1230.74	831.27	332.84
甘肃	2824.42	939.89	505.16	564.25	861.47	1058.66	768.28	353.65
青海	2803.45	898.54	484.71	613.24	785.27	953.87	641.93	331.38
宁夏	2760.74	994.47	480.84	645.98	859.04	863.36	910.68	302.17
新疆	2760.69	1183.69	475.23	598.78	890.3	896.79	736.99	331.8

图9－5

3. 形成系统界面

（1）在Excel的“开始”菜单的填充颜色中选择需要的颜色。

（2）在Excel的“视图”菜单中取消编辑栏、网格线和标题选项，即可形成如图9－6所示的界面。

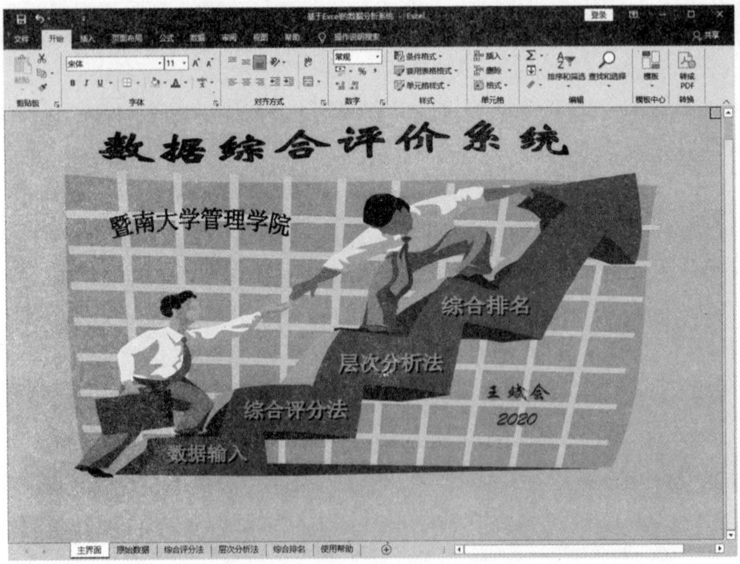

图9－6

9.2 建立简单的综合评价系统

9.2.1 综合评价的基本概念

评价是人类社会中的一项经常性的、极为重要的认识活动。在现实的生活中，对一个事物的评价常常要涉及多个因素或多个指标，评价是在多个因素相互作用下的一种综合判断。如要判断哪个企业的绩效好，就得对若干个企业的财务管理、销售管理、生产管理、人力资源管理、研究与开发能力等多个方面进行综合比较；要判断广东省哪个城市的知识产权发展得好，就得对全省各个城市的专利发展情况、商标发展情况、版权发展情况、知识产权其他方面发展情况等多个方面进行综合比较。因此可以这样说，几乎所有的综合性活动都可以进行综合评价，而且不能只考虑被评价对象的某一个方面，而必须全面地从整体的角度对被评价对象进行评价。

多指标综合评价方法具有以下特点：包含若干个指标，分别说明被评价对象的不同方面；评价方法最终要对被评价对象作出一个整体性的评判，用一个总指标来说明被评价对象的一般水平。

9.2.2 综合评价中指标体系的构建

这是综合评价法的出发点，在综合评价中，首先要根据所要解决的问题，确定综合评价目的。重点解决为什么要综合评价，综合评价事物的哪些方面，最终要达到什么目的等。只有目的明确，才有可能顺利解决所要解决的问题。

选择指标构建评价指标体系，必须以综合评价目的为依据，对所要考察的事物进行认真的分析，寻找出影响评价对象的因素，从中选出若干主要因素，构建成综合评价指标体系。

【例 9.1】为了研究全国部分省、市、自治区 2007 年城镇居民生活消费的分布规律，根据调查资料作区域消费类型划分（见表 9－1），指标体系如下：

（1）人均食品支出（元/人）；

（2）人均衣着商品支出（元/人）；

（3）人均家庭设备用品及服务支出（元/人）；

（4）人均医疗保健支出（元/人）；

（5）人均交通和通信支出（元/人）；

（6）人均娱乐教育文化服务支出（元/人）；

（7）人均居住支出（元/人）；

（8）人均杂项商品和服务支出（元/人）。

表 9－1　2007 年城镇居民家庭平均每人全年消费性支出

地区	食品	衣着	设备	医疗	交通	教育	居住	杂项
北京	4 934.05	1 512.88	981.13	1 294.07	2 328.51	2 383.96	1 246.19	649.66
天津	4 249.31	1 024.15	760.56	1 163.98	1 309.94	1 639.83	1 417.45	463.64
河北	2 789.85	975.94	546.75	833.51	1 010.51	895.06	917.19	266.16
山西	2 600.37	1 064.61	477.74	640.22	1 027.99	1 054.05	991.77	245.07
内蒙古	2 824.89	1 396.86	561.71	719.13	1 123.82	1 245.09	941.79	468.17
辽宁	3 560.21	1 017.65	439.28	879.08	1 033.36	1 052.94	1 047.04	400.16
吉林	2 842.68	1 127.09	407.35	854.80	8 73.88	997.75	1 062.46	394.29
黑龙江	2 633.18	1 021.45	355.67	729.55	7 46.03	938.21	784.51	310.67
上海	6 125.45	1 330.05	959.49	857.11	3 153.72	2 653.67	1 412.1	763.80
江苏	3 928.71	990.03	707.31	689.37	1 303.02	1 699.26	1 020.09	377.37
浙江	4 892.58	1 406.20	666.02	859.06	2 473.40	2 158.32	1 168.08	467.52
安徽	3 384.38	906.47	465.68	554.44	891.38	1 169.99	850.24	309.30
福建	4 296.22	940.72	645.40	502.41	1 606.90	1 426.34	1 261.18	375.98
江西	3 192.61	915.09	587.40	385.91	732.97	973.38	728.76	294.60
山东	3 180.64	1 238.34	661.03	708.58	1 333.63	1 191.18	1 027.58	325.64
河南	2 707.44	1 053.13	549.14	626.55	858.33	936.55	795.39	300.19
湖北	3 455.98	1 046.62	550.16	525.32	903.02	1 120.29	856.97	242.82
湖南	3 243.88	1 017.59	603.18	668.53	986.89	1 285.24	869.59	315.82
广东	5 056.68	814.57	853.18	752.52	2 966.08	1 994.86	1 444.91	454.09
广西	3 398.09	656.69	491.03	542.07	932.87	1 050.04	803.04	277.43
海南	3 546.67	452.85	519.99	503.78	1 401.89	837.83	819.02	210.85
重庆	3 674.28	1 171.15	706.77	749.51	1 118.79	1 237.35	968.45	264.01
四川	3 580.14	949.74	562.02	511.78	1 074.91	1 031.81	690.27	291.32
贵州	3 122.46	910.30	463.56	354.52	895.04	1 035.96	718.65	258.21
云南	3 562.33	859.65	280.62	631.70	1 034.71	705.51	673.07	174.23
西藏	3 836.51	880.10	271.29	272.81	866.33	441.02	628.35	335.66
陕西	3 063.69	910.29	513.08	678.38	866.76	1 230.74	831.27	332.84
甘肃	2 824.42	939.89	505.16	564.25	861.47	1 058.66	768.28	353.65
青海	2 803.45	898.54	484.71	613.24	785.27	953.87	641.93	331.38
宁夏	2 760.74	994.47	480.84	645.98	859.04	863.36	910.68	302.17
新疆	2 760.69	1 183.69	475.23	598.78	890.30	896.79	736.99	331.80

数据来源：《中国统计年鉴 2008》。

9.2.3 综合评价中的统计方法

1．数据的无量纲化

观测指标的无量纲化是指通过某种变换方式消除各个观测指标的计量单位，使其转化为统一、可比的变换过程。常用的无量纲化处理方法主要有以下几种：

（1）标准化变换方法：

$$z_{ij}=\frac{x_{ij}-\bar{x}_j}{s_j}\quad i=1,2,\cdots,n;j=1,2,\cdots,n$$

其中：x_{ij}是观测值，$\bar{x}_j$ 是均值，S_j 是标准差。经过标准化变换后的指标 z_{ij}，其全部 n 个个体的均值为 0，方差为 1。由于标准差的计量单位与观测值变量本身的计量单位相同，所以变换后的指标不再具有计量单位。

标准化变化的 Excel 实现：

1）计算均值：在综合评分法界面的 B3 中输入：

=AVERAGE(原始数据!B3:B33)，然后复制到 C3:I3

2）计算标准差：在综合评分法界面的 B4 中输入：

=STDEV(原始数据!B3:B33)，然后复制到 C4:I4

3）计算标准化值：在综合评分法界面的 B5 中输入：

=(原始数据!B3 - B$3)/B$4，然后复制到 C5:I5，再复制到 I35

结果如图 9－7 所示。

J5 =AVERAGE(B5:I5)

综合评分计算表（自动计算中间结果，不要改动第5行以后的数据）

指标	食品	衣着	设备	医疗	交通	教育	居住	杂项		
均值	3510.73	1019.57	565.56	674.55	1233.90	1230.93	936.56	351.24		
标准差	838.33	213.53	166.72	209.99	631.21	490.91	230.50	120.65	评分法得分	评分法排名
北京	1.7	2.3	2.5	3.0	1.7	2.3	1.3	2.5	2.17	2
天津	0.9	0.0	1.2	2.3	0.1	0.8	2.1	0.9	1.05	5
河北	-0.9	-0.2	-0.1	0.8	-0.4	-0.7	-0.1	-0.7	-0.28	14
山西	-1.1	0.2	-0.5	-0.2	-0.3	-0.4	0.2	-0.9	-0.36	17
内蒙古	-0.8	1.8	0.0	0.2	-0.2	0.0	0.0	1.0	0.25	8
辽宁	0.1	0.0	-0.8	1.0	-0.3	-0.4	0.5	0.4	0.06	11
吉林	-0.8	0.5	-0.9	0.9	-0.6	-0.5	0.5	0.4	-0.07	12
黑龙江	-1.0	0.0	-1.3	0.3	-0.8	-0.6	-0.7	-0.3	-0.55	24
上海	3.1	1.5	2.4	0.9	3.0	2.9	2.1	3.4	2.40	1
江苏	0.5	-0.1	0.9	0.1	0.1	1.0	0.4	0.2	0.37	6
浙江	1.6	1.8	0.6	0.9	2.0	1.9	1.0	1.0	1.35	3
安徽	-0.2	-0.5	-0.6	-0.6	-0.5	-0.1	-0.4	-0.3	-0.41	18
福建	0.9	-0.4	0.5	-0.8	0.6	0.4	1.4	0.2	0.35	7
江西	-0.4	-0.5	0.1	-1.4	-0.8	-0.5	-0.9	-0.5	-0.60	25
山东	-0.4	1.0	0.6	0.2	0.2	-0.1	0.4	-0.2	0.20	9
河南	-1.0	0.2	-0.1	-0.2	-0.6	-0.6	-0.6	-0.4	-0.42	21
湖北	-0.1	0.1	-0.1	-0.7	-0.5	-0.2	-0.3	-0.9	-0.34	16
湖南	-0.3	0.0	0.2	0.0	-0.4	0.1	-0.3	-0.3	-0.12	13
广东	1.8	-1.0	1.7	0.4	2.7	1.6	2.2	0.9	1.29	4
广西	-0.1	-1.7	-0.4	-0.6	-0.5	-0.4	-0.6	-0.6	-0.62	27
海南	0.0	-2.7	-0.3	-0.8	0.3	-0.8	-0.5	-1.2	-0.74	29
重庆	0.2	0.7	0.8	0.4	-0.2	0.0	0.1	-0.7	0.17	10
四川	0.1	-0.3	0.0	-0.8	-0.3	-0.4	-1.1	-0.5	-0.41	19
贵州	-0.5	-0.5	-0.6	-1.5	-0.5	-0.4	-0.9	-0.8	-0.72	28
云南	0.1	-0.7	-1.7	-0.2	-0.3	-1.1	-1.1	-1.5	-0.82	30
西藏	0.4	-0.7	-1.8	-1.9	-0.6	-1.6	-1.3	-0.1	-0.95	31
陕西	-0.5	-0.5	-0.3	0.0	-0.6	0.0	-0.5	-0.2	-0.32	15
甘肃	-0.8	-0.4	-0.4	-0.5	-0.6	-0.4	-0.7	0.0	-0.47	23
青海	-0.8	-0.6	-0.5	-0.3	-0.7	-0.6	-1.3	-0.2	-0.61	26
宁夏	-0.9	-0.1	-0.5	-0.1	-0.6	-0.7	-0.1	-0.4	-0.44	22
新疆	-0.9	0.8	-0.5	-0.4	-0.5	-0.7	-0.9	-0.2	-0.41	20

主界面 | 原始数据 | 综合评分法 | 层次分析法 | 综合排名 | 使用帮助

图 9－7

（2）规格化变换方法：

$$z_{ij}=\frac{x_{ij}-x_{j\min}}{x_{j\max}-x_{j\min}}\quad i=1,2,\cdots,n;j=1,2,\cdots,n$$

其中：x_{ij}是观测值，$x_{j\min}$是第j个指标的最小观测值，$x_{j\max}$是第j个指标的最大观测值。经过规格化变换，消除了观测值的计量单位，变换后的指标z_{ij}值都在0与1之间。

在实际变换中，人们习惯于按百分制对所评价总体中的各个观察单位进行变换，常将上述变换公式乘以100。此外，有时为使综合评价指标不出现0值和负值，常在变换公式后加上一个常数项，其改进的无量纲化方法如下：

$$z_{ij}=\frac{x_{ij}-x_{j\min}}{x_{j\max}-x_{j\min}}\times 40+60$$

规格化变化的Excel实现：

1）计算最小值：在层次分析法界面的B4中输入：

=MIN(原始数据!B3:B33)，然后复制到C4:I4

2）计算最大值：在综合评分法界面的B5中输入：

=MAX(原始数据!B3:B33)，然后复制到C5:I5

3）计算规格化值：在综合评分法界面的B6中输入：

=(原始数据!B3 - B$4)/(B$5 - B$4) * 40 + 60，然后复制到C6:I6，再复制到I36

结果如图9-8所示。

B6　=(原始数据!B3-B$4)/(B$5-B$4)*40+60

⇦	层次分析计算表（中间结果，不要改动第6行以后的数据，可重新设定权重）									⇨
指标	食品	衣着	设备	医疗	交通	教育	居住	杂项		
权重	0.125	0.125	0.125	0.125	0.125	0.125	0.125	0.125	1	
最小值	2600.37	452.85	271.29	272.81	732.97	441.02	628.35	174.23		
最大值	6125.45	1512.88	981.13	1294.07	3153.72	2653.67	1444.91	763.80	层次法得分	层次法排名
北京	86.5	100.0	100.0	100.0	86.4	95.1	90.3	92.3	93.81	2
天津	78.7	81.6	87.6	94.9	69.5	81.7	98.7	79.6	84.03	5
河北	62.2	79.7	75.5	82.0	64.6	68.2	74.1	66.2	71.57	14
山西	60.0	83.1	71.6	74.4	64.9	71.1	77.8	64.8	70.96	17
内蒙古	62.5	95.6	76.4	77.5	66.5	74.5	75.4	79.9	76.04	9
辽宁	70.9	81.3	69.5	83.7	65.0	71.1	80.5	75.3	74.66	11
吉林	62.7	85.4	67.7	82.8	62.3	70.1	81.3	74.9	73.41	12
黑龙江	60.4	81.5	64.8	77.9	60.2	69.0	67.6	69.3	68.82	24
上海	100.0	93.1	98.8	82.9	100.0	100.0	98.4	100.0	96.64	1
江苏	75.1	80.3	84.6	76.3	69.4	82.7	79.2	73.8	77.67	7
浙江	86.0	96.0	82.2	83.0	88.8	91.0	86.4	79.9	86.67	4
安徽	68.9	77.1	71.0	71.0	62.6	73.2	70.9	69.2	70.48	18
福建	79.2	78.4	81.1	69.0	74.4	77.8	91.0	73.7	78.08	6
江西	66.7	77.4	77.8	64.4	60.0	69.6	64.9	68.2	68.64	26
山东	66.6	89.6	82.0	77.1	69.9	73.6	79.6	70.3	76.07	8
河南	61.2	82.7	75.7	73.9	62.1	69.0	68.2	68.5	70.14	20
湖北	69.7	82.4	75.7	69.9	62.8	72.3	71.2	64.7	71.08	16
湖南	67.3	81.3	78.7	75.5	64.2	75.3	71.8	69.6	72.96	13
广东	87.9	73.6	92.8	78.8	96.9	88.1	100.0	79.0	87.13	3
广西	69.1	67.7	72.4	70.5	63.3	71.0	68.6	67.0	68.69	25
海南	70.7	60.0	74.0	69.0	71.1	67.2	69.3	62.5	67.98	28
重庆	72.2	87.1	84.5	78.7	66.4	74.4	76.7	66.1	75.75	10
四川	71.1	78.8	76.4	69.4	65.7	70.7	63.0	67.9	70.36	19
贵州	65.9	77.3	70.8	63.2	62.7	70.8	64.4	65.7	67.60	29
云南	70.9	75.4	60.5	74.1	65.0	64.8	62.2	60.0	66.60	30
西藏	74.0	76.1	60.0	60.0	62.2	60.0	60.0	71.0	65.41	31
陕西	65.3	77.3	73.6	75.9	62.2	74.3	69.9	70.8	71.15	15
甘肃	62.5	78.4	73.2	71.4	62.1	71.2	66.9	72.2	69.73	23
青海	62.3	76.8	72.0	73.3	60.9	69.3	60.7	70.7	68.24	27
宁夏	61.8	80.4	71.8	74.6	62.1	67.6	73.8	68.7	70.11	21
新疆	61.8	87.6	71.5	72.8	62.6	68.2	65.3	70.7	70.06	22

主界面　原始数据　综合评分法　层次分析法　综合排名　使用帮助

图9-8

2. 综合评价方法

综合评价是指无量纲化变换后的各个指标按照某种方法进行综合，得出一个可用于评价比较的综合指标。其计算公式有如下两种：

（1）简单算术平均法：

$$\bar{z}_i = \frac{1}{m}\sum_{j=1}^{m} z_{ij} = \sum_{j=1}^{m} \frac{1}{m} z_{ij} = \sum_{j=1}^{m} w_j z_{ij}$$

其中：z_j是评价总体中第 i 个观察单位的综合评价值，m 是指标个数。

（2）加权算术平均法：

$$\bar{z}_i = \sum_{j=1}^{m} w_j z_{ij}$$

其中：w_j 是第 j 个指标 z_{ij}的权数。

简单算术平均法将不同评价指标的重要性同等看待，但现实综合评价指标体系中各指标的重要性是不同的，故应赋予不同分量的权数，才能准确地反映综合指标的合成值。

评价方法主要有综合评分法和层次分析法.

（1）综合评分法：

综合评分的计算可以直接把各个指标的得分直接相加得到一个总分，最后根据最终得分的高低来判定评价对象的优劣。

$$s_i = \sum_{j=1}^{m} w_j z_{ij} = \sum_{j=1}^{m} z_{ij}/m = \bar{z}_i$$

然后根据综合得分大小进行排名，这里实际上相当于对每一行数据求均值，即权重相同，权重为 $w_j = 1/m$。

综合评分法的 Excel 实现：

在综合评分法界面的 J5 中输入公式：= AVERAGE(B5:I5)，然后复制到 J6:J35，结果见图 9－7。

（2）层次分析法：

综合评分法的好处是对各个指标赋予同样的权重来同等看待，省去了确定指标权重的复杂步骤，但这同时也是它的一个不足之处。它不能很好地区分各个指标的相对重要程度，因而常用的改进方法是根据这个指标的相对重要程度的不同给予不同的权重，然后用各个指标的得分乘以权重求得各个指标对各个不同方案的加权评分，每个方案各指标加权得分之和除以权重所得到的商就是加权平均分，得分最多的方案就是最佳方案。

设 z_{ij}为第 i 个目标第 j 方案的属性值向量的分量。利用公式：

$$s_i = \sum_{j=1}^{m} w_j z_{ij}$$

对目标由低层到高层进行计算，由此判断各方案的优劣，s_i 值越大，该方案就越优。

层次分析法计算过程的核心问题是权重的构造。关于权重的构造，限于篇幅此处从略，请参考相关文献。

层次分析法的 Excel 实现：

1）在 B3 到 I3 中输入指标的相应权重。

2）在层次分析法界面的 J6 中输入公式：=B6∗B$3+C6∗C$3+D6∗D$3+E6∗E$3+F6∗F$3+G6∗G$3+H6∗H$3+I6∗I$3，然后复制到 J7:J36，结果见图 9-8。

3. 综合排名

在获得综合得分后，我们还需对其进行排名，比较它们的大小。

综合排名的 Excel 实现：

（1）综合评分法排名：在综合评分法界面的 K5 中输入：

=RANK(J5,J$5:J$35),然后复制到 K6:K35,结果见图 9-7。

（2）层次分析法排名：在层次分析法界面的 K6 中输入：

=RANK(J6,J$6:J$36),然后复制到 K7:K36,结果见图 9-8。

（3）两种评价方法比较见图 9-9。

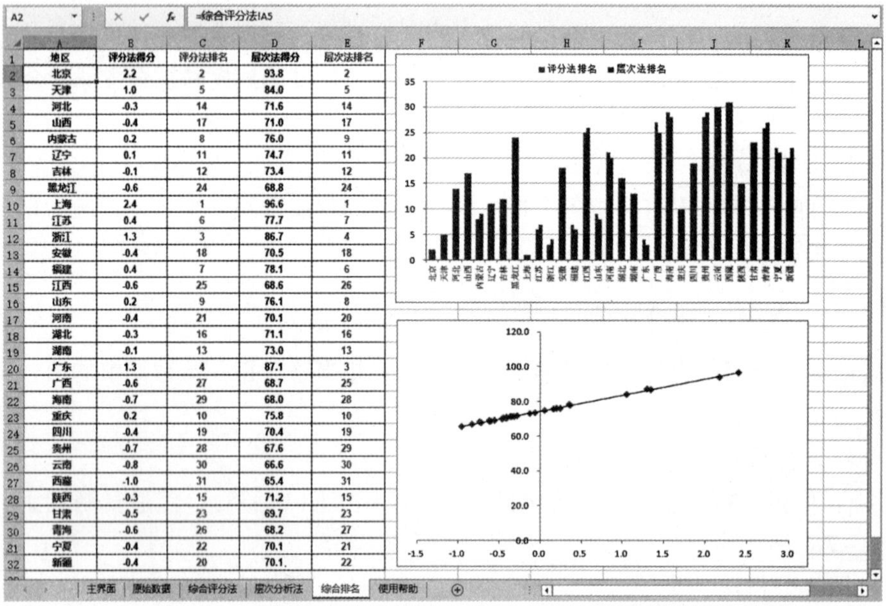

地区	评分法得分	评分法排名	层次法得分	层次法排名
北京	2.2	2	93.8	2
天津	1.0	5	84.0	5
河北	-0.3	14	71.6	14
山西	-0.4	17	71.0	17
内蒙古	0.2	8	76.0	9
辽宁	0.1	11	74.7	11
吉林	-0.1	12	73.4	12
黑龙江	-0.6	24	68.8	24
上海	2.4	1	96.6	1
江苏	0.4	6	77.7	7
浙江	1.3	3	86.7	4
安徽	-0.4	18	70.5	18
福建	0.4	7	78.1	6
江西	-0.6	25	68.6	26
山东	0.2	9	76.1	8
河南	-0.4	21	70.1	20
湖北	-0.3	16	71.1	16
湖南	-0.1	13	73.0	13
广东	1.3	4	87.1	3
广西	-0.6	27	68.7	25
海南	-0.7	29	68.0	28
重庆	0.2	10	75.8	10
四川	-0.4	19	70.4	19
贵州	-0.7	28	67.6	29
云南	-0.8	30	66.6	30
西藏	-1.0	31	65.4	31
陕西	-0.3	15	71.2	15
甘肃	-0.5	23	69.7	23
青海	-0.6	26	68.2	27
宁夏	-0.4	22	70.1	21
新疆	-0.4	20	70.1	22

图 9-9

从图 9-9 看，两种方法的评价结果虽略有出入，但基本一致，主要原因在于综合评分法所采用的数据标准化方法要求数据来自正态总体，这在一般情况下是很难满足的，而层次分析法所采用的规格化方法对数据没有太多要求，并可以通过赋权来确定指标的作用大小，相对更合理。

9.3 小结

本章详细介绍了使用 Excel 建立简单的数据分析系统的重要性和优势，并以综合评价系统为例，讲解了综合评价系统的构建和统计方法。

通过本章的学习，读者应该掌握如下内容：

（1）了解使用 Excel 建立数据分析系统的优势和重要性。

（2）掌握简单的综合评价系统的构建和统计方法。

附录 A　Excel 中的数据分析工具

一、分析工具库加载

Excel 中的数据分析工具在菜单和标签栏中并不是自动安装的，需要用户加载，下面给出 Excel 中数据分析工具的加载过程：

（1）点击“文件”菜单并选择“选项”按钮，进入下面界面：

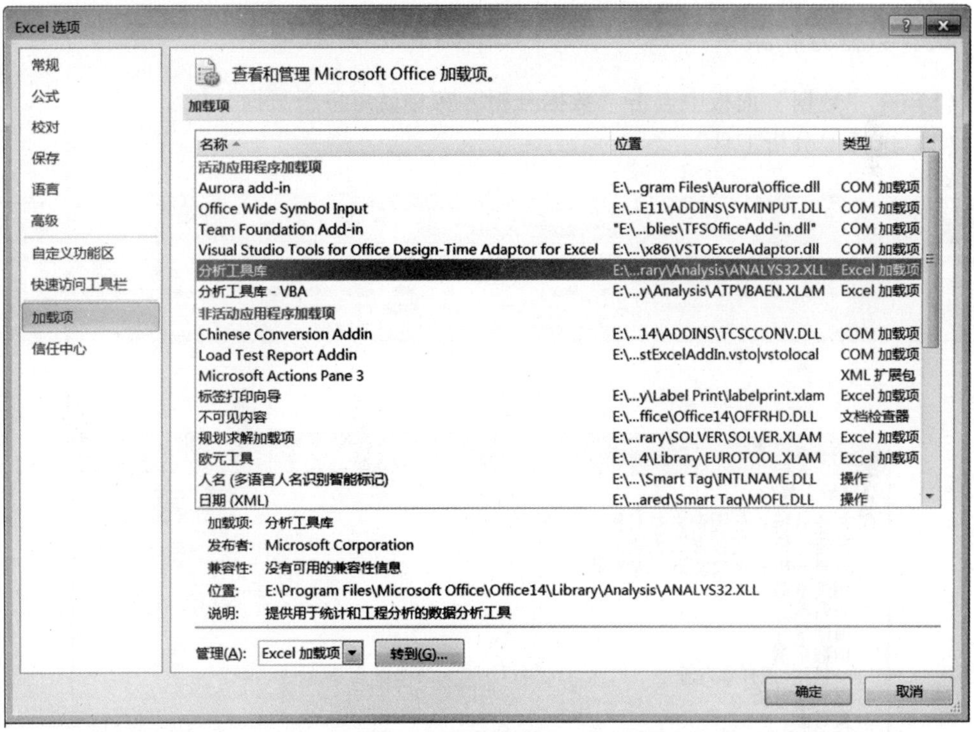

（2）点击“加载项”菜单并选择“分析工具库”，然后点击“转到”按钮进入加载宏界面：

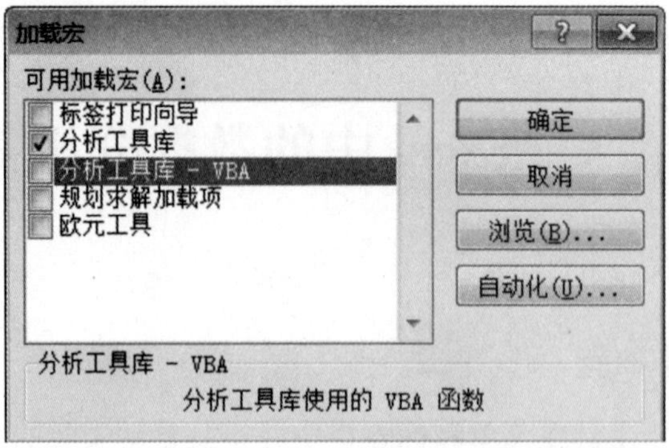

（3）点击选择框中的“分析工具库”，之后点击“确认”按钮，这样将在数据标签栏中出现数据分析菜单。

二、数据分析菜单

（1）在“数据”面板中点击“数据分析”菜单就可进行数据分析。

（2）选择“分析工具”。

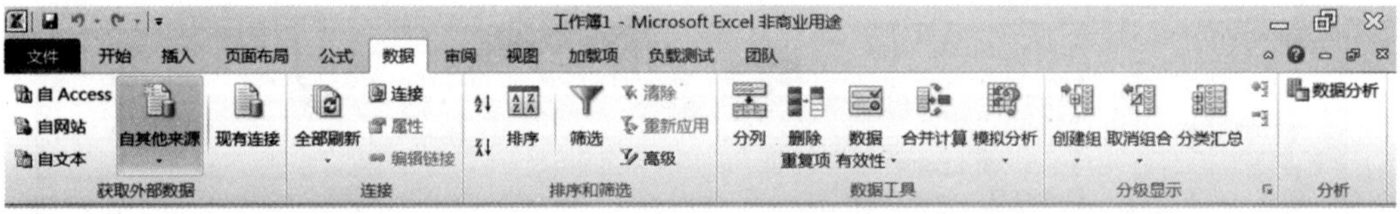

三、数据分析公式与结果转换

1. 插入函数

在“数据”面板上插入需要分析的函数公式。

2. 显示公式

可点击“显示公式”按钮切换公式与结果，也可用“ctrl +`”进行切换。

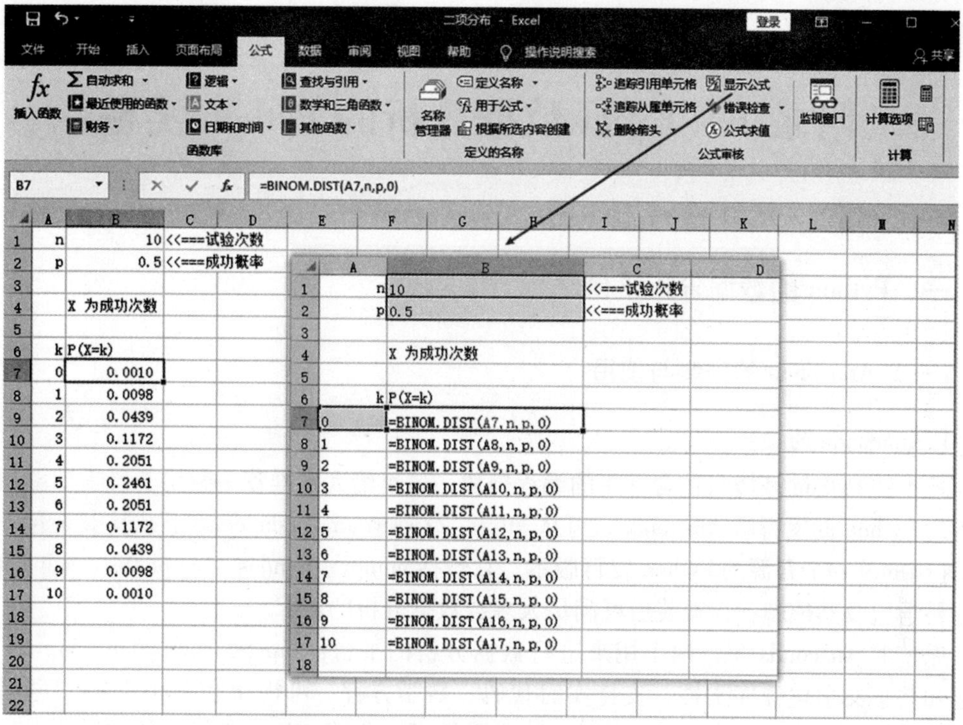
二项分布 - Excel
文件
开始
插入
页面布局
公式
数据
审阅
视图
帮助
操作说明搜索
插入函数
自动求和
最近使用的函数
财务
逻辑
文本
日期和时间
查找与引用
数学和三角函数
其他函数
函数库
名称管理器
定义名称
用于公式
根据所选内容创建
定义的名称
追踪引用单元格
追踪从属单元格
删除箭头
显示公式
错误检查
公式求值
公式审核
监视窗口
计算选项
计算
B7
=BINOM.DIST(A7,n,p,0)
n 10 <<===试验次数
p 0.5 <<===成功概率
X 为成功次数
k P(X=k)
0 0.0010
1 0.0098
2 0.0439
3 0.1172
4 0.2051
5 0.2461
6 0.2051
7 0.1172
8 0.0439
9 0.0098
10 0.0010
=BINOM.DIST(A7,n,p,0)
=BINOM.DIST(A8,n,p,0)
=BINOM.DIST(A9,n,p,0)
=BINOM.DIST(A10,n,p,0)
=BINOM.DIST(A11,n,p,0)
=BINOM.DIST(A12,n,p,0)
=BINOM.DIST(A13,n,p,0)
=BINOM.DIST(A14,n,p,0)
=BINOM.DIST(A15,n,p,0)
=BINOM.DIST(A16,n,p,0)
=BINOM.DIST(A17,n,p,0)

附录B　Excel 数据分析的 Python 实现

一、Python 的数据分析平台

（一）Anaconda 的安装与使用

1. Anaconda 的安装

基本的 Python 环境只包含常用的编程模块，这里给大家推荐一款用于科学计算和数据分析的 Python 的发行版 Anaconda，可从 https：//www. anaconda. com/下载其安装包。Anaconda 指的是一个开源的 Python 发行版本，它包括 numpy、pandas、matplotlib、scipy 等 180 多个科学包及其依赖项，安装后可满足大多数数据分析的需求。

完整的 Anaconda 包含两个用来进行数据分析的平台：Jupyter 和 Spyder。Jupyter 便于创建和共享文学化程序文档，支持实时代码、数学方程、可视化和 Markdown，可用来进行数据清理和转换、数值模拟、统计建模和数据可视化等，是课堂教学的首选。Spyder 是一个类似于 Matlab 和 Rstudio 的数据分析平台，是进行数据分析和研发的有效工具。这两个工具是 Anaconda 自带的分析工具，可在 Anaconda 菜单中直接执行。

2. Jupyter 的使用

本附录只是 Excel 数据分析的部分 Python 实现，详细的原理和编程操作见王斌会、王术编著的《Python 数据分析基础教程——数据可视化》（电子工业出版社，2021）。

下面我们使用 Jupyter notebook 或 Jupyter lab（Jupyter notebook 的第二代产品，需在命令行启动，即 > jupyter lab）来进行 Excel 数据分析。

使用 Jupyter 进行数据分析首先需做两件事：

（1）建立工作目录并设置目录。

在使用 Jupyter 时通常需设置一个工作目录（这样自己的数据和程序都将在该目录下工作）。例如，在 D 盘建立工作目录 D:\ Excel，然后执行如下代码。

In	%cd"D:\\ Excel"
Out	"D:\ Excel"

（2）加载常用的分析包并设置。

In	#一些常用的命令可写在一个 python 文档 init.py 中，用% run init.py 调用① #% run init.py

（二）Excel 数据的 Python 入门

1. Excel 数据的 Python 读存

（1）读取 Excel 数据。

In	T1_1=pd.read_excel('Excel_Py.xlsx','图 1－1',index_col=0)　　#图 1－1 数据 T1_1　　　　#index_col=0 将第 1 列读为行索引
Out	见下表

月份	交通费用	伙食支出	水电支出	通信费用	教育支出	其他
一月	216	1200	259	182	380	1088
二月	950	1100	280	150	6600	6000
三月	208	1500	295	175	0	250
…	…	…	…	…	…	…
十月	250	1180	320	195	0	8000
十一月	190	1260	300	165	0	520
十二月	200	1380	305	172	120	600

In	T1_1['支出总额']=T1_1.apply(np.sum,axis=1);T1_1　　#图 1－1
Out	见下表

月份	交通费用	伙食支出	水电支出	通信费用	教育支出	其他	支出总额
一月	216	1200	259	182	380	1088	6650
二月	950	1100	280	150	6600	6000	30160
三月	208	1500	295	175	0	250	4856
…	…	…	…	…	…	…	…
十月	250	1180	320	195	0	8000	19890
十一月	190	1260	300	165	0	520	4870
十二月	200	1380	305	172	120	600	5554

（2）保存 Excel 数据的。

In	T1_1.to_excel('Pydata.xlsx')　　#保存数据到 excel 中

---

①
```
import numpy as np                                    #加载数组运算包
import pandas as pd                                   #加载数据分析包
pd.set_option ('display.width', 150)                  #设置 pandas 输出宽度
pd.set_option('display.precision', 4)                 #设置 pandas 输出精度
import matplotlib.pyplot as plt                       #加载基本绘图包
plt.rcParams['font.sans-serif'] = ['SimHei'];         #SimHei 黑体
plt.rcParams['axes.unicode_minus'] = False;           #正常显示图中负号
```

2. Excel 图表的 Python 绘制

（1）数据表格的形成。

In

```
T2_4=pd.read_excel('Excel_Py.xlsx','图 2－4',index_col=0);T2_4  #图 2－4 数据
```

Out

员工姓名	10 月份销售额	11 月份销售额	12 月份销售额
黄子烨	25000	28520	30500
何璇	22185	26500	25000
李金荣	36500	31600	33870
张睿	29350	31000	30260
古婧萌	35120	32600	29860

（2）绘制基本统计图。

In

```
%config InlineBackend.figure_format='retina'      #提高图形显示的清晰度
T2_4.plot.bar();                 #图 2－5
```

Out

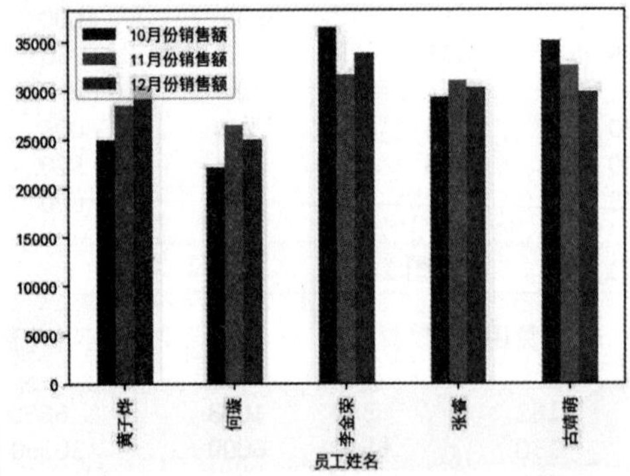

In

```
T2_4.plot.bar(stacked=True);                #图 2－8
```

Out

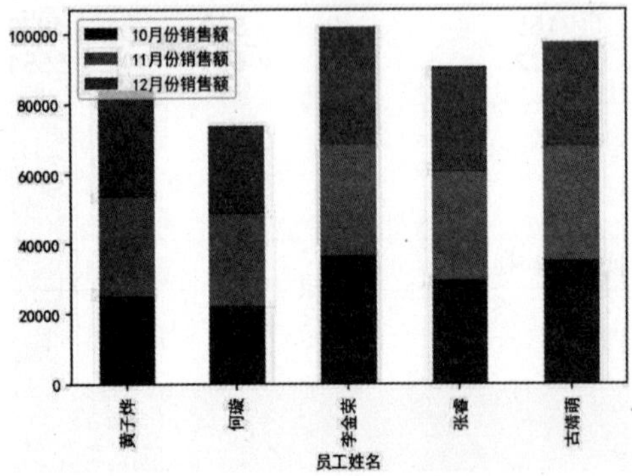

In

```
T2_10=pd.read_excel('Excel_Py.xlsx','图 2－10',index_col=0);#T2_10    #图 2－10 数据
T2_10['人数'].plot.pie();                             #图 2－11
```

Out	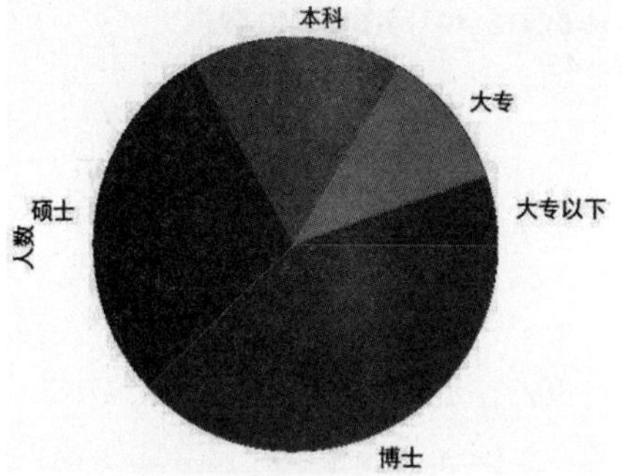
In	T2_18=pd.read_excel('Excel_Py.xlsx','图 2－18',index_col=0);　　#T2_18　#图 2－18 数据 T2_18.T.plot(grid=True);　　#图 2－20
Out	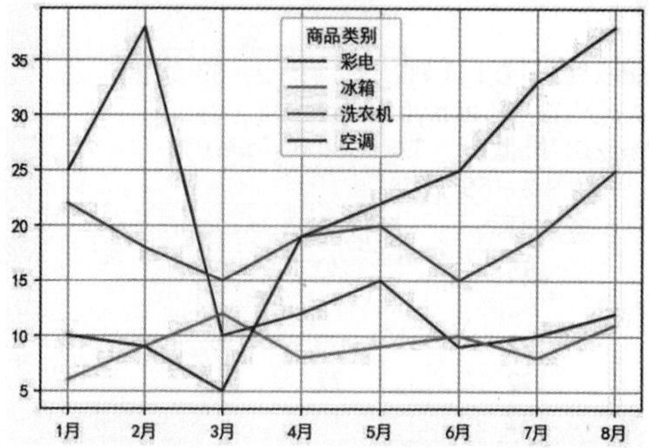
In	T2_18.T.plot();　　#图 2－21
Out	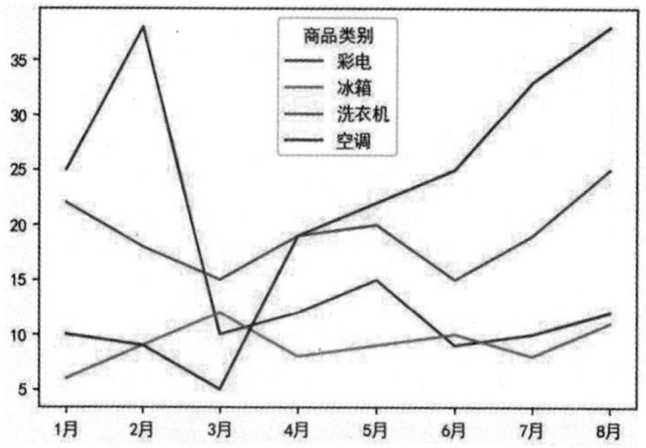
In	T2_22=pd.read_excel('Excel_Py.xlsx','图 2－22',index_col=0);#T2_22　#图 2－22 数据 T2_22.plot.area(ylim=(0,700));　　#图 2－23
Out	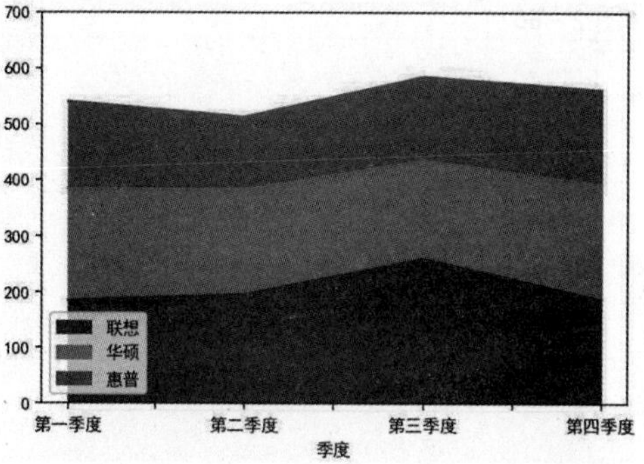

In

```
T2_40=pd.read_excel('Excel_Py.xlsx','图 2－40',index_col=0);#T2_40    #图 2－40 数据
T2_40.plot.bar();                                          #图 2－45
```

Out

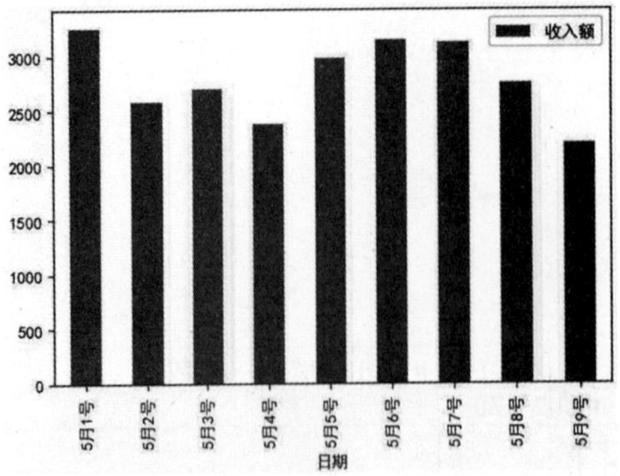

In

```
T2_53=pd.read_excel('Excel_Py.xlsx','图 2－53',index_col=[0,1]);#T2_53  #图 2－53 数据
T2_65=pd.DataFrame({'陈莹':T2_53.iloc[5,],'平均分':T2_53.apply(np.mean,0),
                    '最高分':T2_53.apply(max,0),'最低分': T2_53.apply(min,0)})
T2_65                                                       #图 2－65 数据
```

Out

	陈莹	平均分	最高分	最低分
高等数学	91	81.80	95	70
基础英语	83	81.72	92	72
计算机网络	87	80.84	92	70
数字图像处理	86	82.80	92	72
数据挖掘	75	82.60	93	70

In

```
T2_65.plot.bar();                                           #图 2－65
```

Out

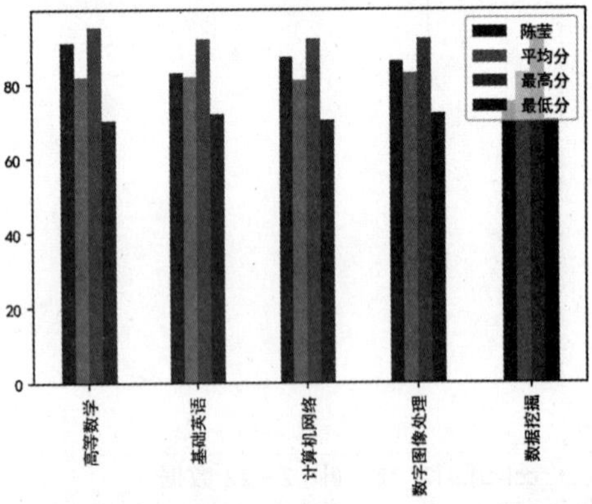

In

```
T2_66=pd.read_excel('Excel_Py.xlsx','图 2－66',index_col=0);#T2_66      #图 2－66 数据
T2_66.plot.bar();                                           #图 2－66
```

Out

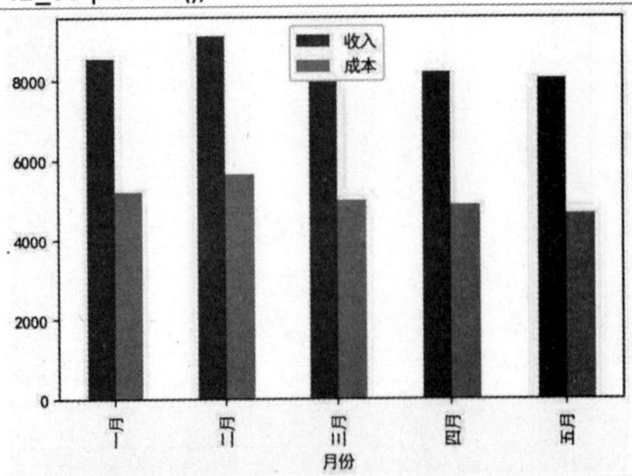

In	T2_66.plot.bar(secondary_y='成本');　　　　　#图 2－67
Out	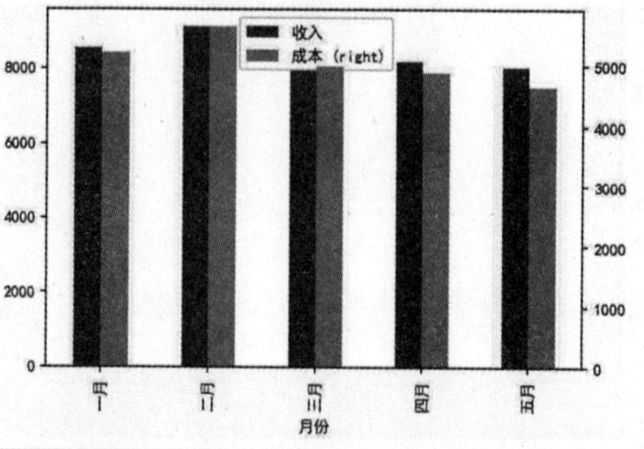
In	ax=T2_66［'收入'］.plot.bar() T2_66［'成本'］.plot.line(ax.twiny());　　　　#图 2－70
Out	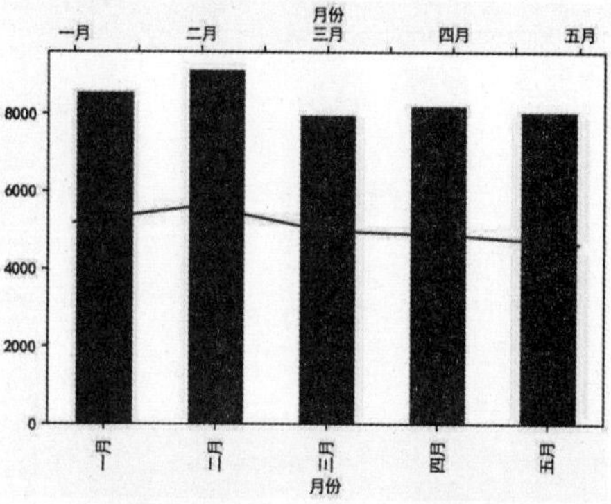
In	T2_71=pd.read_excel('Excel_Py.xlsx','图 2－71',index_col=0);#T2_71　#图 2－71 数据 T2_71.iloc［：2,］.plot.bar();　　　　　　　#图 2－80
Out	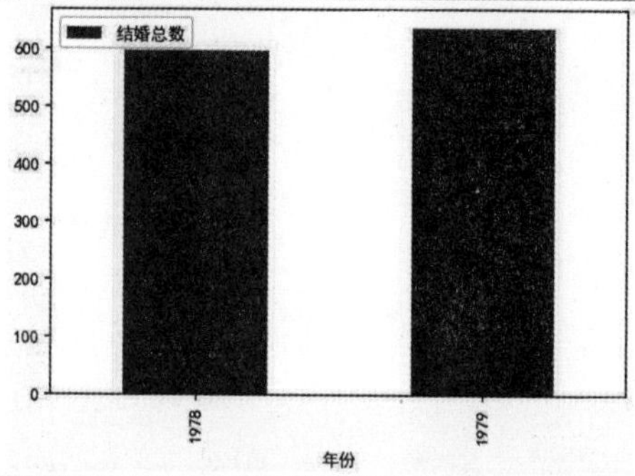
In	T2_71.iloc［：5,］.plot.bar();　　　　　　　#图 2－81
Out	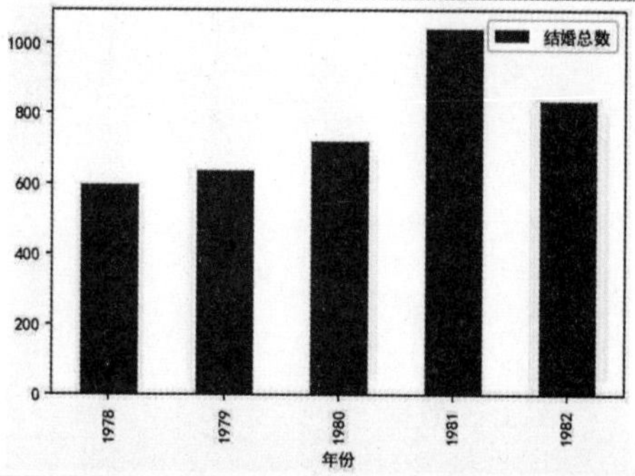

In	T2_71[T2_71.index < 1993].plot.bar();　　　#图 2－83
Out	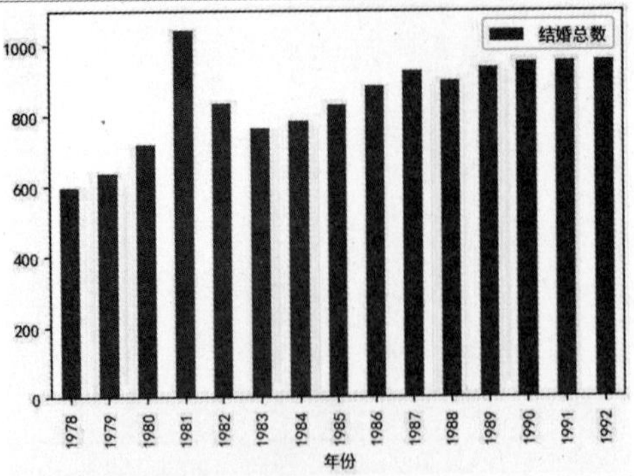
In	T2_85=pd.read_excel('Excel_Py.xlsx','图 2－85',index_col=0);#T2_85　#图 2－85 数据 T2_85.iloc[0,].plot.bar(ylim=(0,4));　　#图 2－86
Out	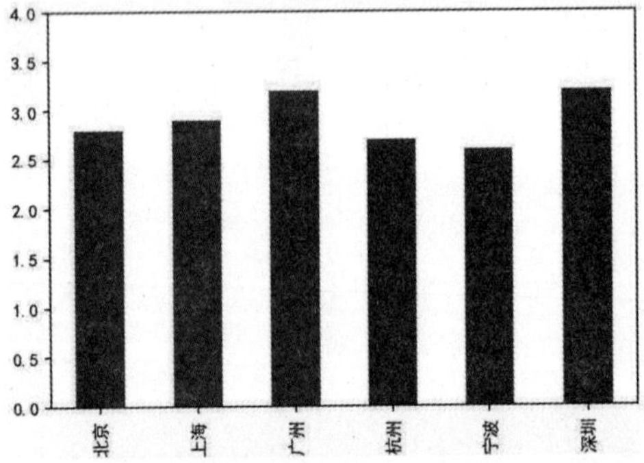
In	T2_85.iloc[5,].plot.bar();　　　　#图 2_93
Out	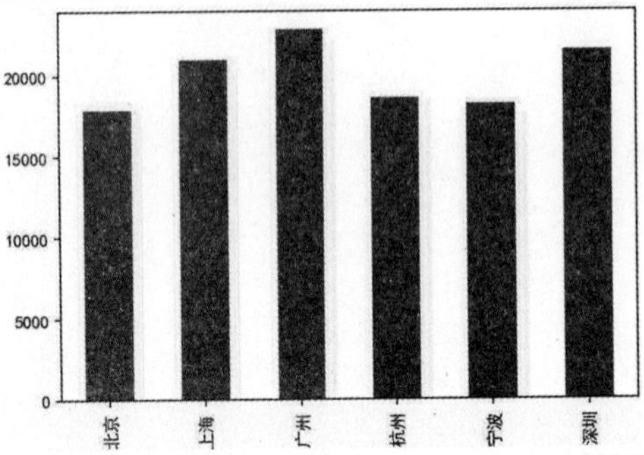

二、数据的基本处理与分析

（一）数据的排序与汇总

1．数据的排序

In	T3_1=pd.read_excel('Excel_Py.xlsx','图 3－1');T3_1　　#图 3－1 数据

Out

	月份	产品名称	地区	单价	数量	总金额
0	1 月	保湿霜	北京	268.0	29	7772.0
1	1 月	唇膏	北京	29.9	125	3737.5
2	1 月	防晒霜	北京	59.0	85	5015.0
…	…	…	…	…	…	…
42	3 月	眼霜	广东	139.0	31	4309.0
43	3 月	粉底液	上海	68.0	35	2380.0
44	3 月	眼霜	上海	139.0	39	5421.0

In

```
T3_1.sort_values(by=['月份','产品名称'])                    #图 3-3
```

Out

	月份	产品名称	地区	单价	数量	总金额
0	1 月	保湿霜	北京	268.0	29	7772.0
5	1 月	保湿霜	广东	268.0	36	9648.0
10	1 月	保湿霜	上海	268.0	32	8576.0
…	…	…	…	…	…	…
36	3 月	防晒霜	北京	59.0	86	5074.0
37	3 月	防晒霜	广东	59.0	62	3658.0
38	3 月	防晒霜	上海	59.0	26	1534.0

2. 数据的汇总

In

```
T3_1.groupby('月份').agg('sum')
```

Out

月份	单价	数量	总金额
1 月	1691.7	938	80146.8
2 月	1691.7	743	74633.9
3 月	1691.7	761	75453.3

In

```
T3_1[T3_1.月份 =='1 月'].groupby('产品名称') .agg('sum')          #图 3-8
```

Out

产品名称	单价	数量	总金额
保湿霜	804.0	97	25996.0
唇膏	89.7	312	9328.8
眼霜	417.0	150	20850.0
粉底液	204.0	179	12172.0
防晒霜	177.0	200	11800.0

In

```
T3_1.groupby(['月份','产品名称']) .agg('sum')                 #图 3-9
```

Out

月份	产品名称	单价	数量	总金额
1 月	保湿霜	804.0	97	25996.0
	唇膏	89.7	312	9328.8
	眼霜	417.0	150	20850.0
…	…	…	…	…
3 月	眼霜	417.0	109	15151.0
	粉底液	204.0	132	8976.0
	防晒霜	177.0	174	10266.0

（二）数据的透视分析

1. 数据的透视表

In

```
T3_18=pd.read_excel('Excel_Py.xlsx','图 3-18');T3_18        #图 3-18 数据
```

Out

```
        月份    产品名称    地区    单价    数量    总金额
0       1月     保湿霜      北京    268     29      7772
1       1月     保湿霜      广东    268     36      9648
2       1月     保湿霜      上海    268     32      8576
…       …       …           …       …       …       …
177     12月    眼霜        北京    139     47      6533
178     12月    眼霜        广东    139     26      3614
179     12月    眼霜        上海    139     33      4587
```

In

```
T3_18.pivot_table(values=['总金额'],index=['月份'],columns=['地区'],
          aggfunc='sum',margins=True,margins_name='总计')        #图 3-18
```

Out

```
       总金额
地区    上海      北京      广东      总计
月份
10月    26043     29283     22369     77695
11月    31005     27156     26681     84842
12月    24131     29436     25124     78691
…       …         …         …         …
8月     23785     31783     32562     88130
9月     29283     23823     30621     83727
总计    294376    326858    322291    943525
```

In

```
T3_18.pivot_table(['总金额'], ['地区'], ['产品名称'],aggfunc='sum',
          margins=True,margins_name='总计')        #图 3-19
```

Out

```
         总金额
产品名称    保湿霜    唇膏     眼霜      粉底液     防晒霜     总计
地区
上海        135876    26850    62133     34884      34633      294376
北京        123816    30270    73948     45016      53808      326858
广东        130516    29850    62272     42364      57289      322291
总计        390208    86970    198353    122264     145730     943525
```

In

```
T3_18.pivot_table(['总金额'],['地区','月份'],['产品名称'],aggfunc='sum',
          margins=True,margins_name='总计')        #图 3-26
```

Out

```
         总金额
产品名称              保湿霜    唇膏     眼霜      粉底液     防晒霜     总计
地区      月份
上海      10月        12328     2160     7228      2380       1947       26043
          11月        12060     3060     7367      4624       3894       31005
          12月        14204     1980     4587      2652       708        24131
…         …           …         …        …         …          …          …
广东      8月         9648      2550     6672      4488       9204       32562
          9月         14204     1980     4587      2652       7198       30621
总计                  390208    86970    198353    122264     145730     943525
```

In

```
T3_18.pivot_table(['总金额'],['地区','月份'],['产品名称'],aggfunc='mean',
          margins=True,margins_name='总计') .round(1) #图 3-29
```

Out

总金额 产品名称 地区	月份	保湿霜	唇膏	眼霜	粉底液	防晒霜	总计
上海	10 月	12328.0	2160.0	7228.0	2380.0	1947.0	5208.6
	11 月	12060.0	3060.0	7367.0	4624.0	3894.0	6201.0
	12 月	14204.0	1980.0	4587.0	2652.0	708.0	4826.2
…	…	…	…	…	…	…	…
广东	8 月	9648.0	2550.0	6672.0	4488.0	9204.0	6512.4
	9 月	14204.0	1980.0	4587.0	2652.0	7198.0	6124.2
总计		10839.1	2415.8	5509.8	3396.2	4048.1	5241.8

2. 数据的透视图

In

```
pt=T3_18.pivot_table(['总金额'],['地区'],['产品名称'],aggfunc='sum')
pt                                                          #图 3-31
```

Out

总金额 产品名称 地区	保湿霜	唇膏	眼霜	粉底液	防晒霜
上海	135876	26850	62133	34884	34633
北京	123816	30270	73948	45016	53808
广东	130516	29850	62272	42364	57289

In

```
pt.plot.bar();
```

Out

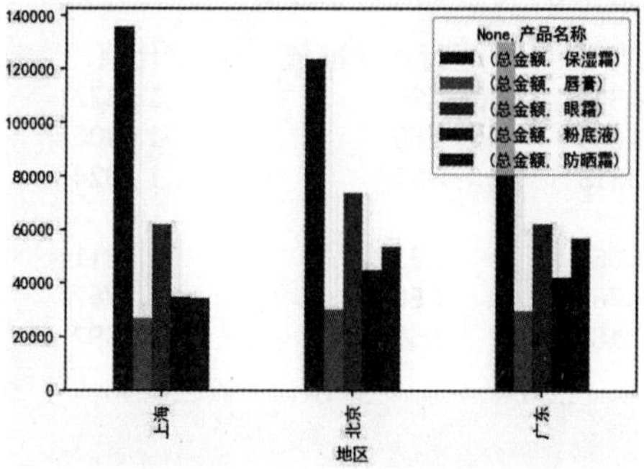

In

```
pt.T.plot.bar();
```

Out

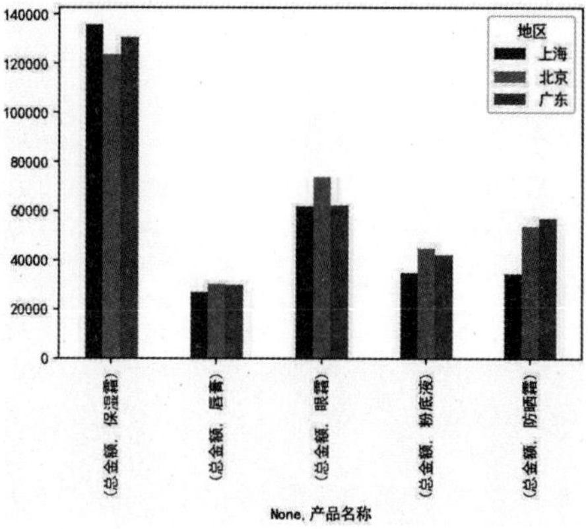

（三）简单统计指标分析

1. 经营雷达图分析

（1）雷达图函数编制。

In

```
#自定义绘制雷达图函数
def polar(labels,data,fill=False):
    angles=np.linspace(0,2*np.pi,len(data),endpoint=False)
    data=np.concatenate((data,[data[0]])) #闭合
    angles=np.concatenate((angles,[angles[0]])) #闭合
    fig=plt.figure()
    ax=fig.add_subplot(111,polar=True)      # polar参数!!
    ax.plot(angles,data,'bo-',linewidth=2) #画线
    if fill:
        ax.fill(angles,data,facecolor='r',alpha=0.25) #填充
    ax.set_thetagrids(angles*180/np.pi,labels,fontproperties="SimHei")
    ax.set_rlim(0,1.6);
```

（2）雷达图分析。

In

```
T4_3=pd.read_excel('Excel_Py.xlsx','图4-3',na_values='0');T4_3 #图4-3数据
```

Out

	项目	指标名称	实际值	行业标准值	比值
0	流动性	流动资金周转率	2.315	1.95	1.1872
1	NaN	总资金周转率	1.665	1.60	1.0406
2	NaN	固定资产周转率	10.518	7.50	1.4024
…	…	…	…	…	…
17	NaN	人均利润收入	1.662	1.35	1.2311
18	NaN	人均净产值	1.765	1.50	1.1767
19	NaN	人均工资	3.160	2.55	1.2392

In

```
labels=T4_3.项目.fillna(' ');
data=T4_3.比值
polar(labels,data)
```

Out

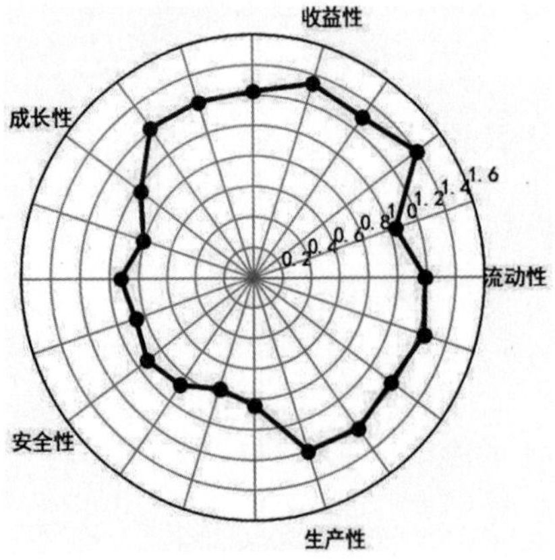

2. 数据的排序与编秩

In

```
T4_8=pd.read_excel('Excel_Py.xlsx','图 4-8');
T4_8.info()          #图 4-8 数据
```

Out

```
<class 'pandas.core.frame.DataFrame'>
RangeIndex: 20 entries,0 to 19
Data columns (total 12 columns):
#     Column     Non-Null Count     Dtype
---   -------    ----------------   -----
0     代码        20 non-null        object
1     名称        20 non-null        object
2     最新价      20 non-null        float64
3     涨跌额      20 non-null        float64
4     涨跌幅      20 non-null        float64
5     买入        20 non-null        float64
6     卖出        20 non-null        float64
7     昨收        20 non-null        float64
8     今开        20 non-null        float64
9     最高        20 non-null        float64
10    最低        20 non-null        float64
11    成交量      20 non-null        int64
dtypes: float64(9),int64(1),object(2)
memory usage: 2.0 + KB
```

（1）数据排序。

In

```
T4_10=T4_8.sort_values(by=['涨跌幅','成交量'],ascending=False);
T4_10[['代码','名称','最新价','涨跌额','涨跌幅','成交量']]#图 4-10
```

Out

	代码	名称	最新价	涨跌额	涨跌幅	成交量
5	sh601369	陕鼓动力	21.20	1.93	0.1002	292785
8	sh600663	陆家嘴	20.90	1.90	0.1000	86739
18	sh600499	科达机电	22.77	2.07	0.1000	6661
…	…	…	…	…	…	…
7	sh600276	恒瑞医药	45.70	-0.15	-0.0033	1239
2	sh600895	张江高科	12.18	-0.35	-0.0279	188052
12	sh600694	大商股份	46.80	-3.68	-0.0729	78447

（2）数据编秩。

In

```
T4_8['名次']=T4_8['涨跌幅'].rank(ascending=False)     #图 4-12
T4_8[['代码','名称','最新价','涨跌额','涨跌幅','名次']]
```

Out

	代码	名称	最新价	涨跌额	涨跌幅	名次
0	sh600552	方兴科技	39.87	1.98	0.0523	8.0
1	sh601988	中国银行	4.09	0.04	0.0099	14.0
2	sh600895	张江高科	12.18	-0.35	-0.0279	19.0
…	…	…	…	…	…	…
17	sh601169	北京银行	13.67	0.18	0.0133	11.0
18	sh600499	科达机电	22.77	2.07	0.1000	2.5
19	sh600874	创业环保	7.83	0.38	0.0510	9.0

3. 股票数据分析图表

（1）构建 *K* 线图数据框。

In

```
T4_28=pd.read_excel('Excel_Py.xlsx','图 4-28');#T4_28    #图 4-28 数据
OHLCV=T4_28.set_index(['日期'])[['开盘价','最高价','最低价','收盘价','成交量']]
OHLCV.columns=['Open','High','Low','Close','Volume']
OHLCV.sort_index(inplace=True);OHLCV    #绘制 K 线图的数据框
```

Out

日期	Open	High	Low	Close	Volume
2020-04-01	26.45	26.96	26.25	26.63	1074332
2020-04-02	26.50	26.94	26.35	26.88	663097
2020-04-03	26.75	27.18	26.60	26.77	569453
…	…	…	…	…	…
2020-06-24	25.69	26.45	25.67	26.40	1426040
2020-06-29	26.10	26.25	25.71	25.92	893959
2020-06-30	26.10	26.25	25.88	26.14	714384

（2）绘制股票 *K* 线图。

In

```
import mplfinance as mpf         #style='checkers'
mpf.plot(OHLCV,type='candle');#图 4-30：蜡烛图
```

Out

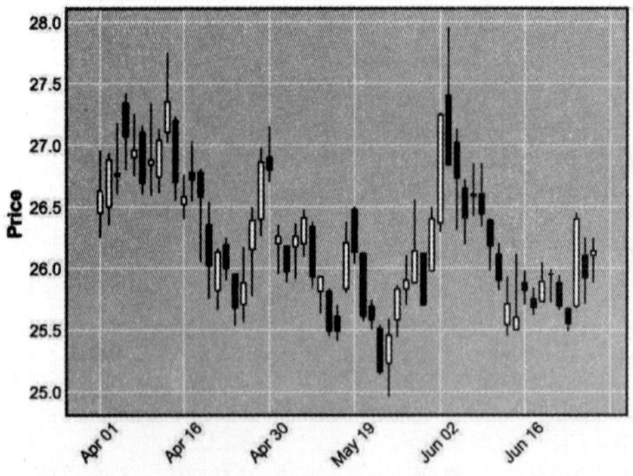

In

```
mpf.plot(OHLCV,type='candle',volume=True);#图 4-31：蜡烛图 + 成交量图
```

Out

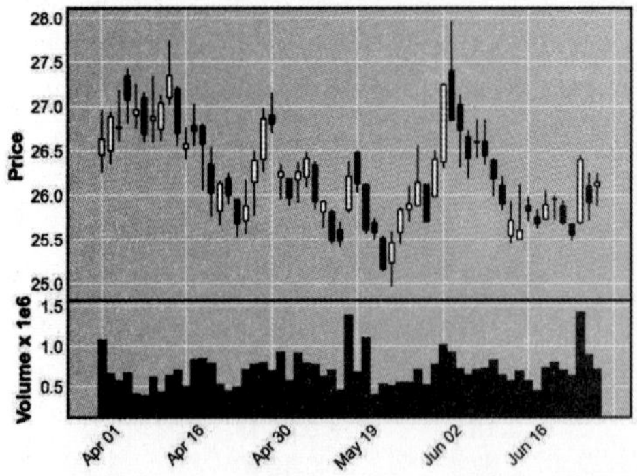

In

```
mpf.plot(OHLCV,type='candle',volume=True,mav=(5,10,30));#图 4-33
```

Out	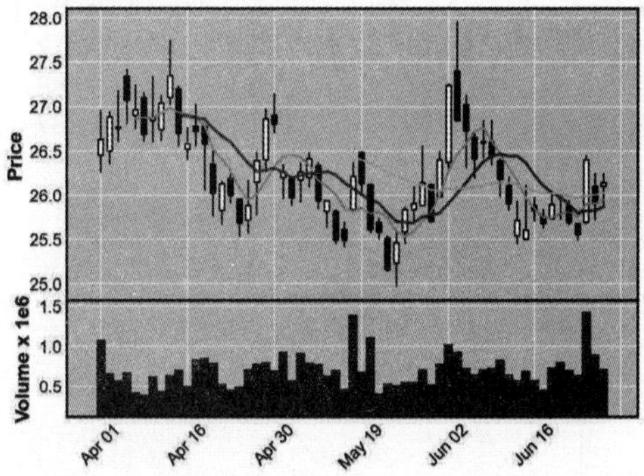

三、统计分析与统计模型

（一）数据的统计特征

1. 统计分布图示

In	x=np.arange(-4,4,0.1) #x 为 -4 到 4 上间距为 0.1 的数 from math import sqrt,pi y=1/sqrt(2*pi) *np.exp(- x**2/2); plt.plot(x,y); #图 5-8：标准正态分布图
Out	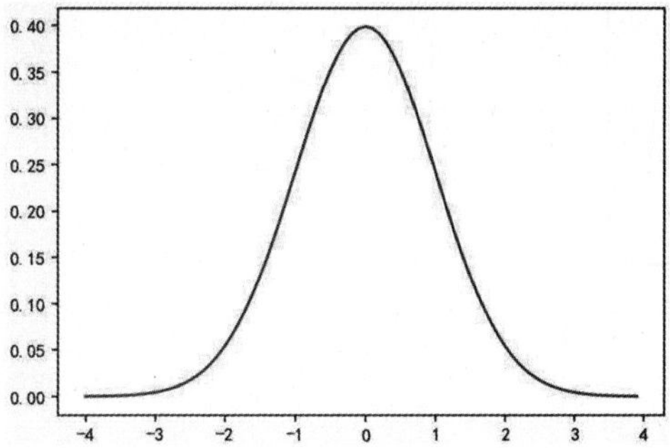

2. 随机抽样与模拟

（1）随机抽样。

In	np.random.randint(1,101,10) #图 5-13：从 100 个产品中随机抽取 10 个样品
Out	array([73,53,49,70,72,76,94,33,12,21])

（2）随机模拟。

In	X=19.5 + np.random.rand(500*5) Y=pd.DataFrame(X.reshape(500,5)); #图 5-20 Y['样本均值']=Y.apply(np.mean,1);Y.round(2) #图 5-21

Out

	0	1	2	3	4	样本均值
0	20.34	19.84	20.15	19.81	20.50	20.13
1	19.59	19.87	20.34	19.79	19.81	19.88
2	19.79	20.02	19.59	20.26	19.67	19.87
…	…	…	…	…	…	…
497	19.93	19.82	20.29	19.99	20.37	20.08
498	19.82	19.60	20.00	20.15	19.57	19.83
499	19.56	20.16	20.30	20.27	20.16	20.09

In

```
Y['样本均值'].plot.hist();                    #图 5-22
```

Out

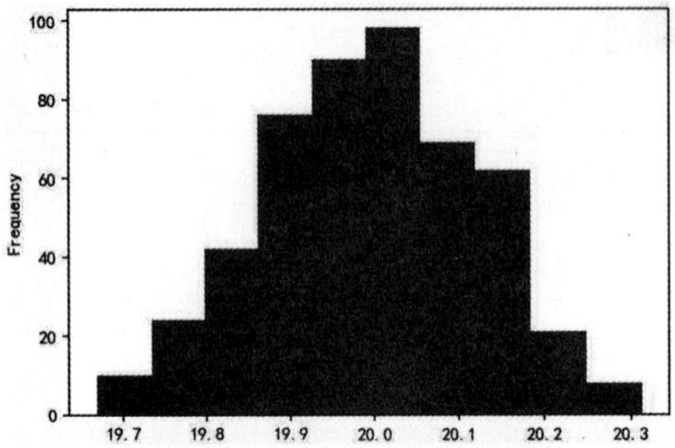

In

```
x=np.random.rand(50)-0.5;x        #[-0.5,05]上 50 个随机数
plt.plot(x.cumsum());             #图 5-23：模拟随机游走
```

Out

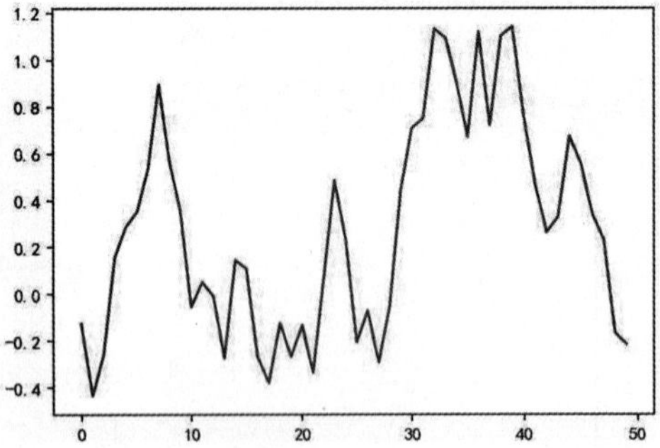

3. 描述性统计分析

In

```
L5_3=pd.read_excel('Excel_Py.xlsx','例 5.3');#L5_3    #例 5.3 数据
L5_3.X.describe() .round(2)                          #图 5-26
```

Out

```
count     100.00
mean       15.24
std         5.59
      …
50%        16.00
75%        19.00
max        29.00
```

In

```
L5_3.X.plot.hist();                         #图 5-29
```

Out

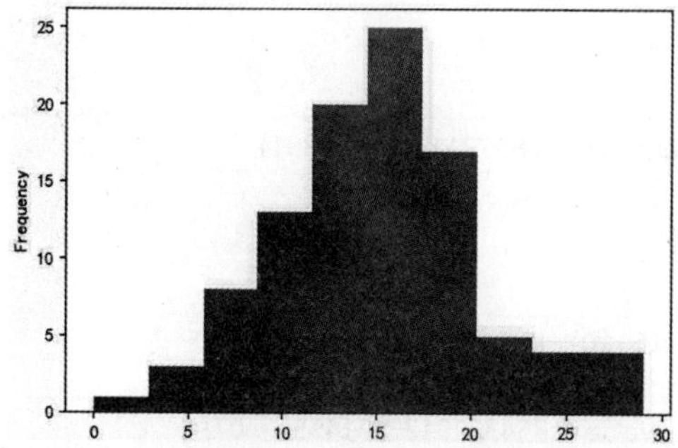

In

```
pd.DataFrame({'X':L5_3.X,'排位':L5_3.X.rank(ascending=False,method='min').astype(int)})      #图 5-32
```

Out

```
      X    排位
0     23     9
1     16    40
2     14    56
…     …      …
97     7    94
98    15    53
99    13    67
```

（二）推断性统计分析

1. 单样本均值统计推断

（1）均值的区间估计。

In

```
X=np.array([28.1,33.6,42.1,37.5,27.6,36.8,39,29.4])
import scipy.stats as st
st.t.interval(0.95,df=len(X)-1,loc=np.mean(X),scale=st.sem(X))      #图 6-4
```

Out

```
(29.713629137737495,38.81137086226251)
```

（2）均值的 t 检验。

In

```
L6_6=pd.read_excel('Excel_Py.xlsx','例 6.6');#L6_6    #例 6.6 数据
st.ttest_1samp(L6_6.Data,popmean=500)                         #图 6-12
```

Out

```
Ttest_1sampResult(statistic=2.9564405186880625,pvalue=0.013058135782725779)
```

2. 两样本均值统计推断

（1）两样本方差齐性检验。

In

```
L6_7=pd.read_excel('Excel_Py.xlsx','例 6.7');#L6_7     #例 6.7 数据
def F2test(x1,x2):        #两样本方差齐性检验
    V1=x1.var();V2=x2.var() #计算两样本方差
    F=V1/V2;P=1-st.f.cdf(F,len(x1) -1,len(x2) -1); #求 F 值和 P 值
    print('F2test(statistic=',F,'pvalue=',P,')')
F2test(L6_7.x1.dropna(),L6_7.x2)
```

Out

```
statistic: 2.283776734480966 pvalue: 0.10720549852560968
```

（2）两独立样本均值 t 检验。

In	st.ttest_ind(L6_7.x1.dropna(),L6_7.x2)
Out	Ttest_indResult(statistic= - 0.233445987965653,pvalue=0.8179117819464391)

（3）两配对样本均值 t 检验。

In	L6_10=pd.read_excel('Excel_Py.xlsx','例 6.10');#L6_10　#例 6.10 数据 st.ttest_rel(L6_10.Before,L6_10.After)　#图 6-24
Out	Ttest_relResult(statistic=14.164071008167506,pvalue=1.8543329126871455e - 07)

3. 多样本均值统计推断

（1）单因素方差分析。

In	L6_11=pd.read_excel('Excel_Py.xlsx','例 6.11');L6_11　#例 6.11 数据
Out	无色 粉色 黄色 绿色 0 26 31 28 31 1 29 28 25 30 2 25 31 28 32 3 29 28 24 32 4 27 30 26 33
In	T6_26=pd.DataFrame(L6_11.stack()) .reset_index(1); T6_26.columns=['颜色','销售量'];T6_26#构建单因素方差分析用数据框
Out	颜色 销售量 0 无色 26 0 粉色 31 0 黄色 28 … … … 4 粉色 30 4 黄色 26 4 绿色 33
In	stat1=T6_26.pivot_table(['销售量'],['颜色'],aggfunc=[len,np.mean,np.std]); stat1 stat1['mean'].plot.bar();　#图 6-26
Out	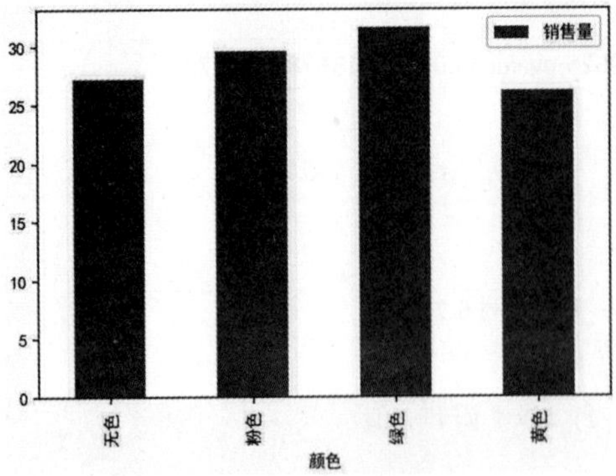

In	import statsmodels.api as sm import statsmodels.formula.api as smf Model1=smf.ols('销售量 ~ 颜色',data=T6_26) .fit() print(sm.stats.anova_lm(Model1,typ=2)) #图 6-26
Out	sum_sq　df　F　PR(> F) 颜色　88.55　3.0　11.8067　0.0002 Residual　40.00　16.0　NaN　NaN

（2）无重复双因素方差分析。

In	L6_12=pd.read_excel('Excel_Py.xlsx','例 6.12',index_col=0);L6_12#例 6.12 数据
Out	B1　B2　B3　B4 AB A1　64.9　62.6　61.1　59.2 A2　69.1　70.1　66.8　63.6 A3　76.1　74.0　71.3　67.2 A4　82.9　80.0　76.0　72.3
In	T6_28=pd.DataFrame(L6_12.stack()) .reset_index([0,1]); T6_28.columns=['A','B','生产率'];T6_28　　#构建两因素方差分析用数据框
Out	A　B　生产率 0　A1　B1　64.9 1　A1　B2　62.6 2　A1　B3　61.1 …　…　…　… 13　A4　B2　80.0 14　A4　B3　76.0 15　A4　B4　72.3
In	statA=T6_28.pivot_table(['生产率'],['A'],aggfunc=[len,np.mean,np.std]); statA['mean'].plot.bar();　　#图 6-28
Out	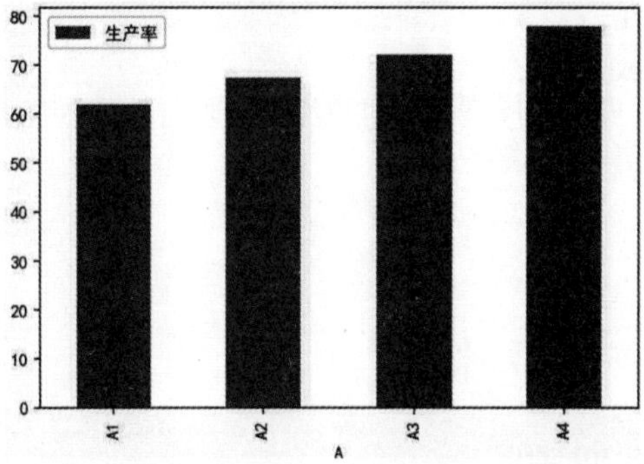
In	statB=T6_28.pivot_table(['生产率'],['B'],aggfunc=[len,np.mean,np.std]); statB['mean'].plot.bar();　　#图 6-28

Out

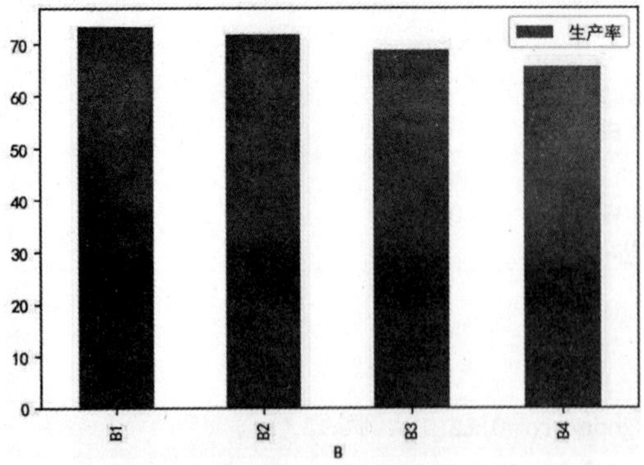

In

```
Model2=smf.ols('生产率 ~ A + B',data=T6_28) .fit()
print(sm.stats.anova_lm(Model2,typ=2))        #图 6-28
```

Out

```
            sum_sq    df          F        PR( > F)
A          547.610   3.0   118.0618      1.5200e-07
B          137.065   3.0    29.5505      5.4485e-05
Residual    13.915   9.0        NaN             NaN
```

（3）有重复双因素方差分析。

In

```
L6_13=pd.read_excel('Excel_Py.xlsx','例 6.13',index_col=0);L6_13  #例 6.13 数据
```

Out

```
        B1      B2      B3      B4
AB
A1    60.7    61.5    61.6    61.7
A1    61.1    61.3    62.0    61.1
A2    61.5    61.7    62.2    62.1
A2    60.8    61.2    62.8    61.7
A3    60.6    60.6    61.4    60.7
A3    60.3    61.0    61.5    60.9
```

In

```
T6_30=pd.DataFrame(L6_13.stack()) .reset_index([0,1]);
T6_30.columns=['A','B','利用率'];T6_30          #构建两因素方差分析用数据框
```

Out

```
       A      B     利用率
0      A1     B1     60.7
1      A1     B2     61.5
2      A1     B3     61.6
…      …      …      …
21     A3     B2     61.0
22     A3     B3     61.5
23     A3     B4     60.9
```

In

```
Model3=smf.ols('利用率 ~ A + B + A*B',data=T6_30) .fit()
print(sm.stats.anova_lm(Model3,typ=2))         #图 6-30
```

Out

```
            sum_sq      df          F      PR( > F)
A           3.0833     2.0    16.2281        0.0004
B           3.6300     3.0    12.7368        0.0005
A:B         0.3000     6.0     0.5263        0.7783
Residual    1.1400    12.0        NaN           NaN
```

4.χ^2 拟合优度检验

（1）均匀分布检验。

In	ni=np.array([20,22,28,25,30]);ni npi=1/5*sum(ni)*np.ones(5);npi　　　　　#图 6-31 st.chisquare(f_obs=ni,f_exp=npi) #import scipy.stats as st
Out	Power_divergenceResult(statistic=2.7199999999999998,pvalue=0.6057194336103919)

（2）列联表 χ^2 检验。

In	L6_15=pd.read_excel('Excel_Py.xlsx','例 6.15',index_col=0);L6_15 #例 6.15 数据
Out	普通　不加咖啡和糖　加咖啡　加糖 北京　70　8　18　35 上海　34　10　20　40 广州　10　12　15　28
In	from scipy.stats import chi2_contingency T6_34=chi2_contingency(L6_17)　　　　#图 6-34 print('Chi2=%.4f,P - value =%.4g'% (T6_34[0],T6_34[1]))
Out	Chi2 =30.9280,P - value =2.616e - 05

（三）统计模型的构建

1. 线性相关与回归分析

（1）线性相关分析。

In	L7_1=pd.read_excel('Excel_Py.xlsx','例 7.1',index_col=0);L7_1#例 7.1 数据
Out	x　y t 1991　29.9017　31.4948 1992　32.9691　34.8337 1993　42.5530　43.4895 …　…　… 2006　348.0435　387.6020 2007　456.2197　513.2178 2008　542.1962　613.3035
In	plt.plot(L7_1.x,L7_1.y,'o');　　#L7_1.plot.scatter(x='x',y='y');
Out	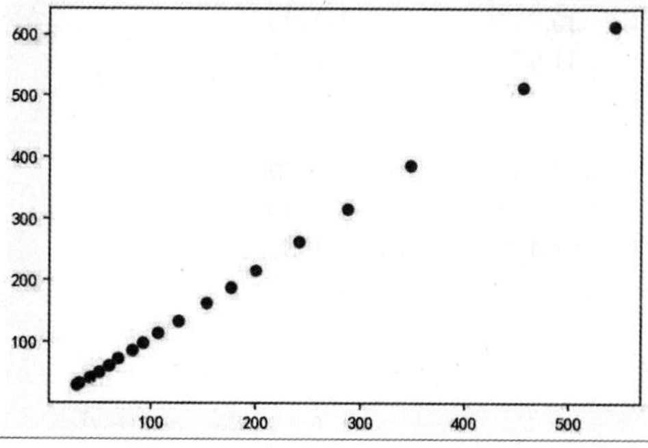
In	L7_1.corr()
Out	x　y x　1.0000　0.9999 y　0.9999　1.0000

In	import scipy.stats as st
	rtest=st.pearsonr(L7_1.x,L7_1.y) #图 7-2
	print('r =%.5f,p - value =%.4g'% (rtest[0],rtest[1]))

Out	r = 0.99986,p - value =8.987e - 30

（2）线性回归分析。

In
```
import statsmodels.formula.api as smf
reg=smf.ols('y ~ x',data=L7_1) .fit()
print(reg.summary())                    #图 7-4
```

Out
```
                            OLS Regression Results
==============================================================================
Dep. Variable:                      y   R - squared:                     1.000
Model:                            OLS   Adj. R - squared:                1.000
Method:                 Least Squares   F - statistic:               5.577e + 04
Date:                 Tue,12 Jan 2021   Prob(F - statistic):          8.99e - 30
Time:                        20:42:32   Log - Likelihood:              - 44.088
No. Observations:                  18   AIC:                             92.18
Df Residuals:                      16   BIC:                             93.96
Df Model:                           1
Covariance Type:            nonrobust
==============================================================================
                 coef    std err          t      P>|t|     [0.025     0.975]
------------------------------------------------------------------------------
Intercept     - 6.6061      1.084    - 6.095     0.000    - 8.904    - 4.308
x               1.1344      0.005    236.167     0.000      1.124      1.145
==============================================================================
Omnibus:                1.709   Durbin-Watson:            0.335
Prob(Omnibus):          0.426   Jarque-Bera(JB):          0.947
Skew:                   0.096   Prob(JB):                 0.623
Kurtosis:               1.893   Cond. No.                   349
==============================================================================
```

In
```
yhat=reg.fittedvalues                    #图 7-5
pd.DataFrame({'x':L7_1.x,'y':L7_1.y,'预测 y':yhat,'残差':reg.resid})
```

Out

t	x	y	预测 y	残差
1991	29.9017	31.4948	27.3138	4.1810
1992	32.9691	34.8337	30.7934	4.0403
1993	42.5530	43.4895	41.6651	1.8244
…	…	…	…	…
2006	348.0435	387.6020	388.2070	- 0.6050
2007	456.2197	513.2178	510.9198	2.2980
2008	542.1962	613.3035	608.4497	4.8538

In
```
plt.plot(L7_1.x,L7_1.y,'o',L7_1.x,yhat,'r');            #图 7-5
```

Out	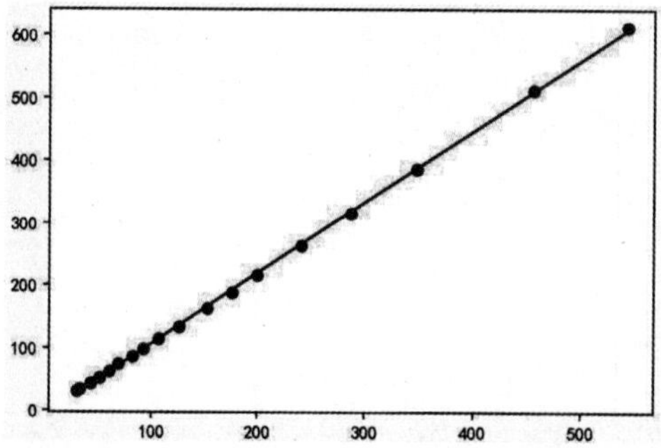

2. 简单非线性回归模型

（1）线性回归模型。

In

```
L7_2=pd.read_excel('Excel_Py.xlsx','例 7.2');#L7_2#例 7.2 数据
lin=smf.ols('y ~ x',data=L7_2) .fit()
print(lin.summary())
```

Out

```
                         OLS  Regression  Results
==============================================================================
Dep.Variable:                    y    R-squared:                       0.735
Model:                         OLS    Adj.R-squared:                   0.697
Method:              Least Squares    F-statistic:                     19.42
Date:              Tue,12 Jan 2021    Prob(F-statistic):             0.00313
Time:                     20:42:33    Log-Likelihood:                -10.386
No.Observations:                 9    AIC:                             24.77
Df Residuals:                    7    BIC:                             25.17
DfModel:                         1
Covariance Type:         nonrobust
==============================================================================
                 coef    std err          t      P>|t|     [0.025      0.975]
------------------------------------------------------------------------------
Intercept      5.6275      0.583      9.657      0.000      4.250       7.005
x             -0.1650      0.037     -4.407      0.003     -0.254      -0.076
==============================================================================
Omnibus:                     2.316    Durbin-Watson:                   0.749
Prob(Omnibus):               0.314    Jarque-Bera (JB):                1.076
Skew:                        0.831    Prob(JB):                        0.584
Kurtosis:                    2.672    Cond.No.                          31.4
==============================================================================
```

In

```
plt.plot(L7_2.x,L7_2.y,'o',L7_2.x,lin.fittedvalues,'r');
```

Out

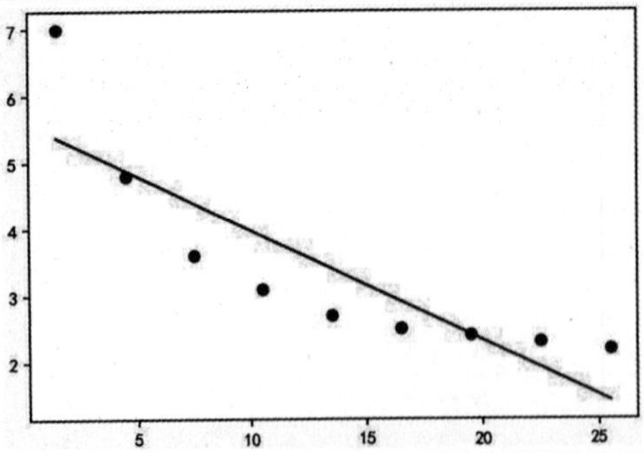

（2）对数线性模型。

In

```
from numpy import log
Log=smf.ols('y ~ log(x) ',data=L7_2) .fit()
print(Log.summary())                                    #图 7-10
```

Out

```
                            OLS Regression Results
==============================================================================
Dep. Variable:                      y   R-squared:                       0.973
Model:                            OLS   Adj. R-squared:                  0.969
Method:                 Least Squares   F-statistic:                     255.2
Date:                Tue,12 Jan 2021   Prob(F-statistic):             9.15e-07
Time:                        20:42:33   Log-Likelihood:              -0.059733
No. Observations:                   9   AIC:                             4.119
Df Residuals:                       7   BIC:                             4.514
Df Model:                           1
Covariance Type:            nonrobust
==============================================================================
                 coef    std err          t      P>|t|      [0.025      0.975]
------------------------------------------------------------------------------
Intercept      7.3979      0.267     27.742      0.000       6.767       8.028
log(x)        -1.7130      0.107    -15.974      0.000      -1.967      -1.459
==============================================================================
Omnibus:                        2.041   Durbin-Watson:                   0.567
Prob(Omnibus):                  0.360   Jarque-Bera                 (JB):0.797
Skew:                           0.054   Prob(JB):                        0.671
Kurtosis:                       1.546   Cond. No.                         8.25
==============================================================================
```

In

```
plt.plot(L7_2.x,L7_2.y,'o',L7_2.x,Log.fittedvalues,'r');
```

Out

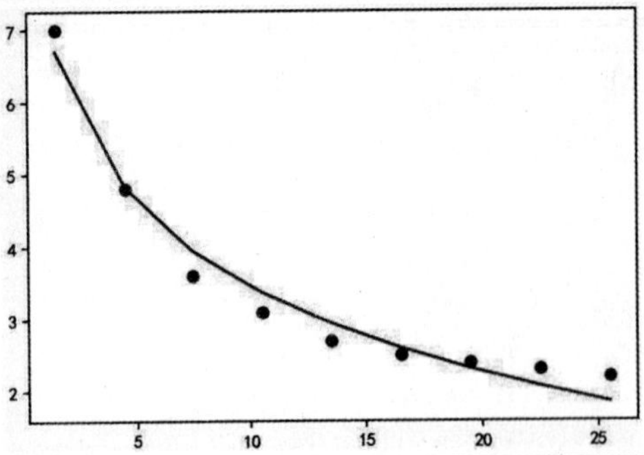

（3）幂函数模型。

In	`Pow=smf.ols('log(y) ~ log(x) ',data=L7_2) .fit()` `print(Pow.summary())                    #图 7-11`

Out

```
OLS Regression Results
==============================================================================
Dep. Variable:                 log(y)   R-squared:                       0.993
Model:                            OLS   Adj. R-squared:                  0.992
Method:                 Least Squares   F-statistic:                     963.6
Date:                Tue,12 Jan 2021   Prob (F-statistic):           9.30e-09
Time:                        20:42:33   Log-Likelihood:                 18.446
No. Observations:                   9   AIC:                            -32.89
Df Residuals:                       7   BIC:                            -32.50
Df Model:                           1
Covariance Type:            nonrobust
==============================================================================
                 coef    std err          t      P>|t|      [0.025      0.975]
------------------------------------------------------------------------------
Intercept      2.1421      0.034     62.784      0.000       2.061       2.223
log(x)        -0.4259      0.014    -31.041      0.000      -0.458      -0.393
==============================================================================
Omnibus:                        2.481   Durbin - Watson:                 1.778
Prob(Omnibus):                  0.289   Jarque - Bera(JB):               0.908
Skew:                           0.777   Prob(JB):                        0.635
Kurtosis:                       2.919   Cond. No.                         8.25
==============================================================================
```

In	`plt.plot(L7_2.x,L7_2.y,'o',L7_2.x,np.exp(Pow.fittedvalues),'r');`

Out

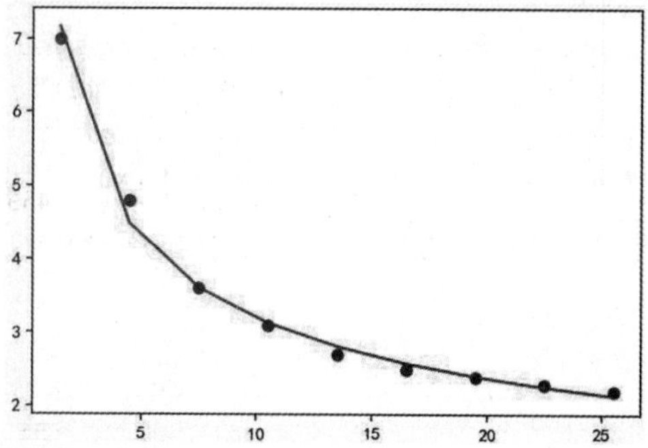

（4）指数函数模型。

In	`Exp=smf.ols('log(y)  ~ x',data=L7_2) .fit()` `print(Exp.summary())                    #图 7-12`

Out

```
                          OLS Regression Results
==============================================================================
Dep. Variable:                 log(y)   R-squared:                       0.850
Model:                            OLS   Adj. R-squared:                  0.829
Method:                 Least Squares   F-statistic:                     39.73
Date:                Tue,12 Jan2021   Prob(F-statistic):            0.000403
Time:                        20:42:33   Log-Likelihood:                 4.7951
No. Observations:                   9   AIC:                            -5.590
Df Residuals:                       7   BIC:                            -5.196
Df Model:                           1
Covariance Type:            nonrobust
==============================================================================
                 coef    std err          t      P>|t|      [0.025      0.975]
------------------------------------------------------------------------------
Intercept      1.7379      0.108     16.111      0.000       1.483       1.993
x             -0.0437      0.007     -6.303      0.000      -0.060      -0.027
==============================================================================
Omnibus:                        1.094   Durbin-Watson:                   0.617
Prob(Omnibus):                  0.579   Jarque-Bera(JB):                 0.810
Skew:                           0.593   Prob(JB):                        0.667
Kurtosis:                       2.132   Cond. No.                         31.4
==============================================================================
```

In

```
plt.plot(L7_2.x,L7_2.y,'o',L7_2.x,np.exp(Exp.fittedvalues),'r');
```

Out

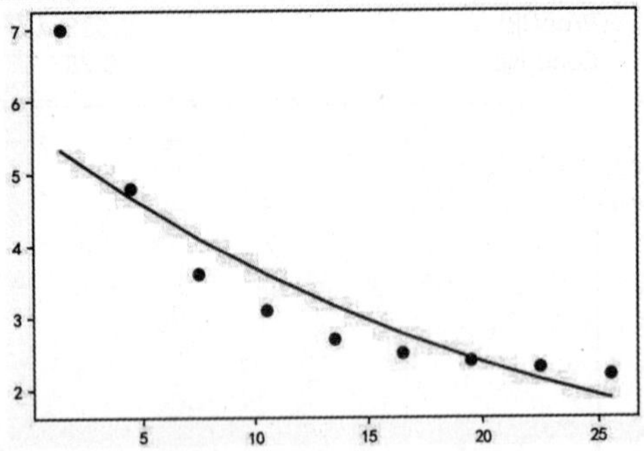

（5）多项式模型。

In

```
x2=L7_2.x**2
Poly=smf.ols('y ~ x + x2',data=L7_2) .fit()
print(Poly.summary())                          #图 7-13
```

Out	OLS Regression Results == Dep.Variable: y R-squared: 0.954 Model: OLS Adj.R-squared: 0.938 Method: Least Squares F-statistic: 61.83 Date: Tue,12 Jan 2021 Prob(F-statistic): 9.91e-05 Time: 20:42:33 Log-Likelihood: -2.5344 No.Observations: 9 AIC: 11.07 Df Residuals: 6 BIC: 11.66 Df Model: 2 Covariance Type: nonrobust == coef std err t P>|t| [0.025 0.975] -- Intercept 7.2460 0.402 18.025 0.000 6.262 8.230 x -0.5225 0.069 -7.547 0.000 -0.692 -0.353 x2 0.0132 0.002 5.325 0.002 0.007 0.019 == Omnibus: 1.191 Durbin-Watson: 1.303 Prob(Omnibus): 0.551 Jarque-Bera(JB): 0.648 Skew: -0.032 Prob(JB): 0.723 Kurtosis: 1.687 Cond.No. 1.01e+03 ==
In	plt.plot(L7_2.x,L7_2.y,'o',L7_2.x,Poly.fittedvalues,'r');
Out	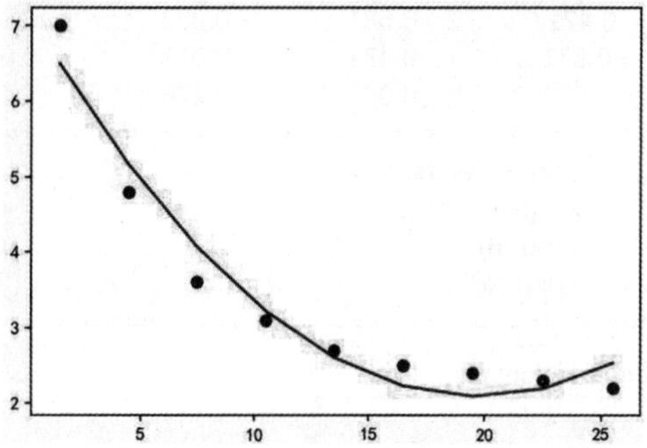

3. 多元线性回归分析模型

In	L7_3=pd.read_excel('Excel_Py.xlsx','例 7.3',index_col=0);L7_3 #例 7.3 数据
Out	(see table below)
In	L7_3.corr() #图 7-16

t	y	x1	x2	x3	x4
1991	31.4948	29.9017	216.625	72.2580	660.91
1992	34.8337	32.9691	266.519	91.1960	667.82
1993	43.4895	42.5530	345.605	112.7100	674.68
…	…	…	…	…	…
2006	387.6020	348.0435	2119.235	1409.7140	782.44
2007	513.2178	456.2197	2495.299	1667.4020	786.45
2008	613.3035	542.1962	3006.700	1778.8983	790.48

Out	
	`          y        x1       x2       x3       x4`
	`y   1.0000   0.9999   0.9924   0.9874   0.8736`
	`x1  0.9999   1.0000   0.9938   0.9881   0.8811`
	`x2  0.9924   0.9938   1.0000   0.9883   0.9126`
	`x3  0.9874   0.9881   0.9883   1.0000   0.8807`
	`x4  0.8736   0.8811   0.9126   0.8807   1.0000`

In	Mreg=smf.ols('y ~ x1 + x2 + x3 + x4',data=L7_3) .fit() print(Mreg.summary()) #图 7-18

Out

```
                            OLS Regression Results
==============================================================================
Dep.Variable:                      y   R-squared:                       1.000
Model:                           OLS   Adj.R-squared:                   1.000
Method:                Least Squares   F-statistic:                 8.870e+04
Date:               Tue,12 Jan 2021   Prob(F-statistic):            1.10e-28
Time:                       20:42:33   Log-Likelihood:               -25.569
No.Observations:                  18   AIC:                             61.14
Df Residuals:                     13   BIC:                             65.59
Df Model:                          4
Covariance Type:           nonrobust
==============================================================================
                coef    std err          t      P>|t|      [0.025      0.975]
------------------------------------------------------------------------------
Intercept    84.6203     12.744      6.640      0.000      57.088     112.153
x1            1.1691      0.021     55.319      0.000       1.123       1.215
x2            0.0021      0.005      0.421      0.681      -0.009       0.013
x3           -0.0031      0.004     -0.831      0.421      -0.011       0.005
x4           -0.1339      0.020     -6.802      0.000      -0.176      -0.091
==============================================================================
Omnibus:                       0.921   Durbin-Watson:                   1.394
Prob(Omnibus):                 0.631   Jarque-Bera(JB):                 0.726
Skew:                          0.095   Prob(JB):                        0.696
Kurtosis:                      2.035   Cond.No.                      7.88e+04
==============================================================================
```

In

```
plt.plot(L7_3.index,L7_3.y,'o',L7_3.index,Mreg.fittedvalues,'r');
```

Out

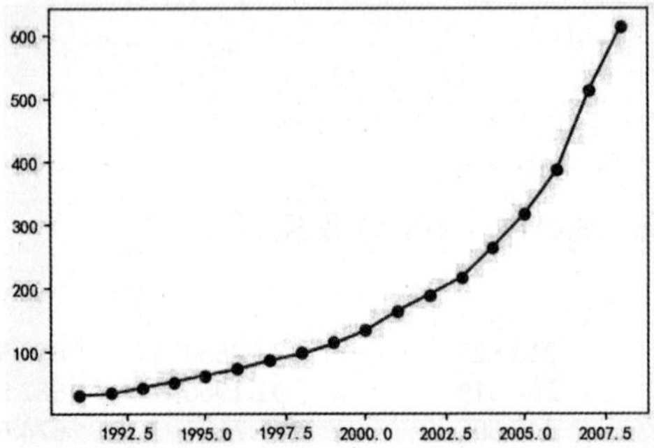

In

```
X2009=pd.DataFrame({'x1':[555.75],'x2':[3081.87],'x3':[1823.37],'x4':[810.24]})
Mreg.predict(X2009)                                          #图 7-21
```

Out

```
0     626.6432
dtype:float64
```

四、预测与决策及综合评价

（一）基本的预测分析方法

1. 移动平均预测分析

In

```
T8_1=pd.read_excel('Excel_Py.xlsx','图 8-1',index_col=0);#T8_1#图 8-1 数据
T8_1['二次平均值']=T8_1.rolling(4).mean().rolling(2).mean();T8_1#二次平均值
```

Out

```
        旅游外汇收入        二次平均值
年份
2000          14352              NaN
2001          16024              NaN
2002          18426              NaN
…               …                …
2006          30312        21402.750
2007          37303        25738.875
2008          39246        30858.750
```

In

```
T8_1.plot();
```

Out

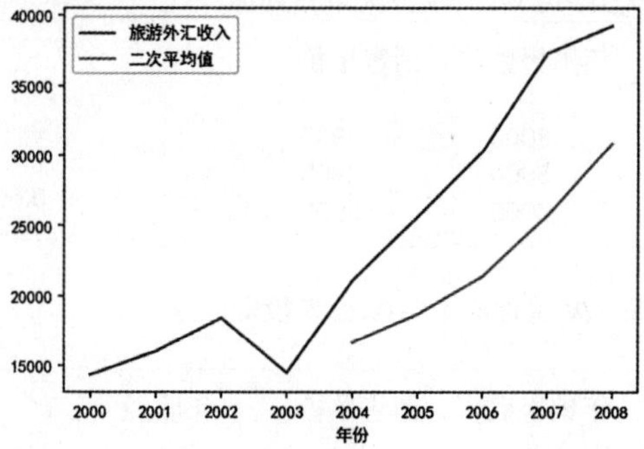

2. 指数平滑预测分析

In

```
T8_9=pd.read_excel('Excel_Py.xlsx','图 8-9',index_col=0);#T8_9#图 8-9 数据
T8_9['E03']=T8_9.ewm(alpha=0.3).mean();T8_9#平滑系数=0.3
```

Out

```
            产品销售量          E03
年份
2000 年          3520    3520.0000
2001 年          3689    3619.4118
2002 年          3812    3707.3516
…                 …        …
2007 年          4499    4260.0757
2008 年          4632    4376.3448
2009 年          4722    4483.0557
```

In

```
T8_9.plot();
```

Out	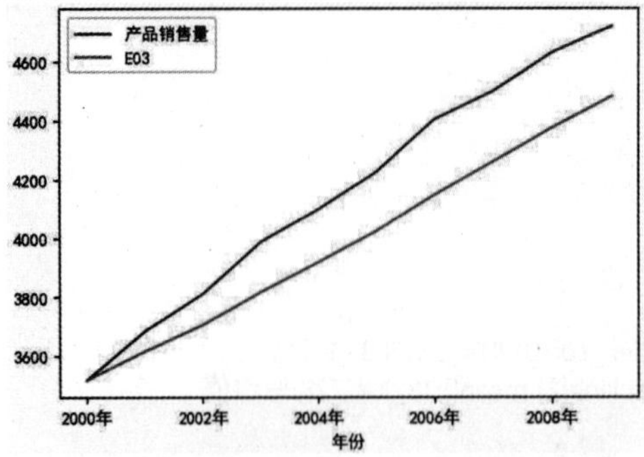

（二）简单的决策分析方法

1. 确定性决策分析

（1）单目标求解。

In	TV=pd.read_excel('Excel_Py.xlsx','图 8-18',index_col=0);TV #决策目标值
Out	设备投资 单件成本 年销售数 销售单价 方案 方案 1 1500000 1700 8000 2900 方案 2 2000000 1550 8000 2900 方案 3 2500000 1400 8000 2900
In	T8_18=TV.copy() T8_18['年收益']=TV.年销售数*(TV.销售单价－TV.单件成本)－TV.设备投资; T8_18 #图 8-18
Out	设备投资 单件成本 年销售数 销售单价 年收益 方案 方案 1 1500000 1700 8000 2900 8100000 方案 2 2000000 1550 8000 2900 8800000 方案 3 2500000 1400 8000 2900 9500000
In	T8_18['年收益'].idxmax() #图 8-22：最佳方案
Out	'方案 3'

（2）多目标求解。

In	T8_23=[min(TV.设备投资),min(TV.单件成本),max(TV.年销售数), max(TV.销售单价), max(T8_18.年收益)]; T8_23 #图 8-23：理想值
Out	[1500000,1400,8000,2900,9500000]
In	T8_18['差距']=((T8_18 - T8_23)**2) .sum(1);T8_18 #图 8-26：差距
Out	设备投资 单件成本 年销售数 销售单价 年收益 差距 方案 方案 1 1500000 1700 8000 2900 8100000 1960000090000 方案 2 2000000 1550 8000 2900 8800000 740000022500 方案 3 2500000 1400 8000 2900 9500000 1000000000000

In	T8_18['差距'].idxmin()　　　　#图 8-28：最佳方案
Out	'方案 2'

2. 不确定性决策分析

（1）计算损益矩阵。

In
```
PLm=pd.DataFrame();  #构建损益矩阵 ProfitLoss matrix
PLm['畅销']=12000*(TV.销售单价-TV.单件成本)-TV.设备投资;
PLm['一般']=8000*(TV.销售单价-TV.单件成本)-TV.设备投资;
PLm['滞销']=1500*(TV.销售单价-TV.单件成本)-TV.设备投资;
PLm    #图 8-29
```

Out

	畅销	一般	滞销
方案			
方案 1	12900000	8100000	300000
方案 2	14200000	8800000	25000
方案 3	15500000	9500000	-250000

（2）乐观原则。

In
```
LG=PLm.max(axis=1);LG   #每列最大者
pd.concat([PLm,LG],1)    #图 8-30
```

Out

	畅销	一般	滞销	最大值
方案				
方案 1	12900000	8100000	300000	12900000
方案 2	14200000	8800000	25000	14200000
方案 3	15500000	9500000	-250000	15500000

In	LG.idxmax()
Out	'方案 3'

（3）悲观原则。

In
```
BG=PLm.min(axis=1);LG   #每列最小者
pd.concat([PLm,BG],1)    #图 8-31
```

Out

	畅销	一般	滞销	最小值
方案				
方案 1	12900000	8100000	300000	300000
方案 2	14200000	8800000	25000	25000
方案 3	15500000	9500000	-250000	-250000

In	BG.idxmax()
Out	'方案 1'

（4）折中原则。

In
```
a=0.65
ZZ=a*LG + (1 - a)*BG;  ZZ
```

Out	方案 方案 1　　8490000.0 方案 2　　9238750.0 方案 3　　9987500.0 dtype:float64
In	pd.concat([PLm,ZZ],1)　　#图 8-33
Out	畅销　一般　滞销　折中值(a=0.65) 方案 方案 1　12900000　8100000　300000　8490000.0 方案 2　14200000　8800000　25000　9238750.0 方案 3　15500000　9500000　-250000　9987500.0
In	ZZ.idxmax()
Out	'方案 3'

(三) 综合评价方法及应用

1. 数据的无量纲化

In:

```
L9_1=pd.read_excel('Excel_Py.xlsx','例 9.1',index_col=0)
L9_1          #图 9-5      #index_col=0 将第 1 列读为行索引
```

Out:

地区	食品	衣着	设备	医疗	交通	教育	居住	杂项
北京	4934.05	1512.88	981.13	1294.07	2328.51	2383.96	1246.19	649.66
天津	4249.31	1024.15	760.56	1163.98	1309.94	1639.83	1417.45	463.64
河北	2789.85	975.94	546.75	833.51	1010.51	895.06	917.19	266.16
…	…	…	…	…	…	…	…	
青海	2803.45	898.54	484.71	613.24	785.27	953.87	641.93	331.38
宁夏	2760.74	994.47	480.84	645.98	859.04	863.36	910.68	302.17
新疆	2760.69	1183.69	475.23	598.78	890.30	896.79	736.99	331.80

(1) 指标的标准化。

In:

```
def bzh(x):
        z=(x - x.mean()) /x.std()
return round(z,2)
Z1=L9_1.apply(bzh,0);Z1          #图 9-7
```

Out:

地区	食品	衣着	设备	医疗	交通	教育	居住	杂项
北京	1.70	2.31	2.49	2.95	1.73	2.35	1.34	2.47
天津	0.88	0.02	1.17	2.33	0.12	0.83	2.09	0.93
河北	-0.86	-0.20	-0.11	0.76	-0.35	-0.68	-0.08	-0.71
…	…	…	…	…	…	…	…	…
青海	-0.84	-0.57	-0.48	-0.29	-0.71	-0.56	-1.28	-0.16
宁夏	-0.89	-0.12	-0.51	-0.14	-0.59	-0.75	-0.11	-0.41
新疆	-0.89	0.77	-0.54	-0.36	-0.54	-0.68	-0.87	-0.16

（2）指标的规范化。

In

```
def gfh(x):
    z=(x - x.min()) /(x.max()- x.min())*40 + 60
    return round(z,2)
Z2=L9_1.apply(gfh,0);Z2        #图 9 - 8
```

Out

	食品	衣着	设备	医疗	交通	教育	居住	杂项
地区								
北京	86.48	100.00	100.00	100.00	86.36	95.12	90.27	92.26
天津	78.71	81.56	87.57	94.90	69.53	81.67	98.65	79.64
河北	62.15	79.74	75.52	81.96	64.59	68.21	74.15	66.24
…	…	…	…	…	…	…	…	
青海	62.30	76.82	72.03	73.33	60.86	69.27	60.67	70.66
宁夏	61.82	80.44	71.81	74.62	62.08	67.64	73.83	68.68
新疆	61.82	87.58	71.49	72.77	62.60	68.24	65.32	70.69

2. 数据的综合分析

（1）综合评分法。

In

```
Z1score=Z1.mean(axis=1);Z1score            #图 9 - 7
pd.DataFrame({'综合评分':Z1score,
              '综合排名':Z1score.rank(ascending=False) .astype(int)})
```

Out

	综合评分	综合排名
地区		
北京	2.1675	2
天津	1.0463	5
河北	- 0.2788	14
…	…	…
青海	- 0.6112	26
宁夏	- 0.4400	22
新疆	- 0.4088	19

（2）层次分析法。

In

```
W=[0.125,0.125,0.125,0.125,0.125,0.125,0.125,0.125]        #等权
#变异系数法确定权重        #CV=L9_1.std() /L9_1.mean();CV        #W=CV/CV.sum();W
Z2score=Z2.dot(W);Z2score            #图 9 - 8
pd.DataFrame({'层次评分':Z2score,
              '层次排名':Z2score.rank(ascending=False) .astype(int)})
```

Out

	层次评分	层次排名
地区		
北京	93.8113	2
天津	84.0288	5
河北	71.5700	14
…	…	…
青海	68.2425	27
宁夏	70.1150	21
新疆	70.0637	22

In	pd.DataFrame({'综合评分':Z1score,'综合排名':Z1score.rank(ascending=False).astype(int), '层次评分':Z2score,'层次排名':Z2score.rank(ascending=False.astype(int))})

Out

	综合评分	综合排名	层次评分	层次排名
地区				
北京	2.1675	2	93.8113	2
天津	1.0463	5	84.0288	5
河北	−0.2788	14	71.5700	14
…	…	…	…	…
青海	−0.6112	26	68.2425	27
宁夏	−0.4400	22	70.1150	21
新疆	−0.4088	19	70.0637	22

参考文献

[1] 李斌等. Excel 应用大全. 北京：机械工业出版社，2010.

[2] 罗刚君，章兰新，黄朝阳. Excel VBA 编程与实践. 北京：电子工业出版社，2010.

[3] 恒盛杰资讯. 即学即用——Excel 营销决策与分析实战应用宝典. 北京：科学出版社，2010.

[4] 华诚科技. Excel 高效办公——公式、函数与数据处理. 北京：机械工业出版社，2010.

[5] 陈秀峰，黄平山. Excel 中文版从入门到精通. 北京：电子工业出版社，2010.

[6] 华诚科技. Excel 办公专家从入门到精通. 北京：机械工业出版社，2010.

[7] 衣玉翠. 外行学 Excel 从入门到精通. 北京：人民邮电出版社，2010.

[8] 王艳红，王卫红，纪睿琪. Excel 中文版入门与实例教程. 北京：电子工业出版社，2011.

[9] Excel Home. Excel 数据处理与分析实战技巧精粹. 北京：人民邮电出版社，2008.

[10] 方向阳. 应用统计和 Excel 运用. 北京：中国人民大学出版社，2010.

[11] 王斌会，王术. Python 数据分析基础教程——数据可视化. 2 版. 北京：电子工业出版社，2021.

参考文献